武汉大学百年名典
自然科学类编审委员会

主任委员　　刘经南

副主任委员　卓仁禧　李文鑫　周创兵

委员　　　（以姓氏笔画为序）

文习山　石　兢　宁津生　刘经南

李文鑫　李德仁　吴庆鸣　何克清

杨弘远　陈　化　陈庆辉　卓仁禧

易　帆　周云峰　周创兵　庞代文

谈广鸣　蒋昌忠　樊明文

秘书长　　蒋昌忠

王之卓（1909~2002年），祖籍河北丰润，我国摄影测量与遥感学科的奠基人，当代中国测绘事业的开拓者之一，中国科学院资深院士。1932年毕业于上海交通大学土木系，1934年赴英国留学，1939年获德国柏林工业大学工学博士学位，是我国第一个获得博士学位的航测专家。1939年回国后，曾先后担任中山大学教授，中国地理研究所副研究员，陆地测量局技术室主任，上海交通大学工学院院长，上海交通大学校长，武汉测绘学院副院长、一级教授、博士生导师，武汉测绘科技大学名誉校长，国务院学位委员会第一届工科评议组成员，国家科委测绘专业组成员，中国测绘学会副理事长、理事长、名誉理事长、荣誉会员，湖北省测绘学会名誉理事长，湖北省遥感中心主任委员，第三、五、六届全国人大代表，湖北省第四届政协副主席，第五、六、七届政协常委，湖北省第六、七、八届人大常委会副主任等职。主要著作有《摄影测量原理》、《摄影测量原理续篇》、《摄影测量原理（带遥感）》（英文版）、《航空摄影测量学》（与夏坚白、陈永龄合著）、《大地测量学》（与夏坚白、陈永龄合著）等。

武汉大学
百年名典

摄影测量原理续编

王之卓 编著

武汉大学出版社
WUHAN UNIVERSITY PRESS

图书在版编目(CIP)数据

摄影测量原理续编/王之卓编著. —武汉：武汉大学出版社,2007.5
武汉大学百年名典
ISBN 978-7-307-05589-6

Ⅰ.摄… Ⅱ.王… Ⅲ.摄影测量法 Ⅳ.P23

中国版本图书馆CIP数据核字(2007)第065539号

责任编辑：王金龙　　　责任校对：王　建　　　版式设计：支　笛

出版发行：武汉大学出版社　（430072　武昌　珞珈山）
　　　　　（电子邮件：wdp4@whu.edu.cn　网址：www.wdp.com.cn）
印刷：武汉中远印务有限公司
开本：720×980　1/16　印张：22.5　字数：322千字　插页：4
版次：2007年5月第1版　2007年5月第1次印刷
ISBN 978-7-307-05589-6/P·125　　　定价：41.00元

版权所有，不得翻印；凡购我社的图书，如有缺页、倒页、脱页等质量问题，请与当地图书销售部门联系调换。

出 版 前 言

百年武汉大学,走过的是学术传承、学术发展和学术创新的辉煌路程;世纪珞珈山水,承沐的是学者大师们学术风范、学术精神和学术风格的润泽。在武汉大学发展的不同年代,一批批著名学者和学术大师在这里辛勤耕耘,教书育人,著书立说。他们在学术上精品、上品纷呈,有的在继承传统中开创新论,有的集众家之说而独成一派,也有的学贯中西而独领风骚,还有的因顺应时代发展潮流而开学术学科先河。所有这些,构成了武汉大学百年学府最深厚、最深刻的学术底蕴。

武汉大学历年累积的学术精品、上品,不仅凸现了武汉大学"自强、弘毅、求是、拓新"的学术风格和学术风范,而且也丰富了武汉大学"自强、弘毅、求是、拓新"的学术气派和学术精神;不仅深刻反映了武汉大学有过的人文社会科学和自然科学的辉煌的学术成就,而且也从多方面映现了20世纪中国人文社会科学和自然科学发展的最具代表性的学术成就。高等学府,自当以学者为敬,以学术为尊,以学风为重;自当在尊重不同学术成就中增进学术繁荣,在包容不同学术观点中提升学术品质。为此,我们纵览武汉大学百年学术源流,取其上品,掬其精华,结集出版,是为《武汉大学百年名典》。

"根深叶茂,实大声洪。山高水长,流风甚美。"这是董必武同志1963年11月为武汉大学校庆题写的诗句,长期以来为武汉大学师生传颂。我们以此诗句为《武汉大学百年名典》的封面题词,实是希望武汉大学留存的那些泽被当时、惠及后人的学术精品、上品,能在现时代得到更为广泛的发扬和传承;实是希望《武汉大学百年名典》这一恢宏的出版工程,能为中华优秀文化的积累和当代中国学术的繁荣有所建树。

《武汉大学百年名典》编审委员会

序

李德仁

武汉大学作为百年老校,拥有一批泰斗级名师。武汉大学出版社决定出版《武汉大学百年名典》,实在是21世纪一大学术工程幸事。我的导师王之卓院士的大作《摄影测量原理》和《摄影测量原理续编》作为首批名著再版,既是对先师王之卓教授的缅怀,也是对我国摄影测量与遥感学科再攀高峰的推动。

回顾摄影测量与遥感学科的发展,可以发现,以光学机械仪器为主的模拟法摄影测量学,走了将近100年的路程(1851~1960)。解析摄影测量从1957年海拉瓦博士提出概念后,成熟于20世纪70~80年代,而数字摄影测量萌芽于20世纪60~70年代,则成熟于20世纪80~90年代。

王之卓教授作为我国摄影测量之父,始终走在学科的前沿。他在1939年完成的博士论文中,提出了在模拟立体测图仪上进行空中三角测量的方法。20世纪60年代初,计算机刚问世不久,王之卓教授及时率领我们开展解析摄影测量区域网平差的研究。在1978年改革开放的最初日子里,他亲自写下了《全数字化自动测图系统的研究方案》,成为全球数字摄影测量的先驱者之一。

难能可贵的是,在文化大革命的动荡年代里,王之卓教授已预见到了"于无深处听惊雷"的改革开放春天就要到来。他默默地耕耘,夜以继日地工作,在改革开放的那一年完成了《摄影测量原理》共377页的原稿,于1979年由测绘出版社出版。随后王老的思路更加活跃,又于1986年出版了包含最新的解析与数字摄影测量成果的《摄影测量原理续编》。在王老 80 大寿的 1989 年,他又以这两本书的内容为主体,出版了英文版的《摄影测量原理(带遥感)》一书,成为国内外许多大学的研究生教材,并获得了国家图书奖。

可以无愧地说,王之卓教授是一位始终站在全球摄影测量学科前沿的中国科学家。

今天我们再读王之卓教授的专著时,仍然可以体会到王老敏锐的目光、智慧的思维和催人奋进的教诲。我相信本书的再版,将推动武汉大学的学术繁荣和我国摄影测量与遥感学科的进步。

2007 年 5 月 10 日

目 录

第一章 区域网平差的系统误差 ································ 1
- 第一节 概述 ·· 1
- 第二节 附加参数的选择 ·· 2
- 第三节 附加参数的统计检验 ·· 9
- 第四节 带有附加参数的平差运算方案 ···························· 11
- 第五节 验后方差的估计 ·· 15
- 第六节 多组附加参数自检法概念 ·································· 17
- 第七节 验后补偿法 ·· 18
- 第八节 附加参数的实际应用及效果 ······························· 19

第二章 法方程式的带状及加边带状矩阵 ···················· 21
- 第一节 法方程式的带状矩阵 ·· 21
- 第二节 法方程式的加边带状矩阵 ·································· 23
- 第三节 扩大加边的方法 ·· 24
- 第四节 摄影测量与大地测量观测值的联合平差 ··············· 25
- 第五节 加边带状矩阵的逐次分块约化法 ························ 33

第三章 配置法及其在航测中的应用 ··························· 36
- 第一节 概述 ·· 36
- 第二节 配置法、滤波及推估原理 ·································· 38
- 第三节 协方差函数 ·· 45
- 第四节 摄影测量变形的协方差函数 ······························· 48
- 第五节 摄影测量中的应用举例 ···································· 53

第六节　多面函数的最小二乘推估法 ································ 60

第四章　摄影测量中粗差判断理论 ································ 64
第一节　概述 ·· 64
第二节　有关改正数的理论 ·· 68
第三节　数据探测法中判断粗差的统计量 ·························· 75
第四节　可能发现粗差的最小值（内可靠性） ····················· 77
第五节　残余粗差对未知数函数的影响（外可靠性） ············ 81
第六节　残余粗差对模型坐标的影响（坐标的外可靠性量度） ·· 83
第七节　选权迭代法剔除粗差 ·· 86
第八节　粗差检验的全过程 ·· 93
第九节　数据探测法理论的扩展 ······································ 96

第五章　联机（在线）空中三角测量 ································ 98
第一节　概述 ·· 98
第二节　联机空中三角测量的作业方案 ···························· 99
第三节　使用解析测图仪的作业特点 ······························· 101
第四节　序贯最小二乘法运算 ·· 102
第五节　带有新增参数的序贯算法 ·································· 106

第六章　有限元法及样条函数用于摄影测量内插 ·············· 109
第一节　有限元法及样条函数概述 ·································· 109
第二节　一次样条函数 ·· 111
第三节　三次样条函数 ·· 116
第四节　基函数的理论 ·· 122

第七章　正交函数的应用 ·· 125
第一节　正交函数 ·· 125
第二节　正交变换与最小二乘解 ······································ 127
第三节　正交多项式 ·· 140

第八章 阵列代数在数字地面模型中的应用 …… 146
- 第一节 概述 …… 146
- 第二节 二维阵列代数 …… 147
- 第三节 平差(过滤)的阵列代数解法 …… 151
- 第四节 多维阵列代数 …… 152

第九章 摄影测量中的投影变换理论 …… 157
- 第一节 投影变换 …… 157
- 第二节 齐次坐标 …… 159
- 第三节 像片纠正的变换理论 …… 161
- 第四节 直接线性变换与共线方程式 …… 162

第十章 数字影像基础 …… 165
- 第一节 概述 …… 165
- 第二节 数字影像 …… 167
- 第三节 影像数字化 …… 168
- 第四节 影像灰度的量化 …… 171
- 第五节 频域分析 …… 173

第十一章 傅里叶级数及傅里叶变换 …… 174
- 第一节 傅里叶级数 …… 174
- 第二节 傅里叶变换 …… 175
- 第三节 离散傅里叶变换 …… 177
- 第四节 二维离散傅里叶变换 …… 179
- 第五节 快速傅里叶变换(FFT) …… 181
- 第六节 傅里叶反变换 …… 186

第十二章 重要的傅里叶分析 …… 187
- 第一节 矩阵脉冲和 sinc 函数 …… 187

第二节	脉冲函数	188
第三节	正弦型函数	189
第四节	线性系统分析	190
第五节	卷积	192
第六节	卷积定理	196
第七节	二维卷积	196

第十三章　影像采样及重采样理论　198
　第一节　影像采样理论　198
　第二节　影像重采样理论　201

第十四章　数字影像相关　206
　第一节　相关函数　206
　第二节　相关函数与功率谱　208
　第三节　互相关函数的最大值　211
　第四节　核线相关　213
　第五节　美军工程测量研究室（ETL）的相关方案　222
　第六节　高精度数字影像相关的一种方案　227

第十五章　影像的数字几何处理　233
　第一节　概述　233
　第二节　构像方程式　234
　第三节　陆地卫星多光谱扫描影像的几何特征　246
　第四节　数字微分纠正　250
　第五节　地球曲面的关系公式　261

第十六章　影像灰度处理　267
　第一节　概述　267
　第二节　波谱特征空间　268
　第三节　影像变换　270

第四节	直方图修正法进行图像增强	274
第五节	空间域滤波	279
第六节	频率域滤波	287
第七节	彩色图像处理	289
第八节	影像复原	290

第十七章 影像的分类识别简介 …… 293
    第一节 监督分类法 …… 293
    第二节 非监督分类法 …… 299
    第三节 影像分类方法的发展 …… 302

第十八章 影像编码 …… 307
    第一节 概述 …… 307
    第二节 熵 …… 307
    第三节 编码过程 …… 310
    第四节 几种典型的编码形式 …… 312

第十九章 航天遥感影像测图 …… 316
    第一节 概述 …… 316
    第二节 地形图的精度要求 …… 316
    第三节 影像的分辨率 …… 319
    第四节 当前的航天影像测图 …… 321
    第五节 计划中的航天测图传感系统 …… 325
    第六节 各种传感器综述 …… 327
    第七节 三维卫星摄影测量 …… 330

附录一：几种重要的概率分布函数 …… 335
附录二：多维正态分布 …… 339
附录三：直积运算规律 …… 344
主要参考文献 …… 345

第一章　区域网平差的系统误差

第一节　概　　述

使用当代解析摄影测量方法进行区域网平差确定点位,可以达到很高的精度,代替一大部分经典的大地测量。进一步发挥摄影测量区域网加密的效果,就要考虑对航摄影像残余的系统误差作有效的抵偿。近年以来,对此曾提出了各种措施,例如安排航线各种飞行方向的办法和在航摄前后对某一个实验场地进行摄影的方法等。但最有前途的方法是在区域网平差过程中使用附加参数的所谓"自检校技术"。它的优点已经由实验证明是很明显的,因为它能够针对系统误差实际可能存在的规律,扩充平差运算的数学模型,而无需为此再进行额外的飞行或量测。

在使用自检校技术时会产生一系列需要解决的问题,例如对附加参数的选择和处理,法方程式系统稳定性的减弱等。这些因素往往随不同任务的几何条件而不同。例如:不同的控制点分布,航摄方向,影像重叠,地形状态等。因此需要讨论对附加参数式样和数量的选择问题,并作适当的统计检验。

当代的自检校光束法区域网平差是算求摄影测量加密点坐标的一种高度准确和有效的技术。当前所能达到的加密精度,在较好的控制点(地面标志点)分布之下,使用光束法平差可以获得影像坐标的中误差为 $\sigma_0 = 2 \sim 4 \mu m$。在旁向重叠为20%的条件下,加密点位中误差(在影像比例尺中)为 $\mu_{x,y} = 3 \sim 4 \mu m, \mu_z = 5 \sim 10 \mu m$;对60%的旁向重叠则分别为 $\mu_{x,y} = 2.5 \sim 3 \mu m, \mu_z =$

$4\sim 6\mu m$。

在使用附加参数以补偿残余的系统误差时,必须使像点坐标的正 x 方向永远与飞航的方向一致。如此则对与飞航方向有关的附加参数无需再有其他特殊的考虑。

在小的区域网内,系统误差的影响可以有效地通过增加地面控制点的办法加以补偿。因此当存在有足够数量的控制点时,对小区域网的平差是否宜于再使用附加参数的办法,应加考虑。

第二节 附加参数的选择

附加参数用以抵偿在观测数据中存在的系统误差。一般在这种方法的讨论中大部分都是针对航测光束法区域网平差,这是因为光束法应该是区域网平差中精度最高的方法,而且在这种方法中,其观测值系像点坐标,对其中存在的系统误差直接进行改正比较有效。

附加参数用于光束法的基本公式为(参考《摄影测量原理》式(15-15)):

$$x + \Delta x = -f\frac{a_1(X-X_S)+b_1(Y-Y_S)+c_1(Z-Z_S)}{a_3(X-X_S)+b_3(Y-Y_S)+c_3(Z-Z_S)}$$
$$y + \Delta y = -f\frac{a_2(X-X_S)+b_2(Y-Y_S)+c_2(Z-Z_S)}{a_3(X-X_S)+b_3(Y-Y_S)+c_3(Z-Z_S)} \quad (1\text{-}1)$$

式中 $\Delta x, \Delta y$ 代表该像点处引入的附加参数函数。

早期的自检校方法对 Δx 和 Δy 只限于确定基本的内定向参数(像主点位置和摄影主距),其后则逐渐试用更多的参数,反映像点的各种残余系统性变形。当前在摄影测量实用中的附加参数函数不下十多种,每种中参数的数目一般有 $4\sim 25$ 个(当在地籍摄影测量中常常每张像片内包含有 100 多个点。此时附加参数的个数可达 44 个之多)。对这些参数的选择可以分为两种方案,即顾及像差特点的附加参数和多项式型的附加参数。

第一章 区域网平差的系统误差

一、顾及像差特点的附加参数

选择附加参数的一种方案是按照其像差发生的特点设计。影响像点坐标的像差主要有底片和摄影乳剂的变形、底片压平、光学畸变差、大气折光和仪器误差等。这些误差的一般特性已在《摄影测量原理》第十四章内加以论述。把这些因素具体纳入到附加参数中,各家做法很不相同。现举比较典型的由 Brown(1975) 所采用的式子为例,其中包括有总共 29 个附加参数如下:

$$\Delta x = a_1 x + a_2 y + a_3 x^2 + a_4 xy + a_5 y^2 + a_6 x^2 y + a_7 xy^2$$
$$+ \frac{x}{r}(c_1 x^2 + c_2 xy + c_3 y^2 + c_4 x^3 + c_5 x^2 y + c_6 xy^2 + c_7 y^3)$$
$$+ x(k_1 r^2 + k_2 r^4 + k_3 r^6) + p_1(y^2 + 3x^2) + 2p_2 xy + \delta x_p + \left(\frac{x}{c}\right)\delta c$$

$$\Delta y = b_1 x + b_2 y + b_3 x^2 + b_4 xy + b_5 y^2 + b_6 x^2 y + b_7 xy^2$$
$$+ \frac{y}{r}(c_1 x^2 + c_2 xy + c_3 y^2 + c_4 x_3 + c_5 x^2 y + c_6 xy^2 + c_7 y^3)$$
$$+ y(k_1 r^2 + k_2 r^4 + k_3 r^6) + 2p_1 xy + p_2(x^2 + 3y^2) + \delta y_p + \left(\frac{y}{c}\right)\delta c$$

$$(1\text{-}2)$$

其中:x, y 为像点坐标;

r 为像点辐射距离,即 $r^2 = x^2 + y^2$;

$\Delta x, \Delta y$ 为在像点坐标中的附加改正(见式(1-1))。

对上述的系数可以分类如下:

(a) $\left.\begin{array}{l} a_1, a_2, \cdots, a_7 \\ b_1, b_2, \cdots, b_7 \end{array}\right\}$ 表达底片变形的系数

(b) $c_1, c_2, \cdots, c_7$ 表达摄影底片弯曲的系数

(c) k_1, k_2, k_3 表达光学畸变差辐射方向的变形系数

(d) p_1, p_2 表达物镜光学偏心影响的系数

(e) $\delta x_p, \delta y_p, \delta c, \cdots$ 摄影机内方位元素的改正值。

通过上述设计附加参数的方法,一般很难保证其数学模型会与实际上极为错综复杂的像点坐标的系统影响相符合。

二、多项式型的附加参数

另一种途径就是使用一种一般型式的多项式或三角函数(包括球谐函数)作为附加参数。在这种方案中把残余系统误差的综合影响作为一个整体,而不去试图顾及或解释其系统误差的各种根源。

其一般式为:

$$\Delta x = \sum_{i,j} a_{ij} x^i y^j$$
$$\Delta y = \sum_{i,j} b_{ij} x^i y^j \tag{1-3}$$

式中 a_{ij}, b_{ij} 为多项式的待定系数,即其附加参数。

一般在设计式(1-3)中的参数时,应尽可能使其间具有正交的特性,以便使构成的法方程式的系数矩阵能够具有良好的状态,并且使其求得的各项附加参数值能够分开来进行有关的统计检验。正交性不但要求在附加参数之间具有,而且也要求其与待定的外方位元素和加密点坐标之间具有。满足这些要求并不容易。但也有的研究说明,这种正交性并不一定是一项十分重要的要求。

实际上任何一个函数都不可能完全综合表达出各种像点变形的影响而不把无法预知的成分排除在外。尽管对此人们曾经做过大量的理论工作,参数的选用仍然是要凭经验。

以下介绍联邦德国 Ebner 在光束法区域网平差中引入的附加参数,系由双变量正交多项式组成。取用三次项时所用的坐标系数如图1-1所示。此时式(1-1)中所表达的位移 Δx、Δy 可写成:

$$\Delta x = \begin{bmatrix} 1 & y & y^2 \end{bmatrix} \begin{bmatrix} a_{11} & a_{12} & a_{13} \\ a_{21} & a_{22} & a_{23} \\ a_{31} & a_{32} & a_{33} \end{bmatrix} \begin{bmatrix} 1 \\ x \\ x^2 \end{bmatrix}$$

$$\Delta y = \begin{bmatrix} 1 & y & y^2 \end{bmatrix} \begin{bmatrix} b_{11} & b_{12} & b_{13} \\ b_{21} & b_{22} & b_{23} \\ b_{31} & b_{32} & b_{33} \end{bmatrix} \begin{bmatrix} 1 \\ x \\ x^2 \end{bmatrix} \tag{1-4}$$

适应于补偿像片上 3×3 个标准点位上(图 1-1)所有的系统误差。将式(1-4)展开得为：

$$\Delta x = a_{11} + a_{12}x + a_{21}y + a_{13}x^2 + a_{22}xy + a_{31}y^2 \\ + a_{23}x^2y + a_{32}xy^2 + a_{33}x^2y^2$$

$$\Delta y = b_{11} + b_{12}x + b_{21}y + b_{13}x^2 + b_{22}xy \\ + b_{31}y^2 + b_{23}x^2y + b_{32}xy^2 + b_{33}x^2y^2 \tag{1-5}$$

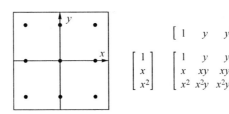

图 1-1

上式中共有参数十八项，其中六项可概括于定向参数之中。对剩余的十二项，改化之使其相互具有正交性以及相对于六个定向参数也具有正交性(指在像片上九个标准点处(图 1-1)所构成的式子的系数间)，则上式改化成：

$$\Delta x = b_1 x + b_2 y - b_3 \left(2x^2 - 4\frac{b^2}{3}\right) + b_4 xy + b_5 \left(y^2 + 2\frac{b^2}{3}\right) + b_7 \left(y^2 - 2\frac{b^2}{3}\right)x \\ + b_9 \left(x^2 - 2\frac{b^2}{3}\right)y + b_{11}\left(x^2 - 2\frac{b^2}{3}\right)\left(y^2 - 2\frac{b^2}{3}\right)$$

$$\Delta y = -b_1 y + b_2 x + b_3 xy - b_4 \left(2y^2 - 4\frac{b^2}{3}\right) + b_6 \left(x^2 - 2\frac{b^2}{3}\right) + b_8 \left(x^2 - 2\frac{b^2}{3}\right)y \\ + b_{10}\left(y^2 - 2\frac{b^2}{3}\right)x + b_{12}\left(x^2 - 2\frac{b^2}{3}\right)\left(y^2 - 2\frac{b^2}{3}\right) \tag{1-6}$$

如果在像片上所观测的九个点位于标准位置，即间距等于像片基线 b，而且地面水平，摄影为近似垂直向下，则可以证明式(1-6)中附加参数之间以及附加参数与定向未知数之间是严格正交的。虽然这种正交的概念只能限用于十分规则的布点，对实际上近似的正交性却提供了附加参数间以及其与外方位定向元素间的尽可能的独立性。式(1-6)的误差模型如图 1-2 所示。

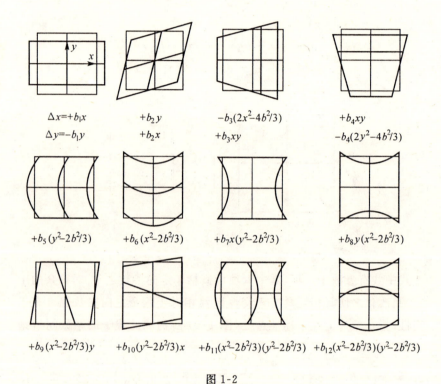

图 1-2

对于顾及像片上 $5\times 5 = 25$ 个标准点处的正交性并剔除其与六个外方位元素相应的各参数，则联邦德国 Grün(1978) 曾导出了包括有 44 个参数的相应于式(1-6)的附加参数为：

$$\Delta x = a_{12}x + a_{21}y + a_{22}xy + a_{31}l - b_{22}\frac{10}{7}k + a_{14}xp + a_{23}yk + a_{32}xl$$
$$+ a_{41}xq + a_{15}r + a_{24}xyp + a_{33}kl + a_{42}xyq + a_{51}s + a_{25}yr$$
$$+ a_{34}xlp + a_{43}ykq + a_{52}xs + a_{35}lr + a_{44}xypq + a_{53}ks + a_{45}yqr$$
$$+ a_{54}xps + a_{55}rs \tag{1-7}$$

$$\Delta y = -a_{12}y + a_{21}x - a_{22}\frac{10}{7}l + b_{13}k + b_{22}xy + b_{14}xp + b_{23}yk + b_{32}xl$$
$$+ b_{41}yq + b_{15}r + b_{24}xyp + b_{33}kl + b_{42}xyq + b_{51}s + b_{25}yr + b_{34}xlp$$
$$+ b_{43}ykq + b_{52}xs + b_{35}lr + b_{44}xypq + b_{53}ks + b_{45}yqr + b_{54}xps + b_{55}rs$$

其中

$$k = x^2 - \frac{b^2}{2}; \quad l = y^2 - \frac{b^2}{2}; \quad p = x^2 - \frac{17}{20}b^2; \quad q = y^2 - \frac{17}{20}b^2;$$
$$r = x^2\left(x^2 - \frac{31}{28}b^2\right) + \frac{9}{70}b^4; \quad s = y^2\left(y^2 - \frac{31}{28}b^2\right) + \frac{9}{70}b^4$$

此外,用一般多项式表达的附加参数还有:

Grün(1976):

$$\Delta x = a_1 y + a_2 y^2 + a_3 y^3 + a_4 xy + a_5 xy^2 + a_6 x^2 y + a_7 x^3$$
$$\Delta y = -b_1 y + b_2 y^3 + b_3 xy - b_4 xy^2 + b_5 x^2 + b_6 x^2 y + b_7 x^3 \quad (1\text{-}8)$$

Mauelshagen(1977):

$$\Delta x = a_4 xy + a_5 y^2 + a_6 x^3 + a_7 x^2 y + a_8 xy^2 + a_9 y^3$$
$$\Delta y = b_1 x + b_2 y + b_3 x^2 + b_4 xy + b_6 x^3 + b_7 x^2 y + b_8 xy^2 + b_9 y^3$$
$$(1\text{-}9)$$

Schut(1978):

$$\Delta x = c_3 xy + c_5 y^2 + c_7 x^2 y + c_9 xy^2 + c_{11} x^2 y^2 + c_{13} x^3$$
$$\Delta y = c_1 y + c_2 x + c_4 x^2 + c_6 xy + c_8 x^2 y + c_{10} xy^2 + c_{12} x^2 y^2 + c_{14} y^3$$
$$(1\text{-}10)$$

用球谐调和函数表达的附加参数例如有:

El-Hakim 与 Faig(1977):

$$\Delta x = a_1 x + a_2 y + q\frac{x}{r}$$
$$\Delta y = -a_1 y + a_2 x + q\frac{y}{r} \quad (1\text{-}11)$$

其中

$$q = a_3 r\cos\lambda + a_4 r\sin\lambda + a_5 r^2 + a_6 r^2\cos2\lambda + a_7 r^2\sin2\lambda + a_8 r^3\cos\lambda$$
$$+ a_9 r^3\sin\lambda + a_{10} r^3\cos3\lambda + a_{11} r^3\sin3\lambda \quad (1\text{-}12)$$

$$r = \sqrt{x^2 + y^2}, \quad \lambda = \arctan \frac{y}{x}$$

三、独立模型法中的附加参数

现取用 Ebner 在独立模型法区域网平差中引入的附加参数作为一个例子。

图 1-3 所示一个摄影测量的独立模型,包括有六个标准点。由于每个模型 X 方向的跨度仅约为 Y 方向之半,故在多项式中去掉含 X^2 的各项。由模型点坐标 X,Y 和 Z 所获得的 $3 \times 6 = 18$ 项应再增加三项,以便抵偿透视中心坐标 X_S,Y_S 和 Z_S 的系统误差。在这总共二十一项中,其中有七项可由每个模型的空间相似变换考虑到,因此只剩下附加参数十四项。按 Ebner 独立模型法平高分求的 PAT-M43 程序,它把八项(图 1-4 中的参数 P_1 到 P_8)引入到平面区域网平差中,六项(图 1-4 中的参数 h_1 到 h_6)引入到高程平差中,并使其参数 P_1 到 P_8 和 h_1 到 h_6 间,以及相对于变换参数间都具有正交性(在其六个标准点处)。其改正项的形式和对模型点的影响表示如图 1-4 中。使用这些附加参数比他以前所提出的,在《摄影测量原理》式(15-19)介绍的那些要优越一些。

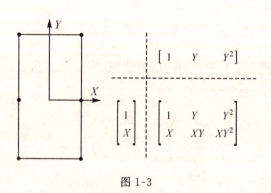

图 1-3

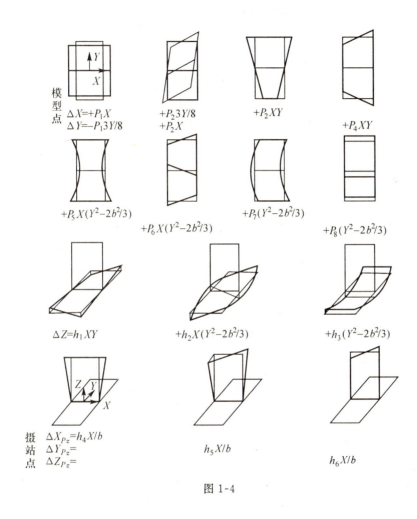

图 1-4

第三节 附加参数的统计检验

对于某一个特定区域网的几何结构,由于附加参数所形成的扩展了的法方程式,将不一定仍能保持其解算的稳定性,这是与附加参数的形式和数目有关的。在引进附加参数时,可以首先由一组比较复杂的参数开始。然后使用数理统计的检验方法,消除那些不能以足够精度加以确定的和不能以足够的保证可以相互分开的参数。或者相反,也可以根据经验,首先取用少量的认为最基本的一组参数。有了这些可靠的基础之后,再适当增补一些参数,并检查其显著性。以下介绍两种最基本的显著性检验。

当附加参数正交或接近正交时,可使用数理统计中的 t 分布,对所求得的参数,逐个地进行显著性检验。

t 分布是按下式定义的变量:

$$t = \frac{\zeta}{\eta}$$

其中 ζ 为标准正态变量 $N(0,1)$; η 定义为 $\sqrt{\frac{\chi^2}{\nu}}$ 变量,根号下面的 ν 是 χ^2 变量的自由度(参考附录一)。

此时统计假设为:

$H_0: E(\hat{a}_i) = 0$,$\hat{a}_i$ 为第 i 个附加参数的估值。

取
$$\zeta = \frac{\hat{a}_i - E(\hat{a}_i)}{\sigma_0 \sqrt{q_{ii}}} \sim 分布\ N(0,1)$$

$$\eta = \sqrt{\frac{(n-u)s_0^2}{\sigma_0^2}/(n-u)} \sim 分布 \sqrt{\frac{\chi^2}{\nu}},\nu = n-u$$

其中 σ_0^2 为单位权方差。$s_0^2 = \dfrac{V^T P V}{n-u}$ 为由平差运算中得出的单位权中误差的平方,其期望值为 σ_0^2;q_{ii} 取自平差中未知数协因数矩阵 Q 的相应对角元。由于假设 $E(\hat{a}_i) = 0$,因此得出分布 t 的统计量为:

$$t = \frac{\zeta}{\eta} = \frac{\hat{a}_i}{\sigma_0 \sqrt{q_{ii}}} = \sqrt{\frac{\sigma_0^2}{s_0^2}} = \frac{\hat{a}_i}{s_0 \sqrt{q_{ii}}} \tag{1-13}$$

当给定显著水平 a 后,可由 t 分布表查出临界值 t_a。若 $t < t_a$,则原假设成立,即该参数不显著,可在下次迭代平差中去除。

当附加参数间的相关较大时,一维的 t-检验会导致错误的结论。由于 t 的相关往往仅出现在某一组的附加参数中,所以应该把这一组参数放在一起,使用多维检验的方法。此时原假设为:

$H_0: E(\hat{a}) = \mathbf{0}$

$\hat{a}^T = (\hat{a}_{i+1} \cdots \hat{a}_{i+k})$ 为在一起检验的 k 个附加参数。

取 $\xi' = \dfrac{[\hat{a} - E(\hat{a})]^T Q_{\hat{a}\hat{a}}^{-1} [\hat{a} - E(\hat{a})]}{\sigma_0^2}/k \sim$ 分布 $\chi^2/\nu, \nu = k$

$\eta' = \dfrac{(n-u)s_0^2}{\sigma_0^2}/(n-u) \sim$ 分布 $\chi^2/\nu, \nu = n-u$

因此得出分布 F 的统计量为:

$$F_{k,(n-u)} = \frac{\xi'}{\eta'} = \frac{\hat{a}^T Q_{\hat{a}\hat{a}}^{-1} \hat{a}}{k s_0^2} \tag{1-14}$$

根据两个自由度 ν(即 k 和 $(n-u)$)和假定的显著水平 α,可查分布表 F。假如 H_0 为真,则去除每个参数 $a_{i+1}, \cdots, a_{i+k}$。

此外还可能有一些其它类型的检验。例如在联邦德国 Hannover 大学的光束法区域网平差的程序 BLUH 中,为了选择其附加参数,使用了四种不同的检验为:相关检验内部的确定性检验、t- 检验和附加参数验后正交化以后的 t- 检验。各有其独特的经验和措施。

当平差模型加入附加参数后,可能会由于附加参数之间或附加参数与其他未知参数之间的强相关而使解的精度和可靠性恶化。为此应求出整个未知数的协因素阵,进而求出相关系数矩阵,进行逐一检查。

第四节　带有附加参数的平差运算方案[①]

在进行区域网平差运算时,对附加参数,根据情况可以看做是常数(见第四节之一)或是未知数(见第四节之二)也可看做是一种观测值(见第四节之三)。当对附加参数的精度特点有所知晓时,就应该把它们作为观测值看待。即使对附加参数的精度特点毫无所知时,如果仍把它们作为观测值看待进行平差运算,则可以有效地减少法方程式的状态不良(接近奇异阵)现象。这种现象的产生主要是因为有些参数的数值可能是很难估计的数值(由于点位的分布等几何原因)。此时为了使运算能够进行下去,可以采用这种对附加参数列出额外观测方程式(如式

[①] 第四节讨论的"平差运算方案"和第五节的"验后方差的估计"都是在有关的数据处理中带有一般性的课题,此处暂列在本章内加以介绍。

(1-18))的办法。其虚拟观测值一般取用零值;其权值的假设比较灵活,最好能按信噪比确定。必要时也可采用验后方差的估计方法(见本章第五节)。如此则可获得较为稳定的数字解算。

现由下列间接观测误差方程式出发讨论在各种情况下的运算特点:

$$v = Ax + Bz - l; \quad Q_{ll} \tag{1-15}$$

其中
$l =$ 观测值矢量
$v =$ 改正数矢量
$x =$ 未知数矢量
$A =$ 未知数系数矩阵
$z =$ 附加参数矢量
$B =$ 附加参数系数矩阵
$Q_{ll} =$ 观测值的权倒数矩阵

一、附加参数作为常数

当附加参数是一些已知的常数时,则其平差处理将极简单:

$$v = Ax - (l - Bz); \quad Q_{ll} \tag{1-16}$$

式中,z 代表作为常数的附加参数矢量。从而可以解得待定参数为:

$$x = (A^T Q_{ll}^{-1} A)^{-1} A^T Q_{ll}^{-1} (l - Bz)$$

在摄影测量区域网平差中,当附加参数是为了考虑地面弯曲或地图投影的影响时,就属于这种情况。

二、附加参数作为未知数

当对附加参数的数值以及其正负符号毫无所知时,就应当把它们作为未知数处理。

$$v = Ax + Bz - l; \quad Q_{ll}$$

其中,z 为附加参数未知数的矢量。现在把这两个未知数矢量写在一起,则

$$v = cw - l; \quad Q_{ll}$$

其中:
$$c = [A \vdots B]$$

$$w^T = [x^T \vdots z^T]$$

则未知数 w 为：

$$w = [c^T Q_{lb}^{-1} c]^{-1} c^T Q_{lb}^{-1} l \tag{1-17}$$

当在引入附加参数作为未知数时，需要考察其未知数间是否都线性无关。若线性相关则其法方程式矩阵 $c^T Q_{lb}^{-1} c$ 会变成奇异，至少会使其方程式的状态变坏。致使在引入附加参数未知数以后，其误差传播将更为不利。所以，只在引用那些最有效的附加参数时，才宜于把附加参数作为未知数处理。

三、附加参数作为观测值

当对附加参数作为观测值看待时，解算方法可以有以下几种：

（一）第一种解法

首先把附加参数作为未知数引入。然后考虑到它们是观测值，再列出相应的附加方程式如下：

$$\begin{aligned} v_1 &= Ax + Bz - l; & Q_{lb} \\ v_2 &= \quad\ Ez - s; & Q_{ss} \end{aligned} \tag{1-18}$$

其中：s 为附加的观测值矢量；

v_2 为附加的改正数矢量；

H 为单位矩阵；

Q_{ss} 为附加观测值的权倒数矩阵。

由式(1-18)可写成：

$$v_3 = Dw - h; \quad Q_{hh}$$

其中：

$$v_3^T = [v_1^T \quad v_2^T]$$

$$D = \begin{bmatrix} A & B \\ 0 & E \end{bmatrix}$$

$$h^T = [l^T \quad s^T]$$

$$Q_{hh} = \begin{bmatrix} Q_{lb} & Q_{ls} \\ Q_{ls}^T & Q_{ss} \end{bmatrix}$$

$$w^T = [x^T \quad z^T]$$

从而得出解为：

$$w = (D^T Q_{hh}^{-1} D)^{-1} D^T Q_{hh}^{-1} h \qquad (1\text{-}19)$$

在这种情况下,当 $Q_{ss} = 0$ 和 $Q_{ls} = 0$ 时,观测值 s 就成了常数值,此时式(1-18)中的 v_2 为零,那就是回到了第一种情况。

反之,当 $Q_{ss} = \infty E$ 和 $Q_{ls} = 0$ 时,式(1-18)的第二式已无需纳入平差之中,可以去掉。所剩下的式子的处理与式(1-17)相同。

在具体运算时,在这两种情况下,即 $Q_{ss} = 0$,$Q_{ls} = 0$ 和 $Q_{ss} = \infty E$,$Q_{ls} = 0$ 会产生一个奇异的法方程式 Q_{hh}。为要避免这种奇异的情况,可以代入以 $Q_{ss} = nE$。在第一种情况下选用 n 为极小值,而在第二种情况下选用 n 为极大值。对 Q_{hh} 求逆可利用下式关系:

$$Q_{hh}^{-1} = \begin{bmatrix} Q_{ll} & 0 \\ 0 & nE \end{bmatrix}^{-1} = \begin{bmatrix} Q_{ll}^{-1} & 0 \\ 0 & 1/nE \end{bmatrix} \qquad (1\text{-}20)$$

此后的运算按式(1-19)进行,完全没有问题。

(二) 第二种解法

把式(1-18)的第二式代入其第一式中,则得

$$v_1 = Ax + B(s + v_2) - l; \quad Q_{hh} \qquad (1\text{-}21)$$

此时,平差问题成为带有条件的间接观测方程式:

$$uv_3 + Ax = t; \quad Q_{hh} \qquad (1\text{-}22)$$

其中:
$$u = [-E \quad B]$$
$$t = l - Bs = -uh$$

对 v_3,h 和 Q_{hh} 与上述第(一)解法中的符号内容相同。解算结果为:

$$x = A^T(uQ_{hh}u^T)^{-1} A^T(uQ_{hh}u^T)^{-1} t \qquad (1\text{-}23)$$
$$v_3 = Q_{hh} u^T (uQ_{hh}u^T)^{-1} (t - Ax)$$

结果与第一种解法相同,待定的附加参数值按式(1-18)为

$$z = s + v_2$$

在 z 为常数的特殊情况下,则在此第二种解法中 $Q_{ss} = 0$,$Q_{ls} = 0$,即

$$Q_{hh} = \begin{bmatrix} Q_{ll} & 0 \\ 0 & 0 \end{bmatrix}$$

而
$$(uQ_{hh}u^T)^{-1} = Q_{ll}^{-1}$$

使式(1-23)回到式(1-16)。

相反,当 $Q_{ls} = 0$,$Q_{ss} = nE$ 而且 n 为极大值时,由于方程的状态问

题,则不能实现。

此时
$$Q_{hh} = \begin{bmatrix} Q_{lb} & 0 \\ 0 & nE \end{bmatrix}$$

则得
$$uQ_{hh}u^T = Q_{lb} + nBB^T \tag{1-24}$$

由于 B 的秩永远是小于 Q_{lb} 的秩,所以 BB^T 基本上是奇异的。当 n 很大时,矩阵(1-24)实际上是奇异的。由此可知,用这种办法则式(1-23)中求逆矩阵的状态变坏。因此第一种解法比较普遍适用。

第五节 验后方差的估计

由第四节的误差方程式例如式(1-18)可知,各类观测值都应该有其相应的"权倒数矩阵"。这也可以表达为"权矩阵"或"方差-协方差矩阵"。这些权或方差应该根据经验或假设作较为正确的估计。这些数据估计的正确与否也可以适当地在平差以后反求,据以作必要的修正。

本节所讨论的就是这种验后方差估计的理论。此时假定的是有实际意义的简单情况,即其方差矩阵是可按等方差而分组的,示如图1-5的矩阵 K。即在每组内观测值系等精度且互不相关。而在各组之间系不等精度,互不相关。例如在摄影测量中的像片坐标,地面控制点坐标和其他附加观测值都是这样。在

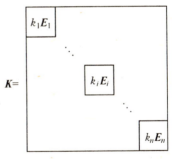

图 1-5

本节内用 K 代表方差-协方差矩阵,k_i 为第 i 组观测的方差;E_i 为 n_i 阶的单位矩阵,而 n_i 为第 i 组中的观测数目。

对间接观测平差而言,可得:
$$x = (A^T K^{-1} A)^{-1} A^T K^{-1} l$$
$$v = Ax - l = [A(A^T K^{-1} A)^{-1} A^T K^{-1} - E]l$$

利用误差传播定律,得出(参考《摄影测量原理》附录五式(8)):

$$K^w = [A(A^TK^{-1}A)^{-1}A^TK^{-1} - E]K[K^{-1}A(A^TK^{-1}A)^{-1}A^T - E]$$
$$= K - A(A^TK^{-1}A)^{-1}A^T \qquad (1\text{-}25)$$

对图 1-6 协方差矩阵结构中的第 i 组观测可得：

$$\mathrm{tr}K_i^w = \sum_{j=1}^{n_i}(k_{vi})_j = n_ik_i - \mathrm{tr}[A_i(A^TK^{-1}A)^{-1}A_i^T] \qquad (1\text{-}26)$$

其中：tr 表示矩阵的迹，即一个方阵主对角线上元素之和；

A_i 为第 i 组观测值之误差方程式系数阵；

$(A^TK^{-1}A)^{-1}$ 为全部未知数的协方差阵。

改正数的方差 $(k_{vi})_j$ 还可以经验地写成：

$$(k_{vi})_j = E[(v_i)_j - E(v_i)_j]^2$$

由于 $\qquad E(v_i)_j = 0$

所以 $\qquad (k_{vi})_j = (v_i)_{2_j}$

因此式（1-26）为：

$$\mathrm{tr}K_i^w = \sum_{j=1}^{n_i}(k_{v_i})_j = \sum_{j=1}^{n_i}(v_i)_{2_j} = v_i^Tv_i$$
$$= n_ik_i - \mathrm{tr}[A_i(A^TK^{-1}A)^{-1}A_i^T] \qquad (1\text{-}27)$$

那就是根据第 i 组的各改正数 v_i，可以求出其相应的方差 k_i 值，也就是 Ebner 所提出的解法，即

$$k_i = [v_i^Tv_i + \mathrm{tr}(A_i(A^TK^{-1}A)^{-1}A_i^T)]/n_i \qquad (1\text{-}28)$$

或写成 $\qquad k_i = [v_i^Tv_i + \sigma_0^2\mathrm{tr}(A_iN^{-1}A_i^T)]/n_i \qquad (1\text{-}29)$

其中 $\qquad N^{-1} = (A^TPA)^{-1} = Q_{xx} \qquad (1\text{-}30)$

亦即待定参数组 x 的权逆阵。

P 阵示如图 1-6，与图 1-5 的作用相同。即

$$K = \sigma_0^2 P^{-1} \qquad (1\text{-}31)$$

式（1-27）又可写成为：

$$v_i^Tv_i = n_ik_i - \sigma_0^2\mathrm{tr}(A_iN^{-1}A_i^T)$$
$$= k_i[n_i - p_i\mathrm{tr}(A_iN^{-1}A_i^T)]$$

即 $\qquad k_i = \dfrac{v_i^Tv_i}{r_i} \qquad (1\text{-}32)$

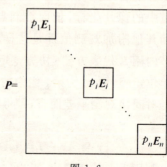

图 1-6

其中
$$r_i = n_i - p_i \text{tr}(A_i N^{-1} A_i^T) \tag{1-33}$$
为第 i 组观测值的多余观测分量。式(1-32)即为 Förstner 提出的方差估算公式。

或按本书第四章式(4-6):
$$Q_{vv}P = Q_{ll}P - AQ_{xx}A^T P$$
对等式两边在第 i 组内取迹值为:
$$\text{tr}(Q_{vv}P)_i = n_i - p_i \text{tr}(A_i N^{-1} A_i^T)$$
按式(1-33)故知
$$r_i = \text{tr}(Q_{vv}P)_i \tag{1-34}$$

第六节 多组附加参数自检法概念

在以上所讨论的自检法中,总是认为在平差运算的整个区域网内附加参数是不变的。很显然,在许多情况下当一系列曝光之间摄影机内部定向不一致时,例如在空中三角测量中采用一个以上具有不同内方位元素的摄影机进行摄影时,就会产生变化的附加参数问题。即使在使用同一个摄影机的条件下,在不同任务中,底片和物镜畸变差也会随时间而变化。在近景摄影测量中,还会出现另一种情况,即在这种摄影中,每次曝光一般都需要安置不同的主距,通常要求像片逐一恢复摄影时的内方位参数。因此,在区域网中使用不变的一组附加参数的自检法,从理论上讲只限用于完全同类条件下的摄影,而这种理想条件在实际中是少有的。

如果对每一单张像片或某一组像片各用一组独立的附加参数,就可以克服在整个区域内使用不变的一组参数所构成的这种缺点。但是,此时待定附加参数的数量将随着像片组的数量而增加。这样就会产生由于增多未知数中的相关性,从而产生法方程式状态的不良现象(病态现象),而且会不可避免地使计算工作更加繁重。

以上所考虑的多组附加参数问题实际上是在设法处理像点坐标中系统误差的随机特性。根据联邦德国 Schroth 的实验结果表明:像片上的系统误差明显地有异于其本身的平均值,而系统误差随像片的变化量甚至还可能大于其系统误差平均值本身的大小。由于系统误差的影响,各像片像点坐标观测值产生相关,其相关值可达 70% 之多。由此可知,如果能够知道摄影测量观测值的相关特性,而取用其相应的方差-协方差矩阵(即不满足于习惯使用的简单对角线矩阵)作为平差的随机模型,将可能很好地补偿相关的系统误差。可惜这样的方差-协方差矩阵很难获得而且从而增加的计算工作量十分巨大,实际上这样做尚难以得到实效。

第七节 验后补偿法

这节介绍另一种检查像点处(或模型点处)系统误差的方法。它是在区域网平差以后,分析其坐标观测值的改正数(残差)而得出的。下面以光束法平差为例加以说明。

在区域网平差以后,逐片取出九个标准点(图 1-7)附近处像点坐标的改正数 v。假定 x,y 坐标互不相关,则可以对其分别讨论。

首先将区域网内所有的像片按相同的方法划分小区(例如图 1-7 中的小区 1~9),此时认为在每个同号的小区内各张像片上的系统误差是相同的。在这些小区内每张像片一般都会有在平差中取得其坐标改正数的像点。如果将所有这些像片叠合起来,则在每个标准位置附近都会得到一系列像点及其相应的

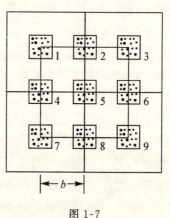

图 1-7

改正数。在每个标准位置的小区内,取所有像点的中心作为其节点,则由其周围一系列像点的坐标改正数,即可用一种内插方法求出该节点处的坐标改正数,代表该处存在的系统误差值。然后用经过这些数值改正后的像点坐标,或者也可据以修正所选用的附加参数,重新进行一次

区域网平差。如此反复迭代计算,直到相邻两次平差结果之差小于给定的限值时为止。

是否还存在有系统误差,可使用检验值 TS 来决定,即

$$\mathrm{TS} = \frac{\sum_{j=1}^{K} \frac{|A_j| \cdot \sqrt{n_j}}{s_0}}{K} \tag{1-35}$$

其中:K 为分区数;

n_j 为第 j 个小区中的像点数;

$|A_j|$ 为第 j 个小区改正数均值的绝对值;

s_0 为像点坐标改正数的均方根差。

平差迭代计算一直进行到使 TS 值小于 1 时为止。根据经验,分区数目可取 9,25 或 121,小区大小可取为 2~6cm。利用验后补偿法一般可以使平差精度有稳定的提高。其优点是利用它可以不改变已有的平差程序,计算工作量也不大,且不占用很多的计算机内存。

第八节 附加参数的实际应用及效果

附加参数当前主要用于光束法区域网平差的研究工作中,在生产实践中具体使用的仍不很普遍。至于在独立模型法区域网平差中,则一般不加附加参数。这是因为在独立模型法中用简单的办法引入参数不易有效,而且独立模型法本身的理论精度较差,所以人们往往不在这方面多作探讨。

附加参数的数值一般很小,其大小可按相当于像片上点位 $5\mu m$ 的等级估计。当像点量测误差存在有过大的刺点、仪器等误差时,使用附加参数的运算将失去其作用。

为了在测图生产作业中所需要的空中三角测量,连接点的转刺精度主要决定了空中三角输入数据的精度水平,而与实际的量测精度无关。由此,单位权误差 σ_0 值常常会达到 $15\sim30\mu m$,直到 $40\mu m$。近来使用现代的转刺点设备,σ_0 值已可使降到 $10\mu m$ 以下。

当在使用地面标志点时,可以避免产生转刺点的误差。此时如果采

用模拟立体测图仪进行观测时,仪器误差将成为其误差的主要来源,σ_0 达 $8 \sim 12\mu m$。假如用单像或立体坐标仪或解析测图仪代替模拟式立体测图仪进行量测,则仪器误差减小,σ_0 值可达 $4 \sim 9\mu m$(解析独模法)和 $3 \sim 8\mu m$(光束法)。此时剩余误差主要来自残余的系统误差,可以在区域网平差中用附加参数的办法加以改正,使 σ_0 值能降到 $2 \sim 5\mu m$ 的等级,代表了摄影测量方法测点所能达到的极高的精度。

表 1-1

	连接点方式	量测仪器	区域网平差方法	$\sigma_0(x,y$ 摄影比例尺)	主要误差来源
1	人工刺点 (例常的)	模拟仪器 或坐标仪	独模法 或光束法	$15 \sim 40\mu m$	转点误差
2	地面标志点	模拟仪器	独模法 或光束法	$8 \sim 12\mu m$	仪器误差
3	地面标志点	坐标仪或 解析测图仪	独模法(解析 法相对定向)	$4 \sim 9\mu m$	系统误差
4	人工刺点 (最近的成果)	坐标仪	光束法	$6 \sim 10\mu m$	转点误差 系统影像误差
5	地面标志点	坐标仪	光束法	$3 \sim 8\mu m$	系统影像误差
6	人工刺点 (最近的成果)	坐标仪	光束法带有 附加参数	$5 \sim 8\mu m$	偶然和相关的影 像误差及转点误差
7	地面标志点	坐标仪	光束法带有 附加参数	$2 \sim 6\mu m$	偶然和相关的 影像误差

* σ_0 值在光束法(指影像坐标)和独模法(指模型坐标归化到影像比例尺中)中不能直接比较,假如后者系由影像坐标用解析法定向求得,则理论上它的 σ_0 约为前者的 1.5 倍。

表 1-1 列出在不同情况下空中三角测量 σ_0 值的大小和范围,系根据联邦德国斯图加特(Stuttgart)大学的实验值。

第二章 法方程式的带状及加边带状矩阵

第一节 法方程式的带状矩阵

区域网平差的误差方程式不论采用哪一种方法,其误差方程的一般式都可以写成为:

$$v = At + Bx - l; \quad P_l$$
$$v_t = t \qquad - l_t; \quad P_t$$
$$v_x = \qquad x - l_x; \quad P_x \qquad (2\text{-}1)$$

其中:t 代表定向的参数矢量,x 代表地面点坐标矢量,A,B 为其相应的系数矩阵。第二、第三两式是当待定值 t 和 x 也认为是观测值时才列入的。综合在一起写成矩阵形式为:

$$\begin{bmatrix} v \\ v_t \\ v_x \end{bmatrix} = \begin{bmatrix} A & B \\ E_t & 0 \\ 0 & E_x \end{bmatrix} \begin{bmatrix} t \\ x \end{bmatrix} - \begin{bmatrix} l \\ l_t \\ l_x \end{bmatrix}; \quad P = \begin{bmatrix} P_l & 0 & 0 \\ 0 & P_t & 0 \\ 0 & 0 & P_x \end{bmatrix} \qquad (2\text{-}2)$$

把上述误差方程式组使用一般的规律(参考《摄影测量原理》第368页)改化成法方程式为:

$$\begin{bmatrix} A^T & E_t & 0 \\ B^T & 0 & E_x \end{bmatrix} \begin{bmatrix} P_l & 0 & 0 \\ 0 & P_t & 0 \\ 0 & 0 & P_x \end{bmatrix} \begin{bmatrix} A & B \\ E_t & 0 \\ 0 & E_x \end{bmatrix} \begin{bmatrix} t \\ x \end{bmatrix}$$

$$= \begin{bmatrix} A^T & E_t & 0 \\ B^T & 0 & E_x \end{bmatrix} \begin{bmatrix} P_l & 0 & 0 \\ 0 & P_t & 0 \\ 0 & 0 & P_x \end{bmatrix} \begin{bmatrix} l \\ l_t \\ l_x \end{bmatrix}$$

得出

$$\begin{bmatrix} A^T P_l A + P_t & A^T P_l B \\ \hline B^T P_l A & B^T P_l B + P_x \end{bmatrix} \begin{bmatrix} t \\ \hline x \end{bmatrix} = \begin{bmatrix} A^T P_l l + P_t l_t \\ \hline B^T P_l l + P_x l_x \end{bmatrix} \quad (2\text{-}3)$$

上式代表了区域网平差的法方程式，可以用符号表示成：

$$\begin{bmatrix} N_{AA} + P_t & N_{AB} \\ \hline N_{AB}^T & N_{BB} + P_x \end{bmatrix} \begin{bmatrix} t \\ \hline x \end{bmatrix} = \begin{bmatrix} u_A + P_t l_t \\ \hline u_B + P_x l_x \end{bmatrix} \quad (2\text{-}4)$$

其中： $N_{AA} = A^T P_l A, N_{BB} = B^T P_l B, N_{AB} = A^T P_l B$

$$u_A = A^T P_l l, u_B = B^T P_l l$$

t 和 x 仍分别代表待定的定向参数矢量和待定的地面点坐标矢量。矩阵 N_{AA} 和 N_{BB} 均系伪对角线矩阵。在光束法平差时，在其主对角线上分别含有 6×6 和 3×3 的子阵。

展开式(2-4)得出：

$$[N_{AA} + P_t]t + N_{AB}\ x = u_A + P_t l_t \quad (2\text{-}5)$$
$$N_{AB}^T\ t + [N_{BB} + P_x]x = u_B + P_x l_x$$

从上式中消去其中一个待定未知数矢量，例如消去 x，则得（参考《摄影测量原理》式(6-15)）：

$$st = c \quad (2\text{-}6)$$

其中： $s = [N_{AA} + P_t - N_{AB}[N_{BB} + P_x]^{-1}N_{AB}^T]$

$c = [u_A + P_t l_t - N_{AB}[N_{BB} + P_x]^{-1}u_B]$

当权阵 P_t 和 P_x（一般都是简单的对角线矩阵）是与 N_{AA} 和 N_{BB} 相协调的伪对角线阵时，在一定的像片编号系统之下，归化法方程式矩阵 s 可以构成为带状对角线的形式（参考《摄影测量原理》图 8-3）。这是由于典型航摄区域网矩阵 N_{AB} 固有稀疏性的直接后果。这种带状对角线系统除一般使用消元约化法解算外，当矩阵中的元素数目超过电子计算机的内存容量时，可以有效地使用循环分块法加以解算（参考《摄影测量原理》第 130 页）。

在正常飞行的情况之下法方程式系数矩阵的带宽①可按以下方式计算：

---

① 带宽指从对角线至带状最远处一个参数间参数的个数。

(1) 航带法

带宽为 $2m$，其中 m 为每条航带中定向参数的数目。

(2) 独立模型法

对平面，当模型编号按航线方向时为：$4(n+2)$，其中 n 为每条航带的模型数；

当模型编号垂直于航线方向时为：$4(N+2)$，其中 N 为航带总数。对高程，带宽分别为 $3(n+2)$ 及 $3(N+2)$。

(3) 光束法

当像片编号按航线方向时为：$6(n+3)$，其中 n 为每条航带的像片数；

当像片编号垂直于航线方向时为：$6(2N+2)$，其中 N 为航带总数。

第二节 法方程式的加边带状矩阵

当误差方程式中有一些待定参数为相当大的一部分误差方程所共有时，在归化后的法方程式中就会产生加边带状矩阵，示如图 2-1，其带宽为 p，加边宽为 q。一般共同的待定参数数目总是很少的，因此加边的宽度，相对而言，总是较窄。在区域网平差的自检法中带有的附加参数就是这种情况。又如物理定向数据的引用，摄测成果和大地测量成果的共同平差和其他制约条件的使用等，都会产生加边带状矩阵问题。

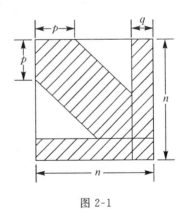

图 2-1

现设在式(2-1)中补充以待定的附加参数矢量 z，即

$$\begin{aligned} v &= At + Bx + Cz - l; & P_l \\ v_t &= t & - l_t; & P_t \\ v_x &= x & - l_x; & P_x \\ v_z &= z - l_z; & P_z \end{aligned} \quad (2\text{-}7)$$

设用简单的符号表示式(2-7)所构成的法方程式为：

$$\begin{bmatrix} N_{11} & N_{12} & N_{13} \\ N_{21} & N_{22} & N_{23} \\ N_{31} & N_{32} & N_{33} \end{bmatrix} \begin{bmatrix} t \\ x \\ z \end{bmatrix} = \begin{bmatrix} u_1 \\ u_2 \\ u_3 \end{bmatrix} \quad (2\text{-}8)$$

消去待定坐标矢量 x，则得：

$$[N_{11} - N_{12} \ N_{22}^{-1} N_{21}]t + [N_{13} - N_{12} \ N_{22}^{-1} N_{23}]z = [u_1 - N_{12} \ N_{22}^{-1} u_2]$$
$$[N_{31} - N_{32} \ N_{22}^{-1} N_{21}]t + [N_{33} - N_{32} \ N_{22}^{-1} N_{23}]z = [u_3 - N_{32} \ N_{22}^{-1} u_2]$$
$$(2\text{-}9)$$

其中第一式中 t 的系数矩阵为图2-1所表示左上角的带状部分。其余部分属于加边部分，一般都是很窄的。加边带状矩阵同样可以有效地使用循环分块法解算。

在归算这种带有带宽为 p，加边为 q，待定未知数总数为 n 的矩阵时，所需要算术操作的数目近似地与 $(p+q)^2 n$ 成比例（当 $p \gg q$）。而在例常的解算时则与 n^3 成比例。所以在一个课题中，当其矩阵结构 $(p+q) \ll n$ 时，计算工作量的节省相当可观。

第三节　扩大加边的方法

现在考虑在一个法方程式加边带状矩阵中增加一组新的信息后，仍能保持其原有带宽的方法。假设有任意一组加边带状矩阵的法方程式为：

$$N\delta = u \quad (2\text{-}10)$$

现在拟在其中加入下列一组新的观测方程式：

$$\tilde{v} = \tilde{B}\delta - \tilde{l} \quad (2\text{-}11)$$

其观测矢量的权矩阵设为 $\tilde{P}$。

设在式(2-11)这些新的信息中，只与式(2-10)中参数 δ 的一部分有联系，则式(2-11)的 $\tilde{B}$ 阵中会有许多零元素。当对观测方程式(2-11)单独作平差时，其构成的法方程式为：

$$[\tilde{B}^T \ \tilde{P} \ \tilde{B}]\delta = \tilde{B}^T \tilde{P} \tilde{l} \quad (2\text{-}12)$$

由于产生式(2-11)的观测与产生式(2-10)的观测不相关，可知在

两者联合平差时,其法方程式应为式(2-10)及式(2-12)两者的和为:
$$[N+\widetilde{B}^{\mathrm{T}}\widetilde{P}\widetilde{B}]\delta = u+\widetilde{B}^{\mathrm{T}}\widetilde{P}\tilde{l} \tag{2-13}$$

在一般情况下这样做将会破坏原来在式(2-10)中矩阵 N 的加边带状的特点。为了避免产生这种情况,可作下述的处理。

我们形成一组新的方程式系统如下:
$$\begin{bmatrix} N & \widetilde{B}^{\mathrm{T}} \\ \widetilde{B} & -\widetilde{P}^{-1} \end{bmatrix} \begin{bmatrix} \delta \\ k \end{bmatrix} = \begin{bmatrix} u \\ -\tilde{l} \end{bmatrix} \tag{2-14}$$

其中 k 是一个没有定义的参数矢量,其数目等于新观测方程式的数目 s。由式(2-14)的结构可知,把 k 消除之后,就会得到式(2-13)。因此由式(2-14)所求得的矢量 δ 是与由式(2-13)所求得的相同。

式(2-14)实际上相当于把式(2-11)写成为:
$$\tilde{v} = \hat{l}-\tilde{l}, \quad \widetilde{P}$$
$$\widetilde{B}\delta = \hat{l}$$

之后平差的结果。亦即把上式与原有的误差方程式按有条件的间接观测平差规律,列出法方程式。然后再消除那新引入的参数 $\hat{l}$。

假定 N 是一个加边带状矩阵,则其新系统式(2-14)也将是这个形式,仅只其加边的宽度扩充了 s 个新的元素。亦即对每增加一个观测方程式仅只增加其加边宽的一个列。故知用式(2-14)的办法引入了新的信息,而不使用式(2-13),则可以完全保持其原有系统不变,仅只加宽了其加边的宽度。

第四节　摄影测量与大地测量观测值的联合平差

一、概述

大地测量的观测值可能包括有角度、距离、方位角、高差、经度纬度等。这些数据在摄影测量中应用时,一般都是首先用以计算一套地面点的坐标作为摄影测量的控制点使用。这些控制点的坐标虽然也可以作为观测值看待,列入于摄影测量整体平差运算中,像本章式(2-1)所表示的那样。但是这样平差的数值并非是原始的野外观测值,失去了统计的严密性。由于作为控制用的大量测量总是用三角测量、三边测量或导线测量的方式进行,因此其测得的站点坐标值(作为摄测的控制点用)之间是强相关的。而在其后的引用时却总是认为它们之间是相互独立的。这在理论上也会失去它的严密性。

由于仪器和解析法技术的近代发展,解析空中三角测量方法的加密精度可使接近于二、三等大地测量的精度等级。这就有可能在某一地区,例如在城郊区,对大地测量原始观测数据与摄影测量观测数据综合利用,建立成为一种高等级的(例如二等的)大地控制网。此时,如果发展大地测量与摄影测量综合平差的数学解算则会更为有利。

在荒僻地区测量时,常常希望把野外控制的工作量减到最小。有时野外的条件不允许在那种地区建立整体的大地控制网,但是却可以建立一些局部的地面量测数据,如距离、角度、高差或局部网等。对这些数据的利用,就更需要把大地测量野外观测的数据与摄影测量的观测数据进行整体平差。这种引用大地测量观测数据所列出的误差方程式,曾列举一部分于《摄影测量原理》第十章内。

对今后空中三角测量特别有前途的将是对惯性量测系统(ISS)和全球定位系统(GPS)等辅助数据的利用。ISS 系统用于确定点间 X,Y 和 Z 的坐标差及其三个定向角;GPS 系统则用以测定其点到人造卫星的距离和距离差(多普勒),从而获得控制点的坐标。

把大地测量量测数据或其他辅助数据纳入到空中三角测量中将会引起一些数据处理的问题,例如产生地面点坐标间以及摄影外方位参数间的相关性,从而破坏其法方程式固有的带状结构。这种运算的传统方法也属于本章所讨论的法方程式带状及加边带状矩阵的应用,本节内将对此加以分析。

摄影测量与大地测量观测值联合平差的数据处理是属法方程式稀疏系数矩阵的解算问题,曾经有过不同的方法提出。近期联邦德国 Kruck 提出光束法区域网平差的 BINGO 程序是一种比较新的解算方法,改变了传统的将物方坐标和像片定向参数严格分开以建立归化法方程式的惯例。在他所提出的方法中编号的原则是把每一张像片有关的物点未知数放在前面,然后跟着即为该片的定向参数,从而直接建立起原始的包括一切参数的法方程式。然后利用 Jennings 提出的被称为"断面"存储技术,进行 Cholesky 平方根法解算(《摄影测量原理》第十一章第二节之三)这种新方法易于编制程序,没有"带宽"的限制,使用比较灵活。此外这种新方法对计算 Q_{xx} 和 Q_{vv} 矩阵的对角线元素比较方便,这对精度分析和粗差检测(见第四章)都是很有利的。

当前使用直接的大地测量观测数据进行联合平差问题,在近景摄影测量中比在空中三角测量中更成熟一些。这是因为一方面在近景摄影测量中往往只具有相对的控制点;另一方面也是由于在近景摄影测量中实现联合平差比较简便,因为在空中三角测量运算时其区域网可能是相当大的。

二、一般解算的数学模型

欲在摄影测量区域网平差中纳入大地测量量测数据,应在式(2-1)中再加入一组误差方程式,设为:

$$v_g = Gx - l_g; \quad P_g \qquad (2\text{-}15)$$

式(2-15)的列法可参考《摄影测量原理》第十章第四节。把式(2-15)写成矩阵形式为:

$$\begin{bmatrix} v \\ v_t \\ v_x \\ v_g \end{bmatrix} = \begin{bmatrix} A & B \\ E_t & 0 \\ 0 & E_x \\ 0 & G \end{bmatrix} \begin{bmatrix} t \\ x \end{bmatrix} - \begin{bmatrix} l \\ l_t \\ l_x \\ l_g \end{bmatrix} \qquad (2\text{-}16)$$

$$P = \begin{bmatrix} P_l & 0 & 0 & 0 \\ 0 & P_t & 0 & 0 \\ 0 & 0 & P_x & 0 \\ 0 & 0 & 0 & P_g \end{bmatrix}$$

从而组成法方程式为:

$$\begin{bmatrix} A^T & E_t & 0 & 0 \\ B^T & 0 & E_x & G^T \end{bmatrix} \begin{bmatrix} P_l & 0 & 0 & 0 \\ 0 & P_t & 0 & 0 \\ 0 & 0 & P_x & 0 \\ 0 & 0 & 0 & P_g \end{bmatrix} \begin{bmatrix} A & B \\ E_t & 0 \\ 0 & E_x \\ 0 & G \end{bmatrix} \begin{bmatrix} t \\ x \end{bmatrix}$$

$$= \begin{bmatrix} A^T & E_t & 0 & 0 \\ B^T & 0 & E_x & G^T \end{bmatrix} \begin{bmatrix} P_l & 0 & 0 & 0 \\ 0 & P_t & 0 & 0 \\ 0 & 0 & P_x & 0 \\ 0 & 0 & 0 & P_g \end{bmatrix} \begin{bmatrix} l \\ l_t \\ l_x \\ l_g \end{bmatrix} \quad (2\text{-}17)$$

得出

$$\begin{bmatrix} A^T P_l A + P_t & A^T P_l B \\ \hline B^T P_l A & B^T P_l B + P_x + (G^T P_g G) \end{bmatrix} \begin{bmatrix} t \\ x \end{bmatrix}$$
$$= \begin{bmatrix} A^T P_l l + P_t l_t \\ \hline B^T P_l l + P_x l_x + (G^T P_g l_g) \end{bmatrix} \quad (2\text{-}18)$$

与式(2-3)相对比,可知式(2-18)中括弧内数值系由于纳入了大地测量观测而增加的两项,用符号分别表示为 N_{GG} 及 u_G。比照式(2-4),则式(2-18)可写成:

$$\begin{bmatrix} N_{AA} + P_t & N_{AB} \\ \hline N_{AB}^T & N_{BB} + P_x + N_{GG} \end{bmatrix} \begin{bmatrix} t \\ x \end{bmatrix} = \begin{bmatrix} u_A + P_t l_t \\ \hline u_B + P_x l_x + u_G \end{bmatrix} \quad (2\text{-}19)$$

上式可以分解成为 t 的 $6m \times 6m$ 个方程式或 x 的 $3n \times 3n$ 个方程式,其中 m 为像片数, n 为地面点数。解算的方程式分别为(参考《摄影测量原理》第86页式(7-21)~(7-23)):

$$\{[N_{AA} + P_t] - N_{AB}[N_{BB} + P_x + N_{GG}]^{-1} N_{AB}^T\} t = \{[u_A + P_t l_t]$$
$$- N_{AB}[N_{BB} + P_x + N_{GG}]^{-1}[u_B + P_x l_x + u_G]\} \quad (2\text{-}20)$$

$$\{[N_{BB} + P_x + N_{GG}] - N_{AB}^T[N_{AA} + P_t]^{-1} N_{AB}\} x = \{[u_B + P_x l_x + u_G]$$
$$- N_{AB}^T[N_{BB} + P_x + N_{GG}]^{-1}[u_A + P_t l_t]\} \quad (2\text{-}21)$$

其中: $\quad N_{AA} = A^T P_l A, \quad u_A = A^T P_l l, \quad N_{GG} = G^T P_g G$

$\quad N_{AB} = A^T P_l B, \quad u_B = B^T P_l l, \quad u_G = G^T P_g l_g$

$\quad N_{BB} = B^T P_l B \quad (2\text{-}22)$

在摄影测量的应用中, $3n$ 一般远大于 $6m$。因此常常首先是利用式(2-20)解算出矢量 t,然后再代入式(2-19)的第二式中求 x。

三、具体解算方法

由于式(2-20)中加入了产生于大地测量观测的矩阵 N_{GG},遂使其解算复杂化。这是因为在任意点位编号的情况下,N_{α} 是一个满元素矩阵。这就会使式(2-20)中[$N_{BB}+P_x+N_{\alpha}$]项的求逆,由原来仅包括有 3×3 子矩阵的伪对角线矩阵的情况,变成为 $3n+3n$ 的满元素矩阵的求逆情况,其中 n 为所用的地面点数,一般是很大的。为了克服这种困难,应该把所有牵涉到大地测量(即使用大地测量原始观测数据)点子 x_g 的编号列在前面,这样就在[$N_{BB}+P_x+N_{\alpha}$]求逆时,可以使需要求逆的子矩阵的最大值缩至($3g\times$

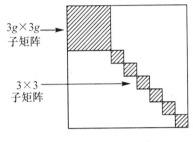

图 2-2

$3g$),其中 g 代表大地测量的点子数目。求逆的矩阵形式示意如图 2-2。

在这种情况下,矢量 x 分解成为一组与大地测量观测数据相关联的 g 个点组的 $3g\times 1$ 矢量 x_g;和所有剩下点子的 $3(n-g)\times 1$ 矢量 x_r。式(2-1) 和式(2-15) 合成的误差方程式此时应写成:

$$v = At + B_g x_g + B_r x_r - l;\quad P_l$$
$$v_t = t \quad\quad\quad\quad\quad\quad - l_t;\quad P_t$$
$$v_{x_g} = \quad\quad x_g \quad\quad\quad - l_{x_g};\quad P_{x_g}$$
$$v_{x_r} = \quad\quad\quad\quad x_r - l_{x_r};\quad P_{x_r}$$
$$v_g = \quad\quad G x_g \quad\quad - l_g;\quad P_g$$

按上列相仿的步骤列出法方程式为:

$$\begin{bmatrix} A^T P_l A + P_t & A^T P_l B_g & A^T P_l B_r \\ AP_l B_g^T & B_g^T P_l B_g + P_{x_g} + G^T P_g G & B_g^T P_l B_r = 0 \\ B_r^T P_l A & B_r^T P_l B_g = 0 & B_r^T P_l B_r + P_{x_r} \end{bmatrix} \begin{bmatrix} t \\ x_g \\ x_r \end{bmatrix}$$

$$= \begin{bmatrix} A^T P_l l + P_t l_t \\ B_g^T P_l l + P_{x_g} l_{x_g} + G^T P_g l_g \\ B_r^T P_l l + P_{x_r} l_{x_r} \end{bmatrix} \quad\quad (2-23)$$

写成:

$$\begin{bmatrix} N_{AA}+P_t & N_{AB_g} & N_{AB_r} \\ N_{AB_g}^T & N_{B_gB_g}+P_{x_g}+N_{GG} & 0 \\ N_{AB_r}^T & 0 & N_{B_rB_r}+P_{x_r} \end{bmatrix} \begin{bmatrix} t \\ x_g \\ x_r \end{bmatrix} = \begin{bmatrix} u_A+P_tl_t \\ u_{B_g}+P_{x_g}l_{x_g}+u_G \\ u_{B_r}+P_{x_r}l_{x_r} \end{bmatrix}$$

(2-24)

从上式中对其第一式消除 x_g 及 x_r,则得相应于式(2-20)的式子为:

$$[N_{AA}+P_t-N_{AB_g}(N_{B_gB_g}+P_{x_g}+N_{GG})^{-1}N_{AB_g}^T-N_{AB_r}(N_{B_rB_r}+P_{x_r})^{-1}N_{AB_r}^T]t$$
$$=u_A+P_tl_t-N_{AB_g}(N_{B_gB_g}+P_{x_g}+N_{GG})^{-1}(u_{B_g}+P_{x_g}l_{x_g}+u_G)$$
$$-N_{AB_r}(N_{B_rB_r}+P_{x_r})^{-1}(u_{B_r}+P_{x_r}l_{x_r}) \qquad (2\text{-}25)$$

其中

$$N_{AA}=A^TP_lA, \quad u_A=A^TP_ll, \quad N_{GG}=G^TP_gG$$
$$N_{AB_g}=A^TP_lB_g, \quad u_{B_g}=B_g^TP_ll, \quad u_G=G^TP_gl_g$$
$$'N_{AB_r}=A^TP_lB_r, \quad u_{B_r}=B_r^TP_ll$$
$$N_{B_gB_g}=B_g^TP_lB_g$$
$$N_{B_rB_r}=B_r^TP_lB_r$$

四、归化法方程式系数矩阵的分析

式(2-25)为这个课题的基本解算公式,系经过归化以后的法方程式。现在对其特点依光线束法平差为例的情况加以分析。

1. 矩阵 $(N_{AA}+P_t)$

式(2-25)中矩阵 $(N_{AA}+P_t)$ 包括沿对角线的 6×6 子矩阵。每个子矩阵与一张像片相联系,表示为:

$$(N_{AA}+P_t)=\begin{bmatrix} N_{A_1A_1}+P_{t_1} & & & 0 \\ & N_{A_2A_2}+P_{t_2} & & \\ & & \ddots & \\ 0 & & & N_{A_mA_m}+P_{t_m} \end{bmatrix} \quad (2\text{-}26)$$

其中 $N_{A_iA_i}=\sum_{j=1}^{n}(A_{ij}^T P_{l_{ij}} A_{ij})$,

$n=$ 观测的影像点数,

$m=$ 像片数

式(2-25)中矩阵$(u_A + P_t l_t)$也可以按像片分块如下：

$$(u_A + P_t l_t) = \begin{bmatrix} u_{A_1} + P_{t_1} l_{t_1} \\ u_{A_2} + P_{t_2} l_{t_2} \\ \vdots \\ u_{A_m} + P_{t_m} l_{t_m} \end{bmatrix} \qquad (2\text{-}27)$$

其中 $u_{A_i} = \sum_{j=1}^{n} A_{ij}^T P_{l_{ij}} l_{ij}$

2. 矩阵 N_{AB_g}，N_{AB_r}

矩阵 N_{AB_g} 可以按其观测的影像点数分块如下（对矩阵 N_{AB_r} 可以作相类似的分析）：

$$N_{AB_g} = [N_{(AB_g)_1} \, N_{(AB_g)_2} \cdots N_{(AB_g)_n}]$$

每一张像片上的观测点 j 会产生一个 6×3 子矩阵 $N_{(AB_g)_j}$，但该点 j 可以同时出现在若干张像片中，因此可写成

$$N_{(AB_g)_j} = \begin{bmatrix} N_{(AB_g)_{1j}} \\ N_{(AB_g)_{2j}} \\ \vdots \\ N_{(AB_g)_{mj}} \end{bmatrix} \qquad (2\text{-}28)$$

其中 $\qquad N_{(AB_g)_{ij}} = A_{ij}^T P_{l_{ij}} B_{ij}$

3. 矩阵 $N_{B_r B_r} + P_{x_r}$ 与 $u_{B_r} + P_{x_r} l_{x_r}$

假设共有 g 个大地测量观测值的站点，则可以得出下列的矩阵分块：

$$N_{B_r B_r} + P_{x_r} = \begin{bmatrix} N_{(B_r B_r)_{(g+1)}} + P_{x_{r(g+1)}} & & & 0 \\ & N_{(B_r B_r)_{(g+2)}} + P_{x_{r(g+2)}} & & \\ & & \ddots & \\ 0 & & & N_{(B_r B_r)_n} + P_{x_{r_n}} \end{bmatrix} \qquad (2\text{-}29)$$

和

$$u_{B_r} + P_{x_r} l_{x_r} = \begin{bmatrix} u_{B_{r(g+1)}} + P_{x_{r(g+1)}} l_{x_{r(g+1)}} \\ u_{B_{r(g+2)}} + P_{x_{r(g+2)}} l_{x_{r(g+2)}} \\ \vdots \\ u_{B_{r(n)}} + P_{x_{r(n)}} l_{x_{r(n)}} \end{bmatrix} \qquad (2\text{-}30)$$

其中
$$N_{B_rB_{r(j)}} = \sum_{i=1}^{m} B_{r(ij)}^{T} P_{l(ij)} B_{r(ij)}$$

和
$$u_{B_{r(j)}} = \sum_{i=1}^{m} B_{r(ij)}^{T} P_{l(ij)} l_{ij}$$

4. 矩阵 $N_{B_gB_g} + P_{x_g} + N_{GG}$ 与 $u_{B_g} + P_{x_g}l_{x_g} + u_G$

这两个矩阵也可以分块，但它们不再具备有带状矩阵的结构。由于大地测量站点的相关性，矩阵 N_{GG} 必须作为满元素矩阵来考虑。但 $N_{B_gB_g}$，P_{x_g}，u_{B_g} 和 l_{x_g} 各矩阵则可按式(2-29)和式(2-30)相仿的方式分块。

5. 算法

在计算式(2-25)时，对 N_{AA}，P_t，u_A，P_tl_t 的运算无需加以说明，只需各按逐点处理方案组成，最后依式(2-25)的形式相加。比较复杂的是式中的其他各项，区分为摄影测量的点子(r 部分)和大地测量的站点(g 部分)。

对摄影测量的点子，由于 $[N_{B_rB_r} + P_{x_r}]^{-1}$ 有对角线的特点（见式(2-29)），可以按逐点累加的方法计算，即

$$N_{AB_r}[N_{B_rB_r} + P_{x_r}]^{-1} u_{AB_r}^T = \sum_{j=g+1}^{n} \underset{(6m,3)}{N_{AB_{r(j)}}} \underset{(3\times 3)}{(N_{B_rB_{r(j)}} + P_{x_{r(j)}})^{-1}} \underset{(3,6m)}{N_{AB_{r(j)}}^T}$$

(2-31)

而且 $N_{AB_{r(j)}}$ 中对每个点还会包含许多零元素，使其乘积更为简单。

同理对 $N_{AB_r}(N_{B_rB_r} + P_{x_r})^{-1}(u_{B_r} + P_{x_r}l_{x_r})$ 部分也可以类似于(2-31)，按 $j = g+1 \to n$ 逐点累加。

可惜的是另一套属于大地测量站点的相应部分就不能像上述摄影测量点子那样方便。式(2-25)等号两边的矩阵 N_{GG} 并非带状，使得相应项的求逆相当复杂，而且失去了例常摄影测量解算中归化法方程式系数矩阵的简单带状结构。为了改善这种情况，应对摄影测量区域网中关系到大地测量观测数据的站点的布设加以一定的限制。

五、加边带状矩阵的算法方案

为了利用加边带状矩阵法方程式的解算特点，可以按下述方法把带有大地测量观测数据的站点参数部分纳入到法方程式矩阵的"加边"中。

由式(2-24)中消去矢量 x_r 部分则得：

$$\begin{bmatrix} s & N_{AB_g} \\ N_{AB_g}^T & N_{B_gB_g} + P_{x_g} + N_{GG} \end{bmatrix} \begin{bmatrix} t \\ x_g \end{bmatrix} = \begin{bmatrix} u \\ u_{B_g} + P_{x_g} l_{x_g} + u_G \end{bmatrix}$$

(2-32)

其中 $s = N_{AA} + P_t - N_{AB_r}[N_{B_rB_r} + P_{x_r}]^{-1} N_{AB_r}^T$

$u = u_A + P_t l_t - N_{AB_r}[N_{B_rB_r} + P_{x_r}]^{-1}[u_{B_r} + P_{x_r} l_{x_r}]$

对于一个适当安排的区域网而言，s 是一个带状阵，因此式(2-32)的形式就是一个加边带状矩阵，其加边宽度为 $3g$。可易于使用循环分块法的一般形式，对之作有效的归算。

加边的另一种方式可按本章第三节式(2-14)所示的原则进行。此时可把所有对与大地测量观测数据相关联的误差方程式作为新的观测方程式(式(2-11))看待。其加边宽度与新增的误差方程式的数目相同。

第五节 加边带状矩阵的逐次分块约化法

设图 2-3 表示带宽为 p，加边带宽为 q 的 $n \times n$ 矩阵。按 Brown 提出的，采用逐次分块约化法时，在矩阵对角线上的方块阵分块的原则如下：

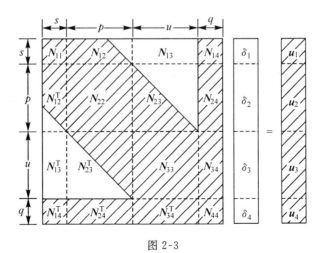

图 2-3

第一块 N_{11} 包含的元素为 $s \times s$ 个，s 的选取应小于带宽 p，且能整除 $(n-p-q)$。

第二块 N_{22} 包含的元素为 $p \times p$ 个。

第三块 N_{33} 包含的元素为 $u \times u$ 个。$u = n - (s+p+q)$。

第四块 N_{44} 包含的元素为 $q \times q$ 个。

这样分块结果使 N_{13} 和 N_{13}^T 均为零矩阵。若消去未知数中的矢量 δ_i，则得到

$$\left\{\begin{bmatrix} N_{22} & N_{23} & N_{24} \\ N_{23}^T & N_{33} & N_{34} \\ N_{24}^T & N_{34}^T & N_{44} \end{bmatrix} - \begin{bmatrix} N_{12}^T \\ N_{13}^T \\ N_{14}^T \end{bmatrix} N_{11}^{-1} \begin{bmatrix} N_{12} & N_{13} & N_{14} \end{bmatrix}\right\} \begin{bmatrix} \delta_2 \\ \delta_3 \\ \delta_4 \end{bmatrix} = \begin{bmatrix} u_2 \\ u_3 \\ u_4 \end{bmatrix} - \begin{bmatrix} N_{12}^T \\ N_{13}^T \\ N_{14}^T \end{bmatrix} N_{11}^{-1} u_1$$

(2-33)

由于 N_{13} 和 N_{13}^T 为零矩阵，故得：

$$\begin{bmatrix} N_{22} - N_{12}^T N_{11}^{-1} N_{12} & N_{23} & N_{24} - N_{12}^T N_{11}^{-1} N_{14} \\ N_{23}^T & N_{33} & N_{34} \\ N_{24}^T - N_{14}^T N_{11}^{-1} N_{12} & N_{34}^T & N_{44} - N_{14}^T N_{11}^{-1} N_{14} \end{bmatrix} \begin{bmatrix} \delta_2 \\ \delta_3 \\ \delta_4 \end{bmatrix}$$

$$= \begin{bmatrix} u_2 - N_{12}^T N_{11}^{-1} u_1 \\ u_3 \\ u_4 - N_{14}^T N_{11}^{-1} u_1 \end{bmatrix}$$

(2-34)

将上式与图 2-3 相比较，可知经约化后，法方程式系数矩阵的加边带状结构仍保持不变，带宽仍为 p，加边带宽仍为 q。原来带状部分发生的变化是 N_{11}，N_{12}，N_{12}^T 消除了，它们的影响纳入到 N_{22} 中。N_{22} 是带状矩阵中唯一发生变化的部分，而 N_{23}，N_{33}，N_{23}^T 则无变化。加边部分的变化是 N_{14}，N_{14}^T 消除了，它们的影响纳入到 N_{24}，N_{24}^T 和 N_{44} 中。这样的约化使矩阵的维数由 n 降为 $n-s$。当然每次约化时常数项 u_2 和 u_4 也发生相应的变化。

显然，可以用这同一程序反复进行逐次分块约化，直至下一次再分块，直到 $u = 0$ 为止。最后求解的是一个维数为 $(s+p+q)$ 的线性方程组，然后再逐块回代。

用这种方法也可以算求整个未知数协因数阵。此时若记图 2-3

中的

$$[\boldsymbol{N}_{12} \quad \boldsymbol{N}_{13} \quad \boldsymbol{N}_{14}] = \overline{\boldsymbol{N}}_{12}$$

$$\begin{bmatrix} \boldsymbol{N}_{22} & \boldsymbol{N}_{23} & \boldsymbol{N}_{24} \\ \boldsymbol{N}_{23}^{\mathrm{T}} & \boldsymbol{N}_{33} & \boldsymbol{N}_{34} \\ \boldsymbol{N}_{24}^{\mathrm{T}} & \boldsymbol{N}_{34}^{\mathrm{T}} & \boldsymbol{N}_{44} \end{bmatrix} = \overline{\boldsymbol{N}}_{22}$$

则协因数阵 $\boldsymbol{Q}$ 为：

$$\boldsymbol{Q} = \begin{bmatrix} \boldsymbol{N}_{11} & \overline{\boldsymbol{N}}_{12} \\ \overline{\boldsymbol{N}}_{12}^{\mathrm{T}} & \overline{\boldsymbol{N}}_{22} \end{bmatrix}^{-1} = \left[\begin{array}{c|c} \boldsymbol{N}_{11}^{-1}(\boldsymbol{E} + \overline{\boldsymbol{N}}_{12}\boldsymbol{N}_{\delta}^{-1}\overline{\boldsymbol{N}}_{12}^{\mathrm{T}}\boldsymbol{N}_{11}^{-1}) & -\boldsymbol{N}_{11}^{-1}\overline{\boldsymbol{N}}_{12}\boldsymbol{N}_{\delta}^{-1} \\ \hline -\boldsymbol{N}_{11}^{-1}\overline{\boldsymbol{N}}_{12}\boldsymbol{N}_{\delta}^{-1} & \boldsymbol{N}_{\delta}^{-1} \end{array} \right]$$

(2-35)

其中：$\boldsymbol{N}_\delta = \overline{\boldsymbol{N}}_{22} - \overline{\boldsymbol{N}}_{12}^{\mathrm{T}}\boldsymbol{N}_{11}^{-1}\overline{\boldsymbol{N}}_{12}$，即为消去 δ_1 后的法方程系数阵，乘开后即为式(2-34)的系数阵，最终可获得全部的 $\boldsymbol{Q}$ 阵元素。此时求逆只对若干个 s 维和一个 $(s+p+q)$ 维矩阵进行，其余均为矩阵乘法运算。但它对外存要求较大。

第三章　配置法及其在航测中的应用

第一节　概　　述

配置法是相关平差的一种应用,在摄影测量的生产实践中有时候遇到一些误差的处理问题,适宜于应用配置法。

现在首先取用单航带空中三角测量的高程平差为例。

在单航带空中三角测量高程平差中,当我们用一种多项式去拟合时,可以得到一个趋势面(图 3-1)。这时在每一个控制点处将产生一个改正值,现在用 z 表示于图 3-1。在生产实践中我们发现,由于这个数值的存在,常常会使在控制点附近某加密点处的平差高程与其邻近检查点处的已知高程极不协调。这是因为这项残存的改正值 z 的大小远远超过其作为偶然误差看待时所应有的数值。这时候我们认为改正值 z 实际包括有两种性质的误差 s 和 r,即 $z = s + r$,其中 r 系其纯偶然的部分,称之为噪音,s 系其带有系统性质的部分,称之为

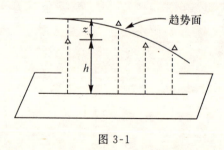

图 3-1

似系统误差,或信号。这种误差 s 只对其邻近点有系统的影响,在距其较远的点处则其影响仍是偶然的。这种关系可以使用点间信号 s 的协方差来表达。此时使用相关平差原理进行解算就能获得比较适宜的解算。

这种信号与噪音的分析在处理数字地面模型的问题时也很明显(图 3-2)。例如在使用某一种规则的曲面作为平差运算成果的趋势面时,趋势面与实际地面间会存在有相当于信号 s 的差值。如果能对某个内插点的高程改正以该点处的信号 s 值,将可以获得更准确的地面模型成果。

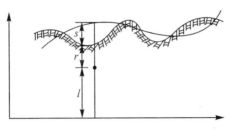

图 3-2

现在再举在立体测图时一个单模型中高程平差的例子,例如图 3-3 所示的单个模型。设经过某一种模型定向的过程以后,在其四角点处控制点的残差,在一个角点处设为 5m,而在其余三个角点处设为零。现在想对这种误差分布的情况进行调整。一般总是认为此时在模型中存在有偏扭的变形,因此可以根据内插绘出如图 3-3(a) 所示的高程改正曲线。实际上这样做并不完全正确。假如在模型左上角处所出现的变形数值(5m)是在其偶然误差允许的范围之内时,那么就不应该据以对其他点进行改正。合理的假定是这里面既存在有误差的偶然部分也存在有其似系统部分。当对误差的似系统部分的规律性有所了解(例如得知其协方差函数)时,可以按最小二乘插补法(配置法)得出例如图 3-3(b) 所示的比较合理的改正曲线,此时数据点上的偶然误差不致于传播到其相邻的加密点中去。

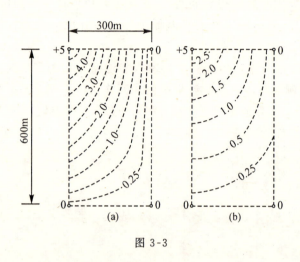

图 3-3

从以上三个例子可以看出,在这些平差中需要考虑到观测值间的相互关系,需要求出误差中的信号,去除其噪音,因而形成了配置法。

配置法基本上是通过所谓的"协方差或相关函数"利用"信号"的方式寻求其未能用数学模型表达的残余系统误差。

第二节 配置法、滤波及推估原理

配置法、滤波和推估实质上都是同一套理论。但为阐明这些名词当中的一些区别,把它们大致区分开来说明如下:

一、配置法(Collocation)

按上面所列举的一些例子,使用经典的最小二乘法平差时,总是列出间接观测的误差方程式,其矩阵形式为:

$$v = Bx - l; \quad 权矩阵 \ P \qquad (3-1)$$

按 $v^{\mathrm{T}} pv = $ 最小的理论,得出待定参数 x 为:

$$x = [B^T \ P \ B]^{-1}[B^T \ P \ l] \qquad (3\text{-}2)$$

由于在 v 中存在有似系统部分，现改称之为 $z = [z_1 \ z_2 \ \cdots \ z_n]$，并认为各 z 间存有相关性，可用其协方差矩阵 C_{zz} 表达。这时的平差运算就成为一种相关平差。其误差方程式及相应法方程式的解分别为：

$$z = Bx - l$$

$$x = [B^T \ C_{zz}^{-1} \ B]^{-1}[B^T \ C_{zz}^{-1} \ l] \qquad (3\text{-}3)$$

这不过是把式(3-1)，(3-2)中的权矩阵 P 改由其协方差矩阵的逆阵 C_{zz}^{-1} 所代替。式(3-3)中

$$C_{zz} = \begin{bmatrix} V_{11} & c_{12} & \cdots & c_{1n} \\ c_{11} & V_{22} & \cdots & c_{2n} \\ \vdots & \vdots & & \vdots \\ c_{n1} & c_{n2} & \cdots & V_{nn} \end{bmatrix} \qquad (3\text{-}4)$$

C_{zz} 为方差-协方差矩阵。对角线上的元素 $V_{11} \to V_{nn}$ 为 z 值的方差，其余为 z 值间的协方差。这种相关平差不仅求得待定参数 x，还可以求出 z 中的信号 s。求 s 的方法很多，现在按奥地利 Moritz 所提出的办法推导，那就是把式(3-3)写成为式(3-5)形式。其中 $z_1, z_2, \cdots, z_n$ 为数据点（控制点）处的改正值，数据点假设有 n 个。$s_1', \cdots, s_m'$ 为各新点（待定点）的信号，新点假设有 m 个。E 为单位矩阵。由于在式(3-5)的改正数列矩阵前面乘了一个带有分块为零的系数矩阵，所以式(3-5)与式(3-3)是相同的。此时总的协方差矩阵用 K 表示，示如式(3-6)：

$$\underset{n\times m\ \ n\times n}{[\mathbf{0} \ \vdots \ \mathbf{E}]} \begin{Bmatrix} s_1' \\ s_2' \\ \vdots \\ s_m' \\ \cdots \\ z_1 \\ z_2 \\ \vdots \\ z_n \end{Bmatrix}_{(m+n)\times 1} = \underset{n\times t}{\mathbf{B}} \underset{t\times 1}{\mathbf{x}} - \underset{n\times 1}{\mathbf{l}} \qquad (3\text{-}5)$$

$$K = \begin{bmatrix} C_{s's'} \\ {}_{m \times m} & C_{zs'}^{T} \\ {}_{m \times n} \\ C_{zs'} \\ {}_{n \times m} & C_{zz} \\ {}_{n \times n} \end{bmatrix} \quad (3\text{-}6)$$

式(3-5)在形式上是带有参数的条件观测平差(《摄影测量原理》附录六(Ⅲ))。按相关平差理论,其典型的式子及其解为:

$$\left. \begin{array}{l} Av = Bx - l \\ v = KA^{T}[AKA^{T}]^{-1}[Bx - l] \\ x = [B^{T}(AKA^{T})^{-1}B]^{-1}[B^{T}(AKA^{T})^{-1}l] \end{array} \right\} \quad (3\text{-}7)$$

对照上式可知式(3-5)中的

$$[AKA^{T}] = \begin{bmatrix} 0 & E \end{bmatrix} K \begin{bmatrix} 0 \\ E \end{bmatrix} = \begin{bmatrix} 0 & E \end{bmatrix} \begin{bmatrix} C_{s's} & C_{zs'}^{T} \\ C_{zs'} & C_{zz} \end{bmatrix} \begin{bmatrix} 0 \\ E \end{bmatrix} = C_{zz} \quad (3\text{-}8)$$

把式(3-8)的关系代入式(3-7)中,可知此时所求得的 x 与前面在式(3-3)中所得的相同。

为了再进一步求各新点处的信号 s',比较式(3-7)与式(3-5)可知:

$$v = \begin{pmatrix} s_1' \\ s_2' \\ \vdots \\ s_m' \\ \cdots \\ z_1 \\ z_2 \\ \vdots \\ z_n \end{pmatrix} = K \begin{bmatrix} 0 \\ E \end{bmatrix} C_{zz}^{-1}[Bx - l] = \begin{bmatrix} C_{zs'}^{T} \\ C_{zz} \end{bmatrix} C_{zz}^{-1} \begin{pmatrix} z_1 \\ z_2 \\ \vdots \\ z_n \end{pmatrix} \quad (3\text{-}9)$$

从式(3-9)中解求出 s',即

$$\underset{m \times 1}{s'} = \underset{m \times n}{C_{zs'}^{T}} \underset{n \times n}{C_{zz}^{-1}} \begin{pmatrix} z_1 \\ z_2 \\ \vdots \\ z_n \end{pmatrix} \quad (3\text{-}10)$$

这就是解求信号的矩阵方程式。

当只求某一个点 P 的信号 s'_P 时,此时 $m=1$,则式(3-10)为:

$$\underset{1\times 1}{s'_P} = \underset{1\times n}{c_{zs'}^T} \underset{n\times n}{C_{zz}^{-1}} \begin{pmatrix} z_1 \\ z_2 \\ \vdots \\ z_n \end{pmatrix} = \begin{bmatrix} c_{p_1} & c_{p_2} & \cdots & c_{p_n} \end{bmatrix} \begin{pmatrix} V_{11} & c_{12} & \cdots & c_{1n} \\ c_{21} & V_{22} & \cdots & c_{2n} \\ \vdots & \vdots & & \vdots \\ c_{n1} & c_{n2} & \cdots & V_{nn} \end{pmatrix}^{-1} \begin{pmatrix} z_1 \\ z_2 \\ \vdots \\ z_n \end{pmatrix}$$

(3-11)

式中,$c_{p_1},c_{p_2},\cdots,c_{p_n}$ 是与 P 点有关的协方差,C_{zz} 仍为数据点间 Z 值的方差-协方差矩阵,用简化符号表示式(3-11)为:

$$\underset{1\times 1}{s'_p} = \underset{1\times n}{c^T} \underset{n\times n}{C^{-1}} \underset{n\times 1}{z} \tag{3-12}$$

现在对式(3-4)所表达的 z 值的协方差矩阵 C_{zz} 加以分析说明。矩阵中对角线内的元素为 $z_1,z_2,\cdots,z_n$ 的方差,一般认为是相等的。其具体内容为:

$$V_z = \frac{1}{n}\sum_{i=1}^n z_n^2 = \frac{1}{n}\sum_{i=1}^n (s+r)_i^2$$

$$= \frac{1}{n}\sum_{i=1}^n s_i^2 + \sum_{i=1}^n r_i^2 + \frac{2}{n}\sum_{i=1}^n s_i r_i = v_s + v_r \tag{3-13}$$

那就是说 z 的方差等于信号 s 的方差与噪音 r 的方差之和,此时假定 z,s 和 r 的均值为零。

对角线外的协方差,其具体内容为:

$$c_{ij} = \frac{1}{n_{ij}}\sum z_i z_j = \frac{1}{n_{ij}}[\sum_{i<j} s_i s_j + \sum_{i<j} s_i r_j + \sum_{i<j} r_i s_j$$

$$+ \sum_{i<j} r_i r_j] = \frac{1}{n_{ij}}\sum_{i<j} s_i s_j \tag{3-14}$$

从上式推导中可知 z 的协方差就等于其相应信号 s 的协方差。

同理式(3-6)中 $C_{zs'}$ 内包含的各值,对数据点 i 与新点 j 间为:

$$\frac{1}{n_{ij}}\sum (s_i+r_i)s'_j = \frac{1}{n_{ij}}\sum [s_i s'_j + r_i s'_j] = \frac{1}{n_{ij}}\sum s_i s'_j \tag{3-15}$$

由上式可知,所求新点 s' 值与有关数据点 z 值间的协方差,即等于该两点间相应信号 s 间的协方差。

以上已经推导出最小二乘配置法中的一些基本公式。配置法就是同时求出参数 x 和具有随机性的信号 s 的最优估值方法,而经典的最小二乘平差法则仅确定其参数。

二、滤波(filtering)

当在平差数学模型中除观测值外参数亦均为随机量时,解决这类问题的方法称为滤波。此处指在平差中除掉其数据点处的噪音 r,用以确定随机信号 s 的估值。

按照配置法的理论,解求新点信号值 s' 的矩阵方程为式(3-10),(3-11)。现在为了求各数据点处的信号值 s,也利用式(3-10)或式(3-11)把它们作为新点看待。那就是在式(3-11)中把点 P 依次由数据点 $1,2,\cdots,n$ 所代替,得出:

$$\underset{n\times 1}{s} = \begin{pmatrix} c_{11} & c_{12} & \cdots & c_{1n} \\ c_{21} & c_{22} & \cdots & c_{2n} \\ \vdots & \vdots & & \vdots \\ c_{n1} & c_{n2} & \cdots & c_{nn} \end{pmatrix} \begin{pmatrix} V_{11} & c_{12} & \cdots & c_{1n} \\ c_{21} & V_{22} & \cdots & c_{2n} \\ \vdots & \vdots & & \vdots \\ c_{n1} & c_{n2} & \cdots & V_{nn} \end{pmatrix}^{-1} \begin{pmatrix} z_1 \\ z_2 \\ \vdots \\ z_n \end{pmatrix} \quad (3\text{-}16)$$

用符号表示为:

$$s = C'C^{-1}z \quad (3\text{-}17)$$

在上式中要注意到 C' 与 C(即 C_{zz} 见式(3-4))在对角线中的元素是不相同的。后者在各 V 中包括有噪音的方差。噪音 r 等于 z 减去信号 s,其关系为:

$$r = z - s = CC^{-1}z - C'C^{-1}z = (C - C')C^{-1}z \quad (3\text{-}18)$$

式(3-18)就是噪音 r 的矩阵方程。r 可以先验地求得,又称它为验前方差。验后方差可得自:

$$\sigma_r^2 = \frac{1}{n}(r^T r)$$

这些滤波中的基本公式(3-17)与(3-18)也可以利用下述的条件观测平差关系直接推导。

由于改正数 z 为信号 s 与噪音 r 两部分的综合,即

$$r + s = z$$

或写成

$$\begin{bmatrix} E_r & E_s \end{bmatrix} \begin{bmatrix} r \\ s \end{bmatrix} = z \quad (3\text{-}19)$$

其协方差矩阵为 $\begin{bmatrix} C_{rr} & 0 \\ 0 & C_{ss} \end{bmatrix}$，其中噪音与信号间是不相关的。

参照条件观测相关平差中的解算公式：

$$Av + w = 0$$
$$v = P^{-1}A^{T}[AP^{-1}A^{T}]^{-1}w \tag{3-20}$$

此时则有

$$A = [E_r \quad E_s], \quad v = \begin{bmatrix} r \\ s \end{bmatrix}, \quad w = -z$$

可以得出：

$$\begin{bmatrix} r \\ s \end{bmatrix} = \begin{bmatrix} C_{rr} & 0 \\ 0 & C_{ss} \end{bmatrix} \begin{bmatrix} E_r \\ E_s \end{bmatrix} (C_{ss} + C_{rr})^{-1} z$$

所以

$$r = C_{rr}(C_{ss} + C_{rr})^{-1} z \tag{3-21}$$
$$s = C_{ss}(C_{ss} + C_{rr})^{-1} z \tag{3-22}$$

式(3-21),(3-22)与式(3-18),(3-17)是完全一样的。

三、推估法(prediction)

推估法即最小二乘插补法。插补法中的内插又叫平滑，外插又叫预报或推估。当我们把当前的最小二乘配置法课题作为一个插补的问题看待时，那就是要根据所有 n 个数据点处所求得的改正数 z 推出某点 P 处的信号 s'_P。为此我们采用下列线性内插的办法求其估值 $\widehat{s'_P}$ 为：

$$\widehat{s'_P} = a_1 z_1 + a_2 z_2 + \cdots + a_n z_n = a^T z \tag{3-23}$$

若待求点 P 信号的真值为 s'_P，则待定点的内插信号 $\widehat{s'_P}$ 与其真值之差 ε'_P 为：

$$\varepsilon'_P = s'_P - \widehat{s'_P} = s'_P - a^T z = \begin{bmatrix} 1 & -a^T \end{bmatrix} \begin{bmatrix} s'_P \\ z \end{bmatrix} \tag{3-24}$$

其协方差矩阵为：

$$\bar{K} = \begin{bmatrix} V_{s'} & c_{zs'}^T \\ c_{zs'} & C_{zz} \end{bmatrix}$$

按协方差传播规律，得出在点 P 处的方差估值为：

$$\sigma^2 = E(\varepsilon_P \varepsilon_P) = \begin{bmatrix} 1 & -\boldsymbol{a}^T \end{bmatrix} \overline{\boldsymbol{K}} \begin{bmatrix} 1 \\ -\boldsymbol{a} \end{bmatrix} = V_{s'} - 2\boldsymbol{c}_{zs'}^T \boldsymbol{a} + \boldsymbol{a}^T \boldsymbol{C}_{zz} \boldsymbol{a}$$

(3-25)

现要求方差为最小，则该函数的导数应为零。微分(3-25)式得出：

$$\frac{\partial(\sigma^2)}{\partial \boldsymbol{a}} = -2\boldsymbol{c}_{zs'}^T + 2\boldsymbol{a}^T \boldsymbol{C}_{zz} = 0$$

解上式得：

$$\boldsymbol{a} = \boldsymbol{C}_{zz}^{-1} \boldsymbol{c}_{zs'}$$

代入式(3-23)得：

$$\widehat{s_P} = \boldsymbol{a}^T \boldsymbol{z} = \boldsymbol{c}_{zs'}^T \boldsymbol{C}_{zz}^{-1} \boldsymbol{z} \quad (3\text{-}26)$$

这就是前面的式(3-11)。

现在举一个简单的例子说明这个问题。设取用高程分别为 H_1 和 H_2（参考面高程为 H）的两点 P_1 和 P_2，而对某第三点 P_0 进行高程内插。此时假定这些高程都没有量测的误差，亦即 $\sigma = 0$，其协方差函数 C 仅只与距离有关（即有各向同性的特性）。用 X,Y 加脚注代表其相应点的平面坐标，R 加脚注代表其相应点间的距离，则

$$R_{12} = \sqrt{(X_2 - X_1)^2 + (Y_2 - Y_1)^2}, \quad R_{10} = \sqrt{(X_0 - X_1)^2 + (Y_0 - Y_1)^2}$$

$$R_{20} = \sqrt{(X_0 - X_2)^2 + (Y_0 - Y_2)^2}$$

并且 $\quad Z_1 = H_1 - H, \quad Z_2 = H_2 - H, \quad \boldsymbol{Z}^T = \begin{bmatrix} Z_1 & Z_2 \end{bmatrix}$

而式(3-26)中 $\boldsymbol{c}_{zs'}^T$ 及 $\boldsymbol{C}_{zz}^{-1}$ 此时分别为：

$$\boldsymbol{c}_{P_0}^T = [c(R_{10}), c(R_{20})]$$

$$\boldsymbol{C}_{zz}^{-1} = \begin{bmatrix} V_z & c(R_{12}) \\ c(R_{12}) & V_z \end{bmatrix}^{-1} = \frac{1}{V_z^2 - c(R_{12})^2} \begin{bmatrix} V_z & -c(R_{12}) \\ -c(R_{12}) & V_z \end{bmatrix}$$

因此式(3-26)为：

$$s_P = \frac{c(R_{10})c_z - c(R_{20})c(R_{12})}{V_z^2 - c(R_{12})^2} z_1 + \frac{c(R_{20})c_z - c(R_{10})c(R_{12})}{V_z^2 - c(R_{12})^2} z_2$$

可简写为：

$$s_P = a_1 z_1 + a_2 z_2$$

而使用简单的线性内插时则为:

$$z_P = \frac{X_2(Y_2 - Y_3) - Y_2(X_2 - X_3)}{X_2(Y_2 - Y_1) - Y_2(X_2 - X_1)} z_1 + \frac{X_1(Y_1 - Y_3) - Y_1(X_1 - X_3)}{X_1(Y_1 - Y_2) - Y_1(X_1 - X_2)} z_2$$
$$= a'_1 z_1 + a'_2 z_2$$

第三节 协方差函数

一、协方差函数的求法

在上述的平差理论中,关键的问题是要知道协方差矩阵 $\boldsymbol{C}_{zz}$ 与 $\boldsymbol{c}_{zz'}$ 里面的协方差函数 c_{ij}。我们假定 c_{ij} 只是与 i,j 两点间的距离 d 有关,而与点间的点位和方向无关。这是在数理统计中的一种平稳随机函数。确定这种函数的方法需要使用大量的数据点,而根据这些数据点上的 z 值,统计在某一特定距离为 d 的两点 i,j 之间的协方差为:

$$c_{ij} = E(z_i z_j)$$

实际上不可能有那么多的数据点供做这种统计的运算。于是根据经验,认为比较适合的协方差函数是高斯钟形曲线(图 3-4)。其表达式为:

$$c_d = c_0 e^{-k^2 d^2} \tag{3-27}$$

式中 c_0 和 k 为两个待定的参数。因此可以用较少的点数,统计出至少两个 d 值的 c_d,借以解求式(3-27)中的两个参数 c_0 及 k。

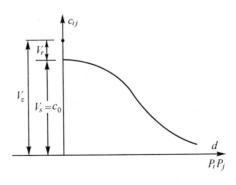

图 3-4

这个曲线与纵坐标轴相交,可以得到式(3-27)中当 $d=0$ 时的常数 c_0,实即信号 s 的方差 V_s。

再计算 V_z:

$$V_z = \frac{1}{n}\sum_{i=1}^{n} z_i^2 \tag{3-28}$$

可以得出验前方差 $V_r = V_z - c_0$(图 3-4)。 (3-29)

二、协方差函数的精度要求

由有限数据点求出的协方差函数肯定是很粗略的。但协方差函数不确切的影响属于二次小项,即对协方差函数曲线所要求的精度不是很高。以下对此加以论证。

上面在式(3-25)中列出在任意点 P 处对 s 估算的方差为(此时 $\boldsymbol{a}^{\mathrm{T}} = \boldsymbol{c}^{\mathrm{T}}\boldsymbol{C}^{-1}$):

$$\sigma_s^2 = \begin{bmatrix} 1 & -\boldsymbol{c}^{\mathrm{T}}\boldsymbol{C}^{-1} \end{bmatrix} \begin{bmatrix} V_{s'} & \boldsymbol{c}_{zs'}^{\mathrm{T}} \\ \boldsymbol{c}_{zs'} & \boldsymbol{C}_{zz} \end{bmatrix} \begin{bmatrix} 1 \\ (-\boldsymbol{c}^{\mathrm{T}}\boldsymbol{C}^{-1})^{\mathrm{T}} \end{bmatrix}$$

$$\sigma_s^2 = V_{s'} - \boldsymbol{c}^{\mathrm{T}}\boldsymbol{C}_{zz}^{-1}\boldsymbol{c} \tag{3-30}$$

若协方差函数用得不正确。并假设由不正确函数所形成的协方差矩阵不是 $\boldsymbol{c}$ 和 $\boldsymbol{C}$,而分别是 $\bar{\boldsymbol{c}}$ 和 $\bar{\boldsymbol{C}}$,其差值用 $\Delta\boldsymbol{c}$ 及 $\Delta\boldsymbol{C}$ 表示,即

$$\boldsymbol{C} = \bar{\boldsymbol{C}} + \Delta\boldsymbol{C}$$
$$\boldsymbol{c} = \bar{\boldsymbol{c}} + \Delta\boldsymbol{c} \tag{3-31}$$

这样求出的方差用 $\bar{\sigma}_s^2$ 表示为:

$$\bar{\sigma}_s^2 = \begin{bmatrix} 1 & -\bar{\boldsymbol{c}}^{\mathrm{T}}\bar{\boldsymbol{C}}^{-1} \end{bmatrix} \begin{bmatrix} V_{s'} & \boldsymbol{c}^{\mathrm{T}} \\ \boldsymbol{c} & \boldsymbol{C} \end{bmatrix} \begin{bmatrix} 1 \\ [-\bar{\boldsymbol{c}}^{\mathrm{T}}\bar{\boldsymbol{C}}^{-1}]^{\mathrm{T}} \end{bmatrix}$$

$$= V_{s'} - 2\bar{\boldsymbol{c}}^{\mathrm{T}}\bar{\boldsymbol{C}}^{-1}\boldsymbol{c} + \bar{\boldsymbol{c}}^{\mathrm{T}}\bar{\boldsymbol{C}}^{-1}\boldsymbol{C}\bar{\boldsymbol{C}}^{-1}\bar{\boldsymbol{c}}$$

代入式(3-31)的关系,称 $\Delta\boldsymbol{C}, \Delta\boldsymbol{c}$ 均为小次项,则经推演以后[①]得出:

$$\bar{\sigma}_s^2 = V_{s'} - \boldsymbol{c}^{\mathrm{T}}\boldsymbol{C}^{-1}\boldsymbol{c} + (\text{小值二次项}) \tag{3-32}$$

---

① 此时可利用《摄影测量原理》第 356 页中的公式:
如 $X = Y \pm UZV$,则 $X^{-1} = Y^{-1} \mp Y^{-1}U(Z^{-1} \pm VY^{-1}U)^{-1}VY^{-1}$
此时令:$Z = V = E$

与式(3-30)相比,相差只限在小值二次项中。

三、曲线参数的影响

由于数值计算的方便,也可将式(3-12)中的矢量 c 及矩阵 C 除以方差 V,对计算内插值并无影响。

$$s'_P = \frac{1}{V_z} \cdot c^T \left(\frac{1}{V_z} C\right)^{-1} \cdot z = c^T C^{-1} z \qquad (3-33)$$

此时方差及协方差函数可以看做是以方差 V_z 为单位的数值。因此方差 $V_z = 1$,而协方差函数的顶值 c_0 位于 0 至 1 之间。此时协方差曲线称之为规格化的高斯函数。

当 $c_0 = 1$ 时,则图 3-4 中的 $V_r = 0$,亦即相当于不考虑有噪音存在的情况。此时迫使由式(3-12)(或式(3-33))所构成的内插曲线将通过所有的数据点。图 3-5 是一个简单的算例。此时假设仅有三个数据点①②③,相距很近,并且其 z 值相差很大(相对于其较为平缓的协方差函数曲线而言)。当取用 $c_0 = 1$ 时,其内插曲线(图 3-5 中的实线)通过各数据点,并且向上波动极大。但如改用 $c_0 = 0.9$ 时,则曲线(图中的虚线)不再有上述的特点,曲线比较平滑合理,在各数据点处存在有较大的滤波作用。

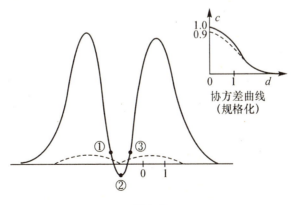

图 3-5

当高斯钟形函数式(3-27)中值 k 的假定过小,亦即其协方差曲线过平时,也可能引起其内插成果很强的波动,示如图 3-6 中的虚线。图 3-6 中实线所对应的协方差曲线较陡,内插成果则比较正常。

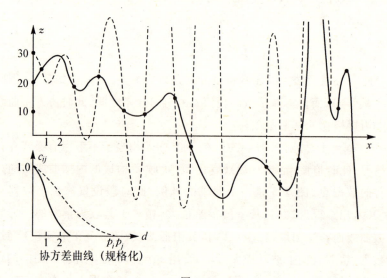

图 3-6

第四节　摄影测量变形的协方差函数

式(3-27)所表达的协方差函数应用比较普遍。但它的选取有一定的任意性而其常数 c_0 及 k 须由试验确定。

K. K. Rampal 使用解析方法推导摄影测量中的协方差函数。由他的实验证明,根据这种理论所获得的成效较优于前者。本节介绍 Rampal 的推导。

一、协方差函数的基本式

为了推导摄影测量中变形的协方差函数,假设在像片上任一像点 P 处在 x 或 y 方向中的变形都可以用一种像点坐标 $x_P y_P$ 的连续函数来表达。设在点 P 处的信号(变形)为 s,而在 P' 处为 s',P 和 P' 间的距离为 R。为了确定协方差 $c(R)$ 就需求在所考虑范围内所有相距为 R 的成对点间的乘积 ss' 的平均值。现在考虑的范围例如是像面上的 $2a \times 2b$。取中央点 o 为像主点,并建立 x,y 坐标系示如图 3-7。为了形成乘积的平均值,我们考虑以 P 为圆心,以 R 为半径的一个圆,而使点 P' 沿此圆周移动作为第一步。这一步是表达了协方差函数的各向同性(isotropy)的特点,那就是协方差只确定于距离 R 而与方向 α 无关。第二步使点 P 沿平行于 $2b$ 边的方向移动。第三步则使点 P 沿平行于 $2a$ 的方向移动。这是因为协方差函数有均匀性(homogenity)的特点,亦即其值仅与 P 与 P' 间的相对位置有关,而与该两点的坐标无关。取角 α 示如图 3-7,则点 P 及 P' 的像点坐标分别为 x_P, y_P 及 $x_P + R\cos\alpha, y_P - R\sin\alpha$。此时,对于一个具有均匀性和各向同性的协方差函数将有三重积分如下:

$$c(R) = \frac{1}{8\pi(a-R)(b-R)} \int_{R-a}^{a-R} \int_{R-b}^{b-R} \int_0^{2\pi} F(x_P y_P) F(x_P + R\cos\alpha, y_P - R\sin\alpha) d\alpha dy dx \tag{3-34}$$

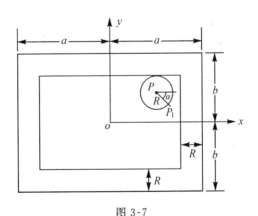

图 3-7

二、信号(变形)函数的数学表达

此时需要对式(3-34)中的信号函数 F 求出一个数学的表达,以进行上式的积分。现在利用这一事实,即多数的摄影测量变形,例如折光差,底片变形和光学畸变差(切线方向变形的非对称部分除外)是其点辐射距 $oP = r$ 的连续函数。令 s_x 和 s_y 为 P 点处信号 s(变形)的两个分量,并且考虑到 s 值的大小远小于距离 r,则按图 3-8 有:

$$\left.\begin{array}{l} s_x/s = x/r \\ s_y/s = y/r \\ s = (s_x^2 + s_y^2)^{\frac{1}{2}} \\ r = (x^2 + y^2)^{\frac{1}{2}} \\ \theta = \arctan \dfrac{y}{x} \end{array}\right\} \quad (3\text{-}35)$$

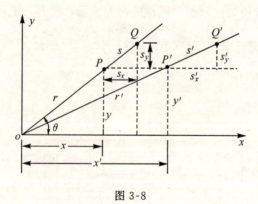

图 3-8

对上式进行如下的偏微分,则

$$\frac{\partial}{\partial x}\left(\frac{s_x}{s}\right) = \frac{\partial}{\partial x}\left(\frac{x}{r}\right)$$

即

$$\frac{\partial}{\partial x}\left(\frac{s_x}{(s_x^2 + s_y^2)^{1/2}}\right) = \frac{\partial}{\partial x}\left(\frac{x}{(x^2 + y^2)^{1/2}}\right)$$

$$\frac{\partial s_x}{\partial x} \frac{1}{(s_x^2 + s_y^2)^{1/2}} + s_x\left(-\frac{1}{2}\frac{2s_x}{(s_x^2 + s_y^2)^{3/2}}\right)\frac{\partial s_x}{\partial x}$$

$$= \frac{1}{(x^2 + y^2)^{1/2}} + x\left(-\frac{1}{2}\frac{2x}{(x^2 + y^2)^{3/2}}\right) \quad (3\text{-}36)$$

在这些方程式的推导中,假设

$$\frac{\partial s_y}{\partial x} = 0 \tag{3-37}$$

这项假定是合理的,相当于假定 s_x 随 x 值而增减。按图 3-8,设当 x 增加到 x' 时,s 增加到 s' 仍保持 $\frac{x'}{r}$ 与 $\frac{s'_x}{s}$ 相等的关系,所以按式(3-36)及式(3-35):

$$\frac{\partial s_x}{\partial x} \frac{1}{s}\left(1 - \left(\frac{s_x}{s}\right)^2\right) = \frac{1}{r}\left(1 - \left(\frac{x}{r}\right)^2\right)$$

或

$$\frac{\partial s_x}{\partial x} = \frac{s}{r}\left[\frac{1 - \left(\frac{x}{r}\right)^2}{1 - \left(\frac{s_x}{s}\right)^2}\right] = \frac{s}{r} = \frac{s_x}{x} \tag{3-38}$$

对上式再进行第二次偏微分,则得

$$\frac{\partial^2 s_x}{\partial x^2} = \frac{1}{x}\frac{\partial s_x}{\partial x} - \frac{s_x}{x^2} = \frac{1}{x}\left(\frac{\partial s_x}{\partial x} - \frac{s_x}{x}\right)$$

按式(3-38)可知

$$\frac{\partial^2 s_x}{\partial x^2} = 0$$

且由式(3-37)知

$$\frac{\partial^2 s_y}{\partial x^2} = 0$$

同理

$$\frac{\partial^2 s_x}{\partial y^2} = 0, \quad \frac{\partial^2 s_y}{\partial y^2} = 0$$

由以上结果可写成

$$\nabla^2 s_x = 0, \quad \nabla^2 s_y = 0 \tag{3-39}$$

其中符号

$$\nabla^2 = \frac{\partial^2}{\partial x^2} + \frac{\partial^2}{\partial y^2}$$

式(3-39)为著名的拉普拉斯(Laplace)二次微分方程,其解为:

$$s_x = \sum_{n=0}^{\infty}(A_n\cos n\theta + B_n\sin n\theta)\left(\frac{r}{c}\right)^n$$

$$s_y = \sum_{n=0}^{\infty}(A'_n\cos n\theta + B'_n \sin n\theta)\left(\frac{r}{c}\right)^n \qquad (3\text{-}40)$$

其中 $\cos\theta = x/r, \quad \sin\theta = y/r$

而 c 及 $A_0, A_n, B_n, A'_0, A'_n, B'_n, \cdots$ 均为常数,可由已知的 s_x, s_y 求出。因此求信号(变形)函数的问题归结为进行剩余差 s_x, s_y 的调合分析的问题。那就是已知一些 $s_x(r,\theta)$ 确定或预估其他点的 $s_x(r',\theta')$。假如我们有在像片上九个点处,例如得自单像后方交会法的残差 s_x (或 s_y),则式(3-40)可提供九个联立方程式,借以解出未知数 $A_0, A_1, B_1, \cdots, A_4$ 和 B_4。式(3-40)所取用的项数与已知的点数有关。式(3-40)适用于任一个点。例如对图 3-7 中的点 P,其时 $x = x_P, y = y_P$,而对点 P',则

$$x = x_P + R\cos\alpha, \quad y = y_P - R\sin\alpha$$

式(3-40)的优点是其参数 A_n 和 B_n 间存在有极少的相关性,因为函数 $\sin n\theta$ 和 $\cos n\theta$ 相互间是正交的。

三、协方差函数的应用式

把式(3-40)所代表的信号函数代入式(3-34)进行积分运算,就得到协方差函数的应用式。

当在式(3-40)中只取用 $n=0$ 及 $n=1$ 时,则代入式(3-34)后,对 s_x 而言为:

$$\begin{aligned}
c(R) &= \frac{1}{8\pi c^2(a-R)(b-R)}\iiint (A_0 c + A_1 x + B_1 y) \\
&\quad \times [A_0 c + A_1(x + R\cos\alpha) + B_1(y - R\sin\alpha)]\mathrm{d}\alpha\mathrm{d}y\mathrm{d}x \\
&= \frac{1}{8\pi c^2(a-R)(b-R)}\iiint [A_0^2 c^2 + 2xcA_0 A_1 + 2ycA_0 B_1 + x^2 A_1^2 \\
&\quad + y^2 B_1^2 + 2xy A_1 B_1 + R\cos\alpha(xA_1^2 + yA_1 B_1 + cA_0 A_1) \\
&\quad - R\sin\alpha(xA_1 B_1 + yB_1^2 + cA_0 B_1)]\mathrm{d}\alpha\mathrm{d}y\mathrm{d}x \qquad (3\text{-}41)
\end{aligned}$$

从而得出简单的表达为:

$$c(R) = A_0^2 + 1/3\left(\frac{a-R}{c}\right)^2 A_1^2 + 1/3\left(\frac{b-R}{c}\right)^2 B_1^2 \qquad (3\text{-}42)$$

当 $a=b$ 时为:

$$c(R) = A_0^2 + 1/3\left(\frac{a-R}{c}\right)^2 (A_1^2 + B_1^2) \qquad (3\text{-}43)$$

当取用式(3-40)中 s_x 的九项时,可得出:

$$c(R) = A_0^2 + 1/3\left(\frac{a-R}{c}\right)^2(A_1^2 + B_1^2) + \frac{1}{45}\left(\frac{a-R}{c}\right)^4(8A_2^2 + 10B_2^2)$$
$$+ \frac{1}{70}\left(\frac{a-R}{c}\right)^6(49A_3^2 + 48B_3^2) + \frac{1}{1575}\left(\frac{a-R}{c}\right)^8(944A_4^2 + 384B_4^2)$$

(3-44)

上式就是对摄影测量像点 x 坐标所需要的协方差函数。可知协方差函数是正的,它是方向同性的,那就是函数只与点间的距离 R 有关,其值随 R 的增加而减小,并且当接近像片边缘 $a = R$ 时,协方差函数达到其最小值。参数 A 和 B 中包含有关于相关性质所有的信息,例如航高、摄影机类型、地形特征、地面控制的分布以及所有残余的摄影测量系统变形等因素。

四、协方差函数的确定

式(3-40)中的 A_n, B_n, A'_n, B'_n 可以通过单张像片空间后方交会运算获得,此时需要在像片内包括有较多的(例如 $10 \sim 15$ 个)控制点,取用其平差后像点残差作为 s_x 和 s_y。虽然后者包含有信号"s"和噪音"r",但使用这种简单的方法仍能取得 A_n 和 B_n 的良好估值,用以利用式(3-44)计算其相关函数。实际上 A_n 和 B_n 中小量的误差对配置法平差运算并不是很敏感的。根据需要可使用两个或多个单张像片进行这项测定而取用其均值。

利用式(3-40)所计算的预估值 s_x, s_y 且可考虑在进行解析法空中三角测量时在平差运算前改正其像点量测的坐标,正像对待折光差、光学畸变差等那样。

第五节 摄影测量中的应用举例

在配置法的应用中数据点的数目越多则线性方程组解算的工作量越大,所要求的计算机内存越多。另一方面数据点增多对成果的可靠性增加。但当数目超过一定限度时(在 10 至 20 间),其精度增加的速率降低而计算量增加的速度加快。

由现有文献中选录在航测中应用配置法的几种实例如下:

一、斯图加特(Stuttgart) 等高线程序

联邦德国 Stuttgart 大学利用配置法原理编制成通过数字地面模型自动绘等高线的程序。首先利用已有的高程数据点计算高程格网点构成一个数字地面模型。为了进行这项工作,把一幅图分成数百个计算单元,单元间要有足够的重叠,示如图 3-9。图中实线代表计算单元的界限,虚线表示其重叠。每个计算单元内约有 50~70 个高程数据点,使用一次或二次多项式进行拟合,相当于求趋势面,然后利用各数据点处的余差进行推估运算。为此要建立协方差函数,而根据函数曲线可以求得某任意点间 P_iP_k 的协方差。然后利用配置法原理计算出数字地面模型各点处的高程,从而再用线性内插解求等高线通过的点子。以后经过等高线数据排队而输入到一台数控绘图仪,自动绘出等高线来。在计算单元内,如果地形有显著的折线(例如山脊线或山谷线如图 3-10 所示,则折线上的点子要单独内插,而折线两边的点 a,b 则应认为互不相关,应取其 $c_d = 0$。至于位在折线同一方向的点,例如对 c 和 d 点则可根据距离求其相关系数 $c = f(d)$。这样做效果还是很好的,避免了自动绘出的等高线有过分圆滑的现象。

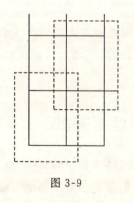

图 3-9

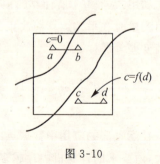

图 3-10

二、求摄影底片变形

摄影底片的变形一般总是假定它有一定的规律。对像点位置加以改正时,例如可以用四个参数的相似变换,其系数矩阵的表达式为:

$$\boldsymbol{B} = \begin{bmatrix} 1 & 0 & x & -y \\ 0 & 1 & y & x \end{bmatrix} \tag{a}$$

或用六个参数求仿射变换,其系数矩阵为:

$$\boldsymbol{B} = \begin{bmatrix} 1 & 0 & x & 0 & y & 0 \\ 0 & 1 & 0 & x & 0 & y \end{bmatrix} \tag{b}$$

或用八个参数求双曲线变换时为:

$$\boldsymbol{B} = \begin{bmatrix} 1 & 0 & x & 0 & y & 0 & xy & 0 \\ 0 & 1 & 0 & x & 0 & y & 0 & xy \end{bmatrix} \tag{c}$$

1. Kraus 的报道

联邦德国 Kraus 在 1972 年发表使用配置法研究底片变形的一个例子。这项实验系根据在底片上晒印的格网点 524 个,并假定格网点上量测的像点坐标 x 与 y 互不相关。首先用相似变换求趋势面。改掉趋势面后,由格网点处坐标的残差 z 求得协方差函数。例如对 y 坐标其函数为:

$$c_d = 12.2 \mathrm{e}^{-(0.0173d)^2}$$

常数 $k = 0.0173$ 为与距离有关的系统差影响的代表值。求得各均方差为:

$$\sigma_z = \sqrt{V_z} = \pm 4.3 \mu \mathrm{m}$$

系统变形值:

$$\sigma_s = \sqrt{V_s} = \pm 3.5 \mu \mathrm{m}$$

偶然变形值:

$$\sigma_r = \sqrt{V_z - V_s} = \pm 2.5 \mu \mathrm{m}$$

实际运用时航摄像片上不会有那么多的数据点。根据实验研究认为,进行相似变换所使用的数据点有 25～524 个,对结果影响的差别并不显著。但如只使用 25 个像框边缘的点子,则按配置法原理求出的系统部分的改正值有效率为 65%。如用 8 个点,则有效率为 45%。当一般只有 4~8 个框标点作为数据时,对系统误差的消除效果就很差了。

2. Rampal 的实验例

Rampal 1976 年曾发表利用一个试验场上的摄影测求底片变形系数的报道,使用的变换系数矩阵示如本节的式(b)。摄影机为 RMK-AR15/23,带有夹装的方格网片,摄影比例尺为 1∶30000。对每一个像点利用式(b)所构成误差方程式表达式为:

$$\begin{bmatrix} v_x \\ v_y \end{bmatrix} = \begin{bmatrix} 1 & 0 & x & 0 & y & 0 \\ 0 & 1 & 0 & x & 0 & y \end{bmatrix} \begin{bmatrix} a \\ b \\ c \\ d \\ e \\ f \end{bmatrix} - \begin{bmatrix} l_x \\ l_y \end{bmatrix}$$

其简化的矩阵表达为:

$$v = B\hat{a} - l; \quad P$$

式中 P 为观测值矩阵 l 的权矩阵,只具有对角线元素。

在利用配置法算求时,按式(3-3)的表达,其误差方程式及相应法方程式解为:

$$z = B\hat{a} - l; \quad C$$

$$\hat{a} = [B^T C_{zz}^{-1} B]^{-1} B^T C^{-1} l$$

式中 $C = C(R) + D$,而 $C(R)$ 得自式(3-44)。其中的 $A_n, B_n, \cdots$ 则系按第四节内所介绍的方法预先求得,其各点处 x 及 y 坐标的信号 s_x 和 s_y 按式(3-10)为:

$$s' = c_{zz'}^T C_{zz}^{-1} \begin{bmatrix} z_1 \\ z_2 \\ \vdots \\ z_n \end{bmatrix}$$

这样根据在一张像片上对 18 个像点利用配置法进行上述像点坐标换算的结果,其最大的信号值为 $1.82\mu m$,在一般的点上其残值尚远小于此值。各已知像点坐标的已知值系得自其相应的方格网角点。

在以上计算中都是假设坐标 x 和 y 方向的信号(变形) s_x 和 s_y 间的互协方差函数为不相关,亦即

$$c_{xy}(R) = c_{yx}(R) = 0$$

这点可以说明如下。

在假设完全各向同性的条件下协方差函数对所有的方向都是相等的,亦即认为 $c_{xx} = c_{yy}$。按:

$$c_{xx}(R) = E(s_x \bar{s}_x)$$
$$c_{yy}(R) = E(s_y \bar{s}_y)$$
$$c_{xy}(R) = E(s_x \bar{s}_y)$$
$$c_{yx}(R) = E(s_y \bar{s}_x)$$

其中 $s_x \bar{s}_y$ 及 $\bar{s}_x \bar{s}_y$ 分别指点 P 和点 $\bar{P}$ 处的相应值,而 $P\bar{P} = R$。现在考虑进行角 α 的平面旋转变换,则

$$x' = x\cos\alpha + y\sin\alpha$$
$$y' = -x\sin\alpha + y\cos\alpha$$

令 s'_x, s'_y 代表沿新轴 x', y' 的变形分量,则与 s_x, s_y 的关系也是:

$$s'_x = s_x\cos\alpha + s_y\sin\alpha$$
$$s'_y = -s_x\sin\alpha + s_y\cos\alpha$$

新的自协方差函数为:

$$c'_{xx} = E(s'_x \bar{s}'_x) = E\{(s_x\cos\alpha + s_y\sin\alpha)(\bar{s}_x\cos\alpha + \bar{s}_y\sin\alpha)\}$$
$$= E\{s_x\bar{s}_x\cos^2\alpha + (s_x\bar{s}_y + s_y\bar{s}_x)\cos\alpha\sin\alpha + s_y\bar{s}_y\sin^2\alpha\}$$
$$= c_{xx}\cos^2\alpha + (c_{xy} + c_{yx})\cos\alpha\sin\alpha + c_{yy}\sin^2\alpha$$

但 $c'_{xx} = c_{xx} = c_{yy}$ 可知:

$$c_{xy} = c_{yx} = 0$$

三、空间后方交会

Rampal 在 1976 年发表过利用共线方程式为基础的单像空间后方交会的成果(方法见《摄影测量原理》第二章)。在单张像片上观测了五个控制点的像点坐标。像点坐标均已改正过由于底片变形、折光和光学畸变差的影响。在解算其外方位元素 $X_s, Y_s, Z_s, \kappa, \varphi$ 和 ω 时分别使用了例常的最小二乘方法和配置法,前者观测值的权阵 $\boldsymbol{P}$ 为对角线,后者观

测值的权关系使用协方差矩阵 C^{-1}（对 C 的假定与在本节二,2 内所述的相同）。

表 3-1 内列出其中的一个成果。由成果可知两种解法的成果相差甚少,但重要的是通过配置法改善了各参数的标准差,而作为其副产品,还可以得出残余系统误差（信号）性质的信息。根据这次试验的结果,得出的信号数值在像片中央部分仅只为 $1 \sim 2\mu m$ 而在边缘的有些部分达到 $10 \sim 20\mu m$。

表 3-1

参 数		最小二乘法	配 置 法
X_s	（米）	425430.6444	425430.6246
Y_s	（米）	3628421.8254	3628421.8216
Z_s	（米）	5158.0184	5158.0286
κ	（弧）	-0.05229	-0.05229
φ	（弧）	-0.02336	-0.02336
ω	（弧）	0.01341	0.01341
σ_{x_s}	（米）	6.8673	1.3562
σ_{y_s}	（米）	3.0033	0.6263
σ_{z_s}	（米）	3.6112	0.6831
σ_κ	（弧）	0.00026	0.00004
σ_φ	（弧）	0.00147	0.00029
σ_ω	（弧）	0.00052	0.00011

四、区域网平差

联邦德国 Kraus 报道了在上施瓦本(Ober schwaben)试验场用特宽角摄影进行的一个平面区域网平差的经验,其摄影比例尺为 1∶28000,区域网系由 200 个模型组成。测区内共实测有已知坐标的地面点 513 个,据以进行统计计算,求得其协方差函数曲线,从而求得各均方差值为：

$$\sigma_z = \sqrt{V_z} = \pm 34.2 \text{cm}$$

$$\sigma_s = \sqrt{V_s} = \pm 28.6 \text{cm}$$

$$\sigma_r = \sqrt{V_r} = \pm 18.8 \text{cm}$$

从上式中可知最佳可能达到的精度为 ± 18.8cm。

试验中又曾使用周围 40 个点作为根据点,而把其余的 473 个点作为加密点,并使用配置法计算各加密点的平面坐标。坐标方差的理论值为：

$$\sigma_{\hat{x}}^2 = V_r + \sigma_s^2$$

其中

$$\sigma_s^2 = V_{s'} - \boldsymbol{c}^T \overline{\boldsymbol{C}}_{zz}^{-1} \boldsymbol{C}$$

根据所有加密点的成果按上式计算得均方差的理论值为：

$$\sigma_{\hat{x}} = \sqrt{\frac{[\sigma_{\hat{x}}^2]_1^N}{N}} = \pm 27.0 \text{cm}$$

其中 $N = 473$，为加密点的个数。

均方差的实验值（根据所有加密点坐标的已知值和其平差值间的差值）等于 ± 24.6cm。

再用 40 个边缘点加 4 个中央点作为数据点以加密其余点时,得出均方差的理论值为 ± 24.4cm,实验值为 ± 25.5cm。

从以上验证中,理论(预言)的均方差与实际均方差很接近,说明理论的估算是正确的。

从上述实验也可说明,用配置法平差可以把偶然误差过滤掉,而用系统误差进行内插,从而可以提高成果的精度,理论根据较强。

五、陆地卫星影像的插补和滤波

1972 年联邦德国 H. P. Bähr 曾利用陆地卫星(LANDSAT)多光谱扫描器(MSS)摄取德国北部地区的影像(比例尺在 1：100 万左右)研究其平面点位的精度。在 1：5 万的地图上找出控制点并用最小二乘插补法(配置法)进行平面点位的平差运算。其协方差函数系取用式(3-27),写成：

$$c_d = c_0 \mathrm{e}^{-k^2 d^2} = FV_z \mathrm{e}^{-k^2 d^2}$$

根据 41 个数据点处的残差，则对第七光谱带的影像为：$F = 0.75$，$k^2 = 0.01$；对第五光谱带的影像为 $F = 0.70, k^2 = 0.02$。另一方面，不采用配置法而改用下列多项式进行运算。

$$x' = a_0 + a_1 x + a_2 y + a_3 xy + a_4 x^2 + a_5 y^2$$
$$y' = b_0 + b_1 x + b_2 y + b_3 xy + b_4 x^2 + b_5 y^2$$

如此进行处理后得到精度成果列于表 3-2，其中"相似变换处理"系指只用 4 个参数作相似变换后的成果。

表 3-2

光谱带	数据点	插补点数	相似变换处理精度		插补法精度		二次多项式处理	
			m_x/m	m_y/m	m_x/m	m_y/m	m_x/m	m_y/m
7	10	31	138	145	71	77	59	87
5	9	11	134	122	80	88	59	77

这次实验说明，用最小二乘插补法所获得的成果比用简单的多项式处理得出的成果还差。

第六节　多面函数的最小二乘推估法

1977 年美国 Hardy 教授提出的多面函数(MQ)最小二乘推估法，是从几何的观点出发，解决根据数据点形成一个平差的数学曲面问题。它不是从数理统计的观点推演，与前面的理论不同，但得到的公式的形式相似。

多面函数推估法的理论根据认为："任何一个圆滑的数学表面总是可以用一系列有规则的数学表面的总和，以任意的精度进行逼近"。那就是一个数学表面上某点 (X,Y) 处高程 Z 的表达形式为：

$$Z = f(X,Y) = a_1 Q(X,Y,X_1,Y_1) + a_2 Q(X,Y,X_2,Y_2)$$
$$+ \cdots + a_n Q(X,Y,X_n,Y_n) = \sum_{j=1}^{n} a_j Q(X,Y,X_j,Y_j) \quad (3\text{-}45)$$

其中 $Q(X,Y,X_j,Y_j)$ 称为核函数(Kernels)。在配置法中所使用的协方差函数也可以称为核函数。

核函数可以任意选用。为了简单起见,可以假定各核函数是对称的。圆锥面的二次核函数就是很适用的一种,其形式为:

$$Q(X,Y,X_j,Y_j) = [(X-X_j)^2 + (Y-Y_j)^2]^{\frac{1}{2}} \quad (3\text{-}46)$$

如图 3-11 所示。或者可再加入某常数项 δ,成为:

$$Q(X,Y,X_j,Y_j) = [(X-X_j)^2 + (Y-Y_j)^2 + \delta]^{\frac{1}{2}} \quad (3\text{-}47)$$

这样的核函数为一双曲线面体,这面体在数据点处能保证其坡度的连续性。

现设有 m 个数据点,任选其中 n 个点为核函数结点的中心点 $X_j Y_j$,用 Q_{kj} 代表核函数,则可列出:

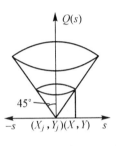

图 3-11

$$Z_k = \sum_{j=1}^{n} Q_{kj}\alpha_j, \quad k = 1,2,\cdots,m, \quad m \geqslant n \quad (3\text{-}48)$$

写成误差方程式为:

$$\begin{pmatrix} v_1 \\ v_2 \\ \vdots \\ v_m \end{pmatrix} = \begin{pmatrix} Q_{11} & Q_{12} & \cdots & Q_{1n} \\ Q_{21} & Q_{22} & \cdots & Q_{2n} \\ \vdots & \vdots & & \vdots \\ Q_{m1} & Q_{m2} & \cdots & Q_{mn} \end{pmatrix} \begin{pmatrix} \alpha_1 \\ \alpha_2 \\ \vdots \\ \alpha_n \end{pmatrix} - \begin{pmatrix} Z_1 \\ Z_2 \\ \vdots \\ Z_m \end{pmatrix} \quad (3\text{-}49)$$

即

$$\boldsymbol{v} = \boldsymbol{Q}\boldsymbol{\alpha} - \boldsymbol{Z} \quad (3\text{-}50)$$

法方程式求解得出:

$$\boldsymbol{\alpha} = [\boldsymbol{Q}^{\mathrm{T}} \quad \boldsymbol{Q}]^{-1}[\boldsymbol{Q}^{\mathrm{T}} \quad \boldsymbol{Z}] \quad (3\text{-}51)$$

由式(3-51)及式(3-48)可知,插求任意一点$(X_P Y_P)$上的 $\hat{Z}_P$ 值为:

$$\hat{Z}_P = [\boldsymbol{Q}_{Pj}][\boldsymbol{Q}_{kj}^{\mathrm{T}} \quad \boldsymbol{Q}_{kj}]^{-1}[\boldsymbol{Q}_{kj}^{\mathrm{T}} \quad \boldsymbol{Z}_k] \quad (3\text{-}52)$$

$$k = 1,2,\cdots,m, j = 1,2,\cdots,n, \quad m \geqslant n$$

为了与配置法中的式(3-11)作比较,我们取式(3-50)中 $m = n$,即

$$\boldsymbol{\alpha} = \boldsymbol{Q}^{-1}\boldsymbol{Z} \quad (3\text{-}53)$$

再由式(3-48),则得:

$$\hat{Z}_P = [\boldsymbol{Q}_{P_j}][\boldsymbol{Q}_{jj}]^{-1}[\boldsymbol{Z}_j]$$

展开

$$\hat{Z}_P = [Q_{P_1} \quad Q_{P_2} \quad \cdots \quad Q_{P_n}] \begin{bmatrix} Q_{11} & Q_{12} & \cdots & Q_{1n} \\ Q_{21} & Q_{22} & \cdots & Q_{2n} \\ \vdots & \vdots & & \vdots \\ Q_{n1} & Q_{n2} & \cdots & Q_{nn} \end{bmatrix}^{-1} \begin{bmatrix} Z_1 \\ Z_2 \\ \vdots \\ Z_n \end{bmatrix} \quad (3\text{-}54)$$

式(3-54)与式(3-11)形式一样,式(3-11)中的 c 可以看成 Q 中的一种,但含义很不相同。

1977 年 Hardy 分析了多面函数法与协方差函数法的比较。在一幅 1∶24000 的地图上(等高线距为 40 英尺)取用 1000 英尺×1000 英尺的一块面积,其中有 41 个高程控制点连同其面积以外的控制点 24 个,用以估算另外 90 个点的高程。对同样的资料曾用如下四种核函数进行运算。

$$c_1(s) = e^{-a(s-s_j)^2}$$

$$c_2(s) = \sum_{k=0}^{3} b_k(s-s_j)^k$$

$$c_3(s) = \sum_{k=0}^{6} b_k(s-s_j)^k$$

$$Q(s) = [(s-s_j)^2 + s_0]^{\frac{1}{2}}$$

$c_1(s)$ 为高斯曲线,$c_2(s)$ 为三次多项式,$c_3(s)$ 为六次多项式,$Q(s)$ 为多面函数。运算结果得出多面函数法与 $c_2(s)$ 法、$c_3(s)$ 法的成果相差极小,与 $c_1(s)$ 法则相差显著。在这次实验中求得 90 个点高程的误差,有 91% 在半个等高线距以内,其高程与从地图上取用高程之差平均为 2 英尺。

早在 1965 年,Arthur 曾提出了这种方式的运算方法,应该说是多面函数方法最早的一个。那时候提出的计算公式为:

$$Z = k_1 \phi(r_1) + k_2 \phi(r_2) + \cdots + k_n \phi(r_n) \quad (3\text{-}55)$$

所采用的核函数为:

$$\phi(r) = 1 - \frac{r^2}{a^2}, \text{其中 } r^2 = x^2 + y^2$$

a 为所选用数据点的最大距离。

到了 1973 年,Arthur 又改用高斯曲线作为核函数,即

$$\phi(r) = e^{-2\cdot 5(r/a)^2}$$

其中 a 为所选用数据点的平均距离。

以多面函数的最小二乘推估法为基础，Hardy 又曾提出空间交会的解析地形表面的概念，找出共线条件方程与解析表面方程的系数间的内在关系，而形成为所谓的自动解析立体测图法。

根据共线方程式：

$$x_i = -f\frac{a_1(X_i - X_{s1}) + b_1(Y_i - Y_{s1}) + c_1(Z_i - Z_{s1})}{a_2(X_i - X_{s1}) + b_2(Y_i - Y_{s1}) + c_2(Z_i - Z_{s1})}$$

$$y_i = -f\frac{a_2(X_i - X_{s1}) + b_2(Y_i - Y_{s1}) + c_2(Z_i - Z_{s1})}{a_3(X_i - X_{s1}) + b_3(Y_i - Y_{s1}) + c_3(Z_i - Z_{s1})} \quad (3\text{-}56)$$

现在假设通过解析法空中三角测量已经求得左右两张像片的方位元素 $X_s, Y_s, Z_s, \varphi, \omega, \kappa$，则上式可以改化为：

$$x_i - x_i^0 = a_i' dX_i + b_i' dY_i + c_i' dZ_i$$
$$y_i - y_i^0 = a_i'' dX_i + b_i'' dY_i + c_i'' dZ_i \quad (3\text{-}57)$$

式中 dX_i, dY_i, dZ_i 代表所求点 i 模型坐标近似值的改正数。x_i^0、y_i^0 为把各已知数据及各近似值代入式(3-56)后算得的数值。而

$$a' = \frac{\partial x}{\partial X}, \quad b' = \frac{\partial x}{\partial Y}, \quad c' = \frac{\partial x}{\partial Z}$$

$$a'' = \frac{\partial y}{\partial X}, \quad b'' = \frac{\partial y}{\partial Y}, \quad c'' = \frac{\partial y}{\partial Z}$$

式(3-57) 对左右像片各有一套，因此对每一对同名像点可以列出四个方程式，据以解算三个未知数 dX_i, dY_i, dZ_i。由于立体模型中存在有变形，因此把式(3-57) 内的 dZ_i 代入以

$$dZ_i = \sum_{j=1}^{n} \alpha_j [(X_j - X_i)^2 + (Y_j - Y_i)^2 + \delta]^{\frac{1}{2}} \quad (3\text{-}58)$$

式中 δ 是事先给定的一个常数。

这样当我们在一个像片对内测了 n 个模型点的同名像点坐标时，所列出的式(3-58) 将有 $4n$ 个。至于此时待定的未知数，则除待定模型坐标数为 $3n$ 个外，还有 n 个式(3-58)中的待定参数 α，可以一同联立地解算出来。这样我们所获得的空间曲面，不是使用数字地面模型表达，而是使用了解析的式子。

第四章 摄影测量中粗差判断理论

第一节 概 述

在测量作业中粗差往往是不可避免的,其存在必然导致成果的不可靠,这是人所共知的。长期从事实际操作的人员对于粗差的存在及其危害深有体会。然而粗差问题引起人们极大重视,乃至对其进行理论上的深入研究,并逐渐发展成为摄影测量学当前主要研究方向之一,则还仅仅是近几年的事情。

过去对测量问题通常只分析其偶然误差,只以精度作为评定测量成果质量的指标,这是不全面的。因为对不可靠的成果讨论其精度,显然没有意义。因此在对测量质量的评定中往往还要加上另一个指标,即其可靠性。可以认为,离开可靠性的精度只是一种虚假的理论精度。例如对于一个前方交会来说(图 4-1(a)),若其基线两端的交会角都是约 45°,则其交会精度必然很高,然而却不可靠。因为如果在观测中出现粗差,则无法发现,这时可靠性为零。为了提高交会的可靠程度,则应加测角或边(图 4-1(b))。我们把衡量可靠程度的指标称为可靠性。

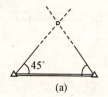
(a)

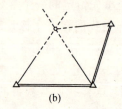
(b)

图 4-1

第四章 摄影测量中粗差判断理论

可靠性不仅用于测量成果的质量评定,也用于编制测量计划。例如在设计一个控制网时,既要估计其精度,也要估计其可靠性以及其可能被发现和剔除的最小粗差等。

然而剔除粗差并不是一件容易的事情。因为在平差时已经把所存在的粗差进行了配赋。因此在平差后的剩余误差中只显示出其中的一小部分,而且往往最大的剩余差并不一定出现在其粗差的存在处。例如在图 4-2 所示的六点相对定向中,设在第 4 点处观测的上下视差中存在有 $100\mu m$ 的粗差(图 4-2(a)),则在平差后上下视差最大的剩

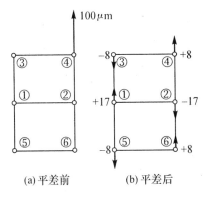

图 4-2

余差并不在点 4 处(图 4-2(b))。此外,在无多余观测的情况下,剩余差为零,无法发现粗差,亦即其可靠性为零。故多余观测乃是粗差检测的关键。

在自动化的数据处理中,数据量很大,因而对粗差的控制显得更加困难,也更加重要。

粗差可能有各种各样。大的粗差实际上是错误,例如小数点错,数字换位以及影像坐标互换等,什么情况都有可能出现。通常总是要用预先处理的办法把那些数据中的大粗差和中等粗差加以剔除。而对那些剩余的,用一般方法无法察觉的小粗差(约在 $4\sigma_0 \sim 20\sigma_0$ 之间,σ_0 代表单位权中误差)可进行严格的统计检验。

荷兰大地测量学者 Baarda 教授提出用以检测小粗差的"数据探测"(Data-Snooping)粗差理论,最近几年被引进摄影测量领域。以下除第七节外都指的是"数据探测"法。在讨论这种方法时,凡提到粗差皆指小粗差而言。

过去实际作业中处理粗差的传统方法多是根据平差结果,把观测

值的改正数：

$$v = Ax - l$$

作为评定是否存在有粗差的标准。当某改正数大于三倍中误差（$|v_i| > 3\sigma_0$）时，则认为该点的观测值可能有粗差，应予剔除。例如在一对像片的相对定向（图4-3）时，设点2上平差后的改正数$|v_2| > 3\sigma_0$，便判断为点2上可能存在有粗差。这实际上就已经假定了一个统计量$\frac{|v_i|}{\sigma_0}$，并要求它不大于3。由测量误差理论可知，在不存在粗差的情况下，v服从正态分布，且其均值$E(v) = 0$。故若视σ_0为v之均方根差，即$v \sim N(0, \sigma_0)$，那么对v进行规格化，便得到标准正态分布的随机变量：

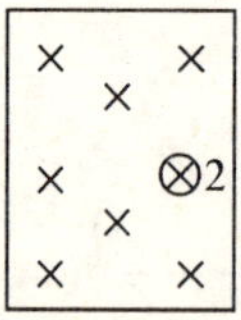

$$\frac{v - E(v)}{\sigma_0} = \frac{v}{\sigma_0}, \text{其分布为} N(0, 1)$$

图 4-3

查正态分布表可得$\frac{|v|}{\sigma_0} > 3$的概率为0.003，亦即$\frac{|v|}{\sigma_0} < 3$的概率为0.997。数理统计中把0.003称为显著水平，用α表示（图4-4）。通常认为0.003这一概率是很小的，而把$-3\sigma_0$到$+3\sigma_0$看成是随机变量v实际可能的取值的区间。由此可以看到剔除粗差传统方法的概率意义。

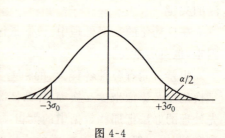

图 4-4

不过应当指出，传统方法在理论上是不严密的。因为σ_0是观测值的单位权中误差，而变量规格化的要求应是把变量除以其变量自身的均方根差此时应为σ_v而非σ_0。因此不能认为$\frac{v_i}{\sigma_0}$是标准正态分布。正确的标准正态统计量应该是：

$$w_i = \frac{v_i}{\sigma_{v_i}} \sim N(0, 1) \tag{4-1}$$

用 w_i 作为统计量判断粗差,正是 Baarda 教授所创立的"数据探测"理论的核心。采用目前国际上已公认 Baarda 所选用的显著水平为 $\alpha = 0.001$,则由正态分布表可查得:

$$w_i = \frac{|v_i|}{\sigma_{v_i}} = 3.3$$

即以 $w_i \sim N(0,1)$ 作为零假设 H_0。若 $|v_i| < 3.3\sigma_{v_i}$,则接受零假设,亦即检验结果为在该显著水平下不存在粗差;反之,若 $|v_i| > 3.3\sigma_{v_i}$,则拒绝零假设,判断其有粗差存在。

以式(4-1)表示的统计量 w_i 在形式上与传统方法相比较,仅存在 σ_0 和 σ_{v_i} 之差,然而这却是本质上的差别。Baarda 导出的统计量系依据了一整套较繁的理论,这里不详细讨论,而仅仅抽出其核心部分加以说明和论证(见第三节)。

当今国际上若干知名的区域网平差程序都应用了或部分地应用了数据探测法。例如联邦德国 Stuttgart 大学的独立模型法 PAT-M 和光束法 PAT-B;Hannover 大学的光束法 BLUH 区域网平差程序;加拿大 NRC 的光束法 BADS 程序;荷兰测量局的独立模型法 FOTEF 程序。由于数据探测理论只能处理 $4\sigma_0 \sim 20\sigma_0$ 之间的粗差,因此对于前述的大粗差和中等粗差需要进行预处理。如果把大粗差(错误)也混入到整体平差运算中将会使运算不收敛,无法进行。例如在上述的 BADS 程序中就分成四个步骤。前三步用不同的非统计方法,分别处理影像坐标大粗差,控制点坐标大粗差以及中等粗差,第四步才应用数据探测理论处理 $20 \sim 100\mu m$ 的像点坐标粗差。FOTEF 程序内则分成两步,第一步预处理大粗差和中等粗差,接着在平差运算阶段才应用统计检验,搜索小粗差。

关于粗差理论的研究已成为进一步提高空中三角测量精度的重要途径。德国阿克曼(Ackermann)1982 年 5 月在芬兰赫尔辛基(Helsinki)召开的国际摄影测量及遥感学会第 Ⅲ/1 小组的工作组会议上指出:"在系统误差研究方面,由试验成果可知,对于各种附加参数法抵偿系统误差的能力已有深透的了解,并肯定了空中三角测量可以达到极高的精度。当前若再继续进行这类实验,将不会有更进一步的作用。在设计更基本的试验之前,尚需进行一些理论上的分析。新的工作组首先应转向粗差发现的问题。此外也逐渐认识到用计算方法发现粗差问题乃是一个空中三角测量中不论在理论方面还是实践方面都需待解决的主要问题。除非能够发展并应用有效的粗差检测方法,否则欲使空中三角测量达到极高的精度乃是一种幻觉。"

第二节 有关改正数的理论

由上一节可知,发现粗差主要是依靠平差过程中的改正数。为此有必要首先讨论一下有关改正数 v 的理论。

对于在摄影测量中最普遍应用的误差方程式为:

$$v = A\hat{x} - l; \quad P \tag{4-2}$$

相应的法方程式为:

$$(A^T P A)\hat{x} = A^T P l \tag{4-3}$$

其解为:

$$\hat{x} = (A^T P A)^{-1} A^T P l$$

由广义误差传播定律,可求得参数 x 的协因数阵(或称相关权倒数阵)为:

$$Q_{xx} = (A^T P A)^{-1} A^T P Q_{ll} [(A^T P A)^{-1} A^T P]^T = (A^T P A)^{-1}$$

又

$$\hat{l} = l + v = A\hat{x}$$

所以

$$Q_{\hat{l}\hat{l}} = A Q_{xx} A^T \tag{4-4}$$

故由式(4-2),式(4-3)得

$$v = A Q_{xx} A^T P l - l = (A Q_{xx} A^T P - E) l = (Q_{\hat{l}\hat{l}} P - E) l \tag{4-5}$$

由此可求得改正数 v 的协因数阵为:

$$\begin{aligned} Q_{vv} &= (A Q_{xx} A^T P - E) Q_{ll} (A Q_{xx} A^T P - E)^T \\ &= A Q_{xx} A^T P Q_{ll} P A Q_{xx} A^T - A Q_{xx} A^T - A Q_{xx} A^T + Q_{ll} \\ &= Q_{ll} - A Q_{xx} A^T = Q_{ll} - Q_{\hat{l}\hat{l}} \end{aligned} \tag{4-6}$$

即

$$Q_{\hat{l}\hat{l}} = Q_{ll} - Q_{vv}$$

代入式(4-5)得

$$v = (Q_{ll} P - Q_{vv} P - E) l$$

所以
$$v = -Q_{vv}P_{ll}l \qquad (4-7)$$

式(4-7)描述了改正数与观测值之间的关系。显然,若观测值 l 中含有粗差,则势必影响改正数 v 及平差结果 $\hat{x}$。今以 v^* 代表由于存在粗差 e 而产生的额外改正数,于是由式(4-7)可得:

$$\begin{pmatrix} v_1 \\ v_2 \\ \vdots \\ v_n \end{pmatrix} + \begin{pmatrix} v_1^* \\ v_2^* \\ \vdots \\ v_n^* \end{pmatrix} = -Q_{vv}P \begin{pmatrix} l_1 + e_1 \\ l_2 + e_2 \\ \vdots \\ l_n + e_n \end{pmatrix}$$

或
$$v^* = -Q_{vv}Pe \qquad (4-8)$$

这就是粗差 e 与改正数 v^* 的一般关系式。由此式出发,我们可进一步分析以下几种情况:

1. 某一观测值的改正数 v_i^* 受所有观测粗差的综合影响(见图4-5)

$$v_i^* = -\sum_{j=1}^{n} (Q_{vv}P)_{ij} e_j \qquad (4-9)$$

2. 每一个观测值粗差 e_i 都会影响所有观测值的改正数(见图4-6)
$$v_j^* = -(Q_{vv}P)_{ji} e_i \qquad (4-10)$$

3. 某一个观测值粗差 e_i 对其相应改正数的影响为 e_i 与矩阵 $-(Q_{vv}P)$ 相应对角元之积(见图4-7)
$$v_i^* = -(Q_{vv}P)_{ii} e_i \qquad (4-11)$$

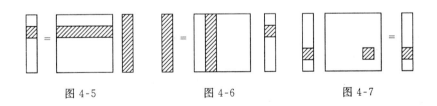

图 4-5 　　　　图 4-6 　　　　图 4-7

由式(4-7),式(4-8)可知,观测值改正数既与粗差有关,亦与矩阵 $Q_{vv}P$ 有关。$Q_{vv}P$ 方阵具有以下几个特点:

(1) $(Q_{vv}P)$ 是幂等阵(Idempotent Matrix),即 $(Q_{vv}P)^2 = Q_{vv}P$。

证：$(Q_{vv}P)^2 = [(Q - AQ_{xx}A^T)P]^2 = (E - AQ_{xx}A^TP)^2$

$= E - 2AQ_{xx}A^TP + AQ_{xx}A^TPAQ_{xx}A^TP$

$$= E - AQ_{xx}A^TP = Q_{vv}P \tag{4-12}$$

(2) $(Q_{vv}P)$ 为降秩方阵，其秩等于多余观测的个数 r。

由矩阵代数知，幂等阵之秩等于其迹。因为

$\text{tr}(Q_{vv}P) = \text{tr}\{(E - AQ_{xx}A^TP)\}$

$= \text{tr}(E_n) - \text{tr}(AQ_{xx}A^TP)$ （n 为 $Q_{vv}P$ 方阵的阶）

$= n - \text{tr}(Q_{xx}A^TPA)$

$= n - \text{tr}(E_u)$ （u 为未知数个数）

$= n - u = r$

故其秩
$$\text{rank}(Q_{vv}P) = r \tag{4-13}$$

由于 $(Q_{vv}P)$ 系降秩方阵，所以不能用简单的矩阵求逆的办法由改正数按式(4-8)直接求得粗差。

(3) 令
$$r_i = (Q_{vv}P)_{ii}, \tag{4-14}$$

则有 $r = \sum_{i=1}^{n} r_i$，且 $0 \leqslant r_i \leqslant 1$

现以权阵 P 为对角阵的情况下说明：

$\dfrac{r_i}{p_i} = (Q_{vv})_{ii} = (Q_{ll})_{ii} - (Q_{\bar{l}\bar{l}})_{ii} \geqslant 0$

而
$$0 \leqslant r_i = (Q_{vv})_{ii}p_i \leqslant (Q_{ll})_{ii}p_i = 1 \tag{4-15}$$

可将 r_i 理解为多余观测的分量。各单个观测 l_i 的多余观测分量之总和即为总的多余观测值。

当 $r_i = 1$ 时，则其观测完全可以控制；而当 $r_i = 0$ 时，则完全无法检核。对摄影测量的区域网，其平均值 $\bar{r} = r/n$ 约为 $0.2 \sim 0.5$。当其平均值为 0.5 时，已可看成是一个相当稳定的区域网。但单个的多余观测值很容易达到低于 0.1，表示为极弱的局部几何关系。

今以符号 ∇_{l_i} 和 ∇_{v_i}（∇ 读 Nabla）分别表示观测值 l_i 之粗差及其对自身所产生的额外改正数，则由 $(Q_{vv}P)$ 阵的性质，可将式(4-8)表示成（设权阵 P 为对角阵）：

$$\nabla_{v_i} = -r_i \nabla_{l_i} = -q_{ii}p_i \nabla_{l_i} \quad 0 \leqslant r_i \leqslant 1 \tag{4-16}$$

此处 q_{ii} 实即 $q_{v_iv_i}$ 的简写,以后同此。

由式(4-16)可见,在只有一个粗差的情况下,若$(Q_{vv}P)$阵的对角元 r_i 越接近于 1,则越能在改正数上反应出粗差。因此可将 r_i 视为局部可靠性的量度。它反映出所确定点处相交射线的数目,以及其是否控制点和影像点的分布等因素。现举数字例说明如下:

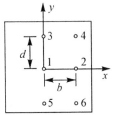

图 4-8

例:像片对重叠面内六个标准点附近(图 4-8)观测上下视差 q 算求其相对定向元素,其误差方程式为(参考《摄影测量原理》式(3-17)):

$$v_q = -\frac{xy}{f}\Delta\varphi + \frac{x'y}{f}\Delta\varphi' + \left(f+\frac{y^2}{f}\right)\Delta\omega' - x\Delta\kappa + x'\Delta\kappa' - q$$

并假设 $f \approx b \approx d$,则得出六个点的误差方程总列为:

$$\begin{pmatrix}v_1\\v_2\\v_3\\v_4\\v_5\\v_6\end{pmatrix} = \begin{pmatrix}0 & 0 & 1 & 0 & -1\\0 & 0 & 1 & -1 & 0\\0 & -1 & 2 & 0 & -1\\-1 & 0 & 2 & -1 & 0\\0 & +1 & 2 & 0 & -1\\+1 & 0 & 2 & -1 & 0\end{pmatrix}\begin{pmatrix}\Delta\varphi\\\Delta\varphi'\\\Delta\omega'\\\Delta\kappa\\\Delta\kappa'\end{pmatrix} - \begin{pmatrix}q_1\\q_2\\q_3\\q_4\\q_5\\q_6\end{pmatrix}$$

用符号表示为:

$$v = Ax - q$$

此时假设为等权观测,则

$$Q_{xx} = [A^T A]^{-1} = \begin{pmatrix}1/2 & 0 & 0 & 0 & 0\\0 & 1/2 & 0 & 0 & 0\\0 & 0 & 3/4 & 5/4 & 5/4\\0 & 0 & 5/4 & 29/12 & 25/12\\0 & 0 & 5/4 & 25/12 & 29/12\end{pmatrix}$$

$$Q_w = E - AQ_{xx}A^{\mathrm{T}} = \frac{1}{12}\begin{pmatrix} 4 & -4 & -2 & +2 & -2 & +2 \\ -4 & 4 & +2 & -2 & +2 & -2 \\ -2 & +2 & 1 & -1 & +1 & -1 \\ +2 & -2 & -1 & 1 & -1 & +1 \\ -2 & +2 & +1 & -1 & 1 & -1 \\ +2 & -2 & -1 & +1 & -1 & 1 \end{pmatrix}$$

由于这个课题中多余观测数目为 1，故 Q_w 的迹按上式为：

$$\mathrm{tr}(Q_w P) = 1$$

各点处的多余观测值 r_i 对点 1，2 为 $\frac{1}{3} = 0.33$，对其他四个点为 $\frac{1}{12} = 0.08$。$[Q_w P]$ 矩阵的对角线即等于其各该点处的多余观测数，反映出在这种观测条件下相对定向作业的局部可靠性。多余观测数小则表示其可靠性亦小。例如在上例中四个角点处只能反映出其处实际局部误差的 8%，而其中央点处则能反映 33%，较易察觉出其处的局部误差。

图 4-9 表示根据六个标准点进行像片对相对定向时，由 Q_w 中对角线得出的各局部多余观测数 r_i。图 4-9(a) 表示上述的单纯相对定向的情况；图 4-9(b) 表示由三度重叠内三个连接点（同时也是定向点）进行带有模型连接条件的相对定向共同平差计算时（《摄影测量原理》第四章第三节）的相应 r_i 值，都是指在像点 y 坐标方

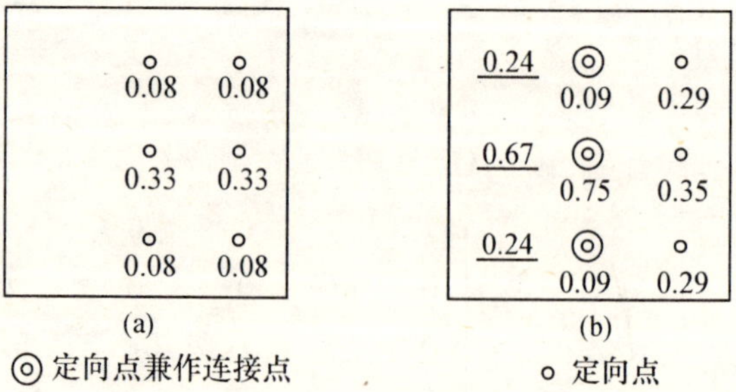

```
       ○        ○              0.24      ○
      0.08    0.08                      0.09   0.29
                                 ─────
       ○        ○              0.67      ⊙      ○
      0.33    0.33                      0.75   0.35
                                 ─────
       ○        ○              0.24      ⊙      ○
      0.08    0.08                      0.09   0.29
         (a)                              (b)
   ⊙ 定向点兼作连接点              ○ 定向点
```

图 4-9

面的观测。对连接点则另有对 x 方向观测的相应数值,系用横线下标表示在图上。

图 4-10(a) 及图 4-10(b) 也是相同的表达,只是此时选用了九个定向点。

由图中(a),(b) 的比较可以看到带有连接条件进行相对定向对可靠性的增进。

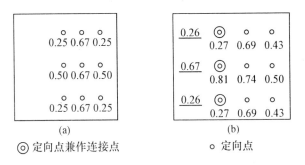

图 4-10

由于 $\sum_{i=1}^{n} r_i = r$,故知多余观测数 r 越大,对发现粗差越有利。因此可以取 $(Q_{vv}P)$ 中对角元素的平均数作为整体可靠性的指标 $\mathrm{RI}(T)$。在 P 为单位阵的情况下,即为:

$$\mathrm{RI}(T) = \frac{\mathrm{tr}\sqrt{Q_{vv}}}{n} = \frac{r}{n} \qquad (4\text{-}17)$$

至于整体的精度指标 $\mathrm{AI}(T)$ 则应为:

$$\mathrm{AI}(T) = \frac{\mathrm{tr}\sqrt{Q_{xx}}}{3k} (k \text{ 为点数}) \qquad (4\text{-}18)$$

下面是联邦德国 Grün 教授设计的一个近景摄影测量实例。如图 4-11(a) 所示,分别在点 $0 \sim 8$ 处按不同的组合设立摄站,对一个立方体沿 Y 方向进行摄影。立方体上有 27 个规则分布的点(图 4-11(b)),其中 8 个为控制点。图 4-12 表示其按不同摄站组合 $(A),(B),(C),(D)$,

(E) 所得整体的可靠性和整体的精度指标。

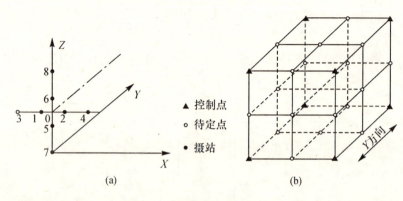

图 4-11

摄站组合(A):1—2;(B):3—4;(C):3—0—4;(D):1—2—5—6;(E):3—4—7—8 以上数字见图 4-11(a),图中 0,1,2,5,6 为正直摄影,小基线长 2m,3,4 两片为交向摄影,$\phi = 20.5g$;7,8 两片为倾斜摄影,$\omega = 20.5g$。

由此例可见,好的精度未必与好的可靠性相应。例如(B)组精度相当好($AI(T) = 0.16$mm),但可靠性却差($RI(T) = 0.36$);(A)与(B)可靠性相同,但(A)组基线短,精度差;(C)比(B)增加了一个摄站,精度提高有限,但可靠性提高很多;(E)与(D)同为四个摄站摄影,可靠性最高,其整体可靠性同为

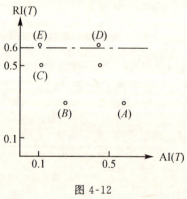

图 4-12

0.62,但(E)的精度高($AI(T) = 0.12$mm),(D)的基线短,精度差($AI(T) = 0.43$mm)。

第三节　数据探测法中判断粗差的统计量

随着多余观测数的增多而提高的整体可靠性指标 $\dfrac{\mathrm{tr}(Q_{vv}P)}{n} = \dfrac{r}{n}$ 只是可靠性的参考，尚需知道具体在哪一个观测值上存在粗差，这就需要构成一种统计量进行检验。

设观测值 l_i 中存在有一个粗差 ∇_i，则误差方程为：

$$\bar{v} = A\bar{x} \begin{pmatrix} l_i \\ \vdots \\ l_i - \nabla_i \\ \vdots \\ l_n \end{pmatrix} = A\bar{x} - l - f_i \nabla_i = [A \vdots f_i]\begin{bmatrix} \bar{x} \\ \nabla_i \end{bmatrix} - l$$

第i个

(4-19)

其中 $f_i^{\mathrm{T}} = [0 \ \cdots 0 \ 1 \ 0\cdots 0]$

相应的法方程式为：

$$\begin{pmatrix} A^{\mathrm{T}}PA & A^{\mathrm{T}}Pf_i \\ f_i^{\mathrm{T}}PA & f_i^{\mathrm{T}}Pf_i \end{pmatrix}\begin{pmatrix} \bar{x} \\ \nabla_i \end{pmatrix} = \begin{pmatrix} A^{\mathrm{T}}Pl \\ f_i^{\mathrm{T}}Pl \end{pmatrix}$$

(4-20)

根据下列的参数公式：

> 参考《摄影测量原理》第 86 页
>
> 设：$\begin{pmatrix} N_{11} & N_{12} \\ N_{21} & N_{22} \end{pmatrix}\begin{pmatrix} x_1 \\ x_2 \end{pmatrix} = \begin{pmatrix} u_1 \\ u_2 \end{pmatrix}$
>
> 则得：$\begin{bmatrix} x_1 \\ x_2 \end{bmatrix} = \begin{bmatrix} Q_{11} & Q_{12} \\ Q_{21} & Q_{22} \end{bmatrix}\begin{bmatrix} u_1 \\ u_2 \end{bmatrix}$
>
> 其中　$Q_{22} = (N_{22} - N_{21}N_{11}^{-1}N_{12})^{-1}$
>
> $Q_{21} = -Q_{22}N_{21}N_{11}^{-1}$
>
> $x_2 = Q_{21}u_1 + Q_{22}u_2 = -Q_{22}(N_{21}N_{11}^{-1}u_1 - u_2)$

可由式(4-20)解得：

$$\nabla_i = -[f_i^{\mathrm{T}}Pf_i - f_i^{\mathrm{T}}PA(A^{\mathrm{T}}PA)^{-1}A^{\mathrm{T}}Pf_i]^{-1}[f_i^{\mathrm{T}}PA(A^{\mathrm{T}}PA)^{-1}A^{\mathrm{T}}Pl - f_i^{\mathrm{T}}Pl]$$

$$= -[f_i^T P(Q_{ll} - AQ_{xx}A^T)Pf_i]^{-1}[f_i^T P(AQ_{xx}A^T - Q_{ll})Pl]$$

$$= -(f_i^T PQ_w Pf_i)^{-1}(f_i^T Pv) = -\frac{f_i^T Pv}{f_i^T PQ_w Pf_i} \quad (4\text{-}21)$$

其方差为: $\sigma^2_{\nabla_i} = \sigma_0^2 (f_i^T P Q_w P f_i)^{-1} \quad (4\text{-}22)$

为估计粗差 ∇_i 的显著性，用规格化的 ∇_i 构成统计检验量，即

$$W_i = \frac{\nabla_i}{\sigma \nabla_i} = \frac{f_i^T Pv}{\sigma_0 (f_i^T PQ_w Pf_i)^{\frac{1}{2}}} \quad (4\text{-}23)$$

显然，当观测值不相关，即其权阵 P 为对角阵时，式(4-23)为：

$$W_i = -\frac{p_i v_i}{\sigma_0 (p_i q_{ii} p_i)^{\frac{1}{2}}} = \frac{v_i}{\sigma_0 \sqrt{q_{ii}}} = \frac{v_i}{\sigma_{v_i}} \quad (4\text{-}24)$$

这正是本章第一节中提到的数据探测理论中据以判断粗差的统计量。但实际上不可能得到理论上的单位权中误差 σ_0，而只能求得其估值 $\hat{\sigma}_0$，因此应用中只能用下面的统计量代替：

$$W_i = \frac{v_i}{\hat{\sigma}_0 \sqrt{q_{ii}}} = \frac{v_i}{\sigma_{v_i}} \quad (4\text{-}25)$$

可以证明该统计量服从 t 分布。其中 v 为自由度，在这里即为多余观测数 $n-u=r$。若取显著水平 $\alpha=0.001, v \geq 150$，则由 t 分布表可查得 $W_i=3.3$。这意味着当 $W_i > 3.3$ 时，便可判断在该显著水平下存在有粗差。由数理统计理论知当 $v \to \infty$ 时，t 分布趋于正态分布，因此一般可将 W_i 视为标准正态变量。由于此时存在粗差，在计算 $\hat{\sigma}_0$ 时应该改用

$$\hat{\sigma}_0^2 = \left(v^T pv - \frac{p_i v_i^2}{r_i} \right) / (n-u-1)$$

而自由度也改用 $n-u-1$。

顺便指出，美国 Pope 认为 $\hat{\sigma}_0$ 一般是在未剔除粗差的情况下求得的。故 W_i 应服从被称为 τ_v 的一种分布而作 τ 检验。

由式(4-19)可知，Baarda 判断粗差的理论是根据只有一个粗差的条件下推演的。当存在有多个粗差时只有逐个进行检验，即首先去掉统计量 W 最大的那个观测值。而在下一步的再次平差运算时，又一次进行数据探测法逐个地剔除粗差。其缺点是粗差对每个观测值都有影响，第一步数据探测中统计量 W 最大的观测值很可能并不包含有粗差，因而会造成错误的判断。

第四节 可能发现粗差的最小值(内可靠性)

成果的内可靠性亦称观测的可控性,即指用统计检验控制观测值的能力,以给定的概率尚可发现的粗差 ∇_{l_i} 的下限 $\nabla_{0_{l_i}}$ 表示。

现在假设检验之零假设 $H_0: W_i \sim N(0,1)$

备选假设 $H_A: W_i \sim N(\delta_0, 1)$

由式(4-24)可得:

$$\nabla_{w_i} = \frac{\nabla_{v_i}}{\sigma_0 \sqrt{q_{ii}}} \tag{4-26}$$

因为 $\nabla_{w_i} = E(W_i/H_A) - E(W_i/H_0) = \delta_0$

所以
$$\nabla_{v_i} = \sigma_0 \delta_0 \sqrt{q_{ii}} \tag{4-27}$$

故由式(4-16)有:

$$\nabla_{l_i} = \frac{-\nabla_{v_i}}{q_{ii} p_i} = \frac{\sigma_0 \delta_0 \sqrt{q_{ii}}}{q_{ii} p_i} = \frac{\sigma_0 \delta_0}{\sqrt{q_{ii}} p_i} \tag{4-28}$$

适当选用 δ_0 值可得出察觉粗差 ∇_{l_i} 的下限 $\nabla_{0_{l_i}}$ 为:

$$\nabla_{0_{l_i}} = \frac{\sigma_0 \delta_0}{\sqrt{q_{ii} p_i} \sqrt{p_i}} = \frac{\delta_0}{\sqrt{r_i}} \sigma_{l_i} = \delta'_{0_{l_i}} \sigma_{l_i} \tag{4-29}$$

$$\delta'_{0_{l_i}} = \frac{\delta_0}{\sqrt{r_i}} \tag{4-30}$$

$\delta'_{0_{l_i}}$ 即称为可控性的量度,它反映了可能发现的最小粗差 $\nabla_{0_{l_i}}$ 为该观测值理论均方根差 σ_{l_i} 的倍数:

$$\delta'_{0_{l_i}} = \frac{\nabla_{0_{l_i}}}{\sigma_{l_i}}$$

显然 $\delta_{0_{l_i}}$ 越小,则检验粗差的灵敏度越高,即可能发现的粗差 $\nabla_{0_{l_i}}$ 越小。故由式(4-30)可知,Q_{vv} 阵之对角元素 r_i 越大越好。此外,当选定显著水平 α 和检验功效 $1-\beta$ 之后,δ_0 即为一特定常数,$\delta'_{0_{l_i}}$ 仅随 r_i 而变,故实际上亦可将 r_i 视为可控性的量度。

现取 $\alpha = 0.001$,检验功效 $1 - \beta = 80\%$,则由正态分布表可求得 $\delta_0 = 4.1$。今若有 $p_i = 1, q_{ii} = 0.04$,由式(4-28)知,只有当 $\nabla_{l_i} = 20\sigma_0$ 时,方可在 $1-\alpha = 99.9\%$ 的置信水平下,以 80% 的把握找到这个含有

粗差的观测。

由图 4-13 可见，δ_0 值系由所选的拒绝域决定。一般说来，选取拒绝域时应使弃真 H_0（拒绝好的观测值）的概率 α 和纳伪 H_0（接受坏的观测值）的概率 β 都尽可能地小。然而两种错误又密切相关。在其他条件均不变的情况下，减小 α 就会增大 β。通常认为弃真 H_0 较之纳伪 H_0 是更严重的错误。因此一般先将 α 加以控制，例如根据问题的性质，选用 0.05, 0.01 或 0.001 等。然后在不改变 α 的条件下尽量使 β 减小，即尽量使检验功效加大。Baarda 建议取 $\alpha = 0.001, \beta = 20\%$。这就意味着，在原假设 H_0（无粗差）中弃真的或是率是 0.001，而纳伪的或是率是 0.20。

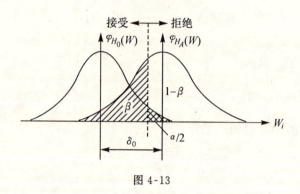

图 4-13

内可靠性应用举例：设 $P = E, \sigma_0 = \sigma_{li}$

例 1 相对定向（图 4-14, 图 4-15, 图 4-16, 图 4-17）：

根据一对像片重叠面上六个或九个定向点处观测的上下视差 q 进行相对定向元素的计算。

误差方程式：

$$v_q = -\frac{xy}{f}\Delta\varphi + \frac{x'y'}{f}\Delta\varphi' + \left(f + \frac{y^2}{f}\right)\Delta\omega' - x\Delta\kappa + x'\Delta\kappa' - q$$

计算两个量度量，并按如下格式填写

$\boxed{W_i \mid \delta'_{0_{li}}}$ $W_i = \dfrac{|v_i|}{\hat{\sigma}_{vi}} < 3.3$ （取 $\alpha = 0.001$）

$$\delta'_{0_{li}} = \frac{\nabla_{0_{li}}}{\sigma_{li}} = \frac{\delta_0}{\sqrt{r_i}} \quad (\alpha = 0.001, \beta = 20\%, \delta_0 = 4.1)$$

(1) 六点定向(图 4-14)。设在点 1 处观测的上下视差有 $10\sigma_0$ 的粗差。因为 $W_i = 5.8 > 3.3$,且在点 1 处能发现的最小粗差为 $7.1\sigma_0$,故能发现粗差,但不能定位,因各点的 W 值均相等。

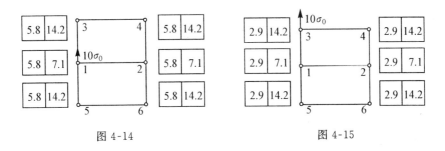

图 4-14   图 4-15

(2) 六点定向(图 4-15)。设在点 3 处观测的上下视差有 $10\sigma_0$ 的粗差。因各点之 W 均为 2.9,小于 3.3,故不能发现粗差。

(3) 九点定向(图 4-16)。设在点 1 处观测的上下视差有 $10\sigma_0$ 的粗差。由 W_i 和 $\delta'_{0_{li}}$ 可知能够发现粗差,且能定位。

(4) 九点定向(图 4-17)。设在点 8 处观测的上下视差有 $10\sigma_0$ 的粗差。能发现粗差,且能定位。

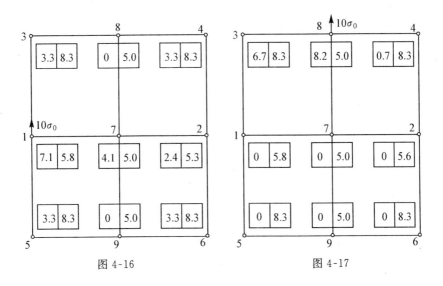

图 4-16   图 4-17

例2 立体模型的高程绝对定向：

根据一个立体模型上若干高程控制点处的高程观测进行该立体模型绝对定向参数 $\Delta Z_G, \Delta \Phi$ 及 $\Delta \Omega$ 的确定。

误差方程式：

$$\boxed{W_i \mid \delta_{0_{li}}} \quad V_z = \Delta Z_G + X\Delta\Phi + Y\Delta\Omega - \Delta Z$$

(1) 四点定向（图 4-18）。能发现粗差，但不能定位。

(2) 五点定向（图 4-19）。能发现粗差，虽仍不能定位，但将其局部化了（左上点和右下点）。

(3) 双四点定向（图 4-20）。能发现粗差，且能定位。

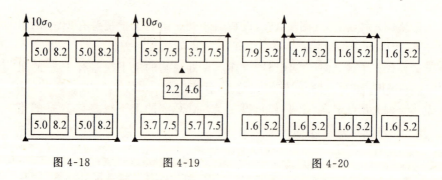

图 4-18　　　　图 4-19　　　　图 4-20

由以上二例可见，增加多余观测有利于粗差的检验。

例3 独立模型法高程区域网平差：(联邦德国 Förstner 1980)

影像重叠：$p=60\%, q=20\%$，图 4-21 所示为 1/4 个区域网，其余对称。每个模型包含四个加密点和两个投影中心，控制点间隔为六条基线长，其可控性量度 δ'_{0_h} 如图 4-21 所示。

由图 4-21 可以看出：

(1) 区域网内部的可控制性很均匀；

(2) 区域网边界附近可控性较差，为此可考虑边上多列点；

(3) 在本例中系取控制点坐标作为权等于 1 的观测值，此时控制点对加密点的可控性实际上没有影响；

(4) 控制点的可控性（其 δ'_{0_l} 值要另列控制点的误差方程方可求出）

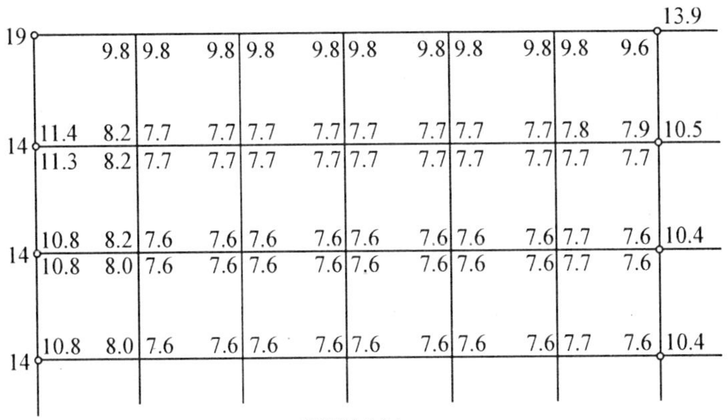

```
   19 ┬─────────────────────────────────────────── 13.9
      │  9.8│9.8   9.8│9.8   9.8│9.8   9.8│9.8   9.8│9.8   9.6│
      │                                                        │
   14 │11.4 8.2│7.7  7.7│7.7  7.7│7.7   7.7│7.7  7.7│7.8  7.9│10.5
      │11.3 8.2│7.7  7.7│7.7  7.7│7.7   7.7│7.7  7.7│7.7     │
      │                                                        │
   14 │10.8 8.2│7.6  7.6│7.6  7.6│7.6   7.6│7.6  7.6│7.7  7.6│10.4
      │10.8 8.0│7.6  7.6│7.6  7.6│7.6   7.6│7.6  7.6│7.7  7.6│
      │                                                        │
   14 │10.8 8.0│7.6  7.6│7.6  7.6│7.6   7.6│7.6  7.6│7.7  7.6│10.4
```

○ 高程控制点

图 4-21

很差,如图左上角控制点的 $\delta'_{0_l} = 19$,即小于 $19\sigma_0$ 的粗差便不能发现;位于网内部的控制点的可控性较好一些。

此外,实验还表明,控制点的可控性值 δ'_0 随其间隔增大而增大,平面控制网尤其显著。

为了提高系统的内可靠性,可考虑采取两次飞行,设双点或在边外加像片等措施。

顺便指出,加拿大的 El-Hakim 和联邦德国的 Grün 对于控制点可靠性的结论与 Förstner 所得的结论相反,他们得出的结论是:控制点的可靠性比加密点高。

第五节 残余粗差对未知数函数的影响(外可靠性)

小于下限 $\nabla_{0_{ii}}$ 而未能剔除的残余粗差显然会对未知数的函数,如方向、距离、面积、坡度等产生影响。

设某未知数的函数为:

$$f = e_1\hat{x}_1 + e_2\hat{x}_2 + \cdots + e_n\hat{x}_n = e^{\mathrm{T}}\hat{x} \tag{4-31}$$

则观测值 l_i 的粗差 $\nabla_{0_{l_i}}$ 对函数 f 的影响为：

$$\nabla_{0_{l_i}} f = e^{\mathrm{T}}(\nabla_{0_{l_i}}\hat{x})$$

式中 $\nabla_{0_{l_i}}\hat{x}$ 表示 $\nabla_{0_{l_i}}$ 对 $\hat{x}$ 的影响。由式(4-3)有：

$$\hat{x} = (A^{\mathrm{T}}PA)^{-1}A^{\mathrm{T}}Pl = Q_{xx}A^{\mathrm{T}}Pl$$

故观测值粗差 ∇l 对 $\hat{x}$ 的影响为：

$$\nabla \hat{x} = Q_{xx}A^{\mathrm{T}}P\nabla l$$

设观测值之间不相关，即 P 为对角阵，且只研究第 i 个观测值 l_i 粗差 $\nabla_{0_{l_i}}$ 的影响，则有：

$$(\nabla_{0_{l_i}}\hat{x}) = Q_{xx}a_i p_i \nabla_{0_{l_i}}$$

故得
$$\nabla_{0_{l_i}} f = e^{\mathrm{T}}(\nabla_{0_{l_i}}\hat{x}) = e^{\mathrm{T}}Q_{xx}a_i p_i \nabla_{0_{l_i}} \quad (4-32)$$

其中 a_i 代表矩阵 A^{T} 的第 i 列，因子 $e^{\mathrm{T}}Q_{xx}a_i$ 为矢量 e 和 a_i 以 Q_{xx} 加权的数量积，即：

$$e^{\mathrm{T}}Q_{xx}a_i = (e_1, e_2 \cdots e_n) Q_{xx} \begin{pmatrix} a_1 \\ a_2 \\ \vdots \\ a_n \end{pmatrix} = e^* \cdot a_i^*$$

$$= |e^*| \cdot |a_i^*| \cos(e^*, a_i^*) \quad (4-33)$$

所以
$$e^{\mathrm{T}}Q_{xx}a_i \leqslant |e^*| \cdot |a_i^*| = \sqrt{e^{\mathrm{T}}Q_{xx}e}\sqrt{a_i^{\mathrm{T}}Q_{xx}a_i} \quad (4-34)$$

在式(4-33)和式(4-34)中把 Q_{xx} 分解为两个三角矩阵相乘，使其中一个三角矩阵是另一个三角矩阵的转置矩阵，亦即《摄影测量原理》式(11-19))

$$Q_{xx} = LL^{\mathrm{T}}$$

则可以认为：
$$e^* = L^{\mathrm{T}}e, \quad a_i^* = L^{\mathrm{T}}a_i$$

从而得出：

$$e^{\mathrm{T}}Q_{xx}a_i = e^{\mathrm{T}}LL^{\mathrm{T}}a_i = e^{*\mathrm{T}}a_i^*$$

或
$$\sqrt{e^{\mathrm{T}}Q_{xx}e} = \sqrt{e^{\mathrm{T}}LL^{\mathrm{T}}e} = \sqrt{e^{*\mathrm{T}}e^*} = |e^*|$$

将式(4-34)，式(4-29)代入式(4-32)得：

$$\nabla_{0_{l_i}} f \leqslant \sqrt{e^{\mathrm{T}}Q_{xx}e}\sqrt{a_i^{\mathrm{T}}Q_{xx}a_i}\, p_i \frac{\delta_0 \sigma_0}{\sqrt{r_i p_i}} \quad (4-35)$$

又由式(4-15),式(4-16)得：
$$r_i = (Q_{vv}p)_{ii} = (E - AQ_{xx}A^TP)_{ii} = 1 - a_i^T Q_{xx} a_i p_i = 1 - u_i \quad (4-36)$$

或 $$u_i = a_i^T Q_{xx} a_i p_i = 1 - r_i$$

其中 r_i 为观测值 l_i 对多余观测总数 r 的贡献，u_i 为观测值 l_i 对确定未知数的贡献。

又因为 $$\sum_{j=1}^{n} r_i = r$$

所以 $$\sum_{i=1}^{n} u_i = \sum_{i=1}^{n} 1 - \sum_{i=1}^{n} r_i = n - r = u \quad (4-37)$$

将式(4-36)代入式(4-35)得：
$$\nabla_{0_{li}} f \leqslant \sqrt{Q_{ff}} \sqrt{u_i} \frac{\delta_0 \sigma_0}{\sqrt{r_i}} = \sigma_f \left(\delta_0 \sqrt{\frac{u_i}{r_i}} \right) = \overline{\delta}_{0_{li}} \cdot \sigma_f \quad (4-38)$$

其中函数 f 的权倒数为 $Q_{ff} = e^T Q_{xx} e$；函数 f 的方根差为 $\sigma_f = \sigma_0 \sqrt{Q_{ff}}$

$$\overline{\delta}_{0_{li}} = \delta_0 \sqrt{\frac{u_i}{r_i}} = \delta_0 \sqrt{\frac{1-r_i}{r_i}} \geqslant \frac{\nabla_{0_{li}} f}{\sigma_f} \quad (4-39)$$

$\overline{\delta}_{0_{li}}$ 称为外可靠性的量度，系指未经发觉的粗差 $\nabla_{li} (\leqslant \nabla_{0_{li}})$ 对某函数 f 的影响为其均方差 σ_f 的最大倍数，用以检查该系统的敏感性。此时假定计算已经过粗差的检查，所有残差(改正数)均小于其预定的阈值。

第六节 残余粗差对模型坐标的影响
（坐标的外可靠性量度）

残余粗差对未知数(包括模型坐标)及未知数函数的影响统称为系统的外可靠性。在区域网平差中关于模型坐标的精度和可靠性是人们最为关心的问题，故在此单辟一节加以讨论。

现以光束法平差为例，其原始公式为：
$$x = -f \frac{a_1(X - X_s) + b_1(Y - Y_s) + c_1(Z - Z_s)}{a_3(X - X_s) + b_3(Y - Y_s) + c_3(Z - Z_s)}$$

$$y = -f\frac{a_2(X-X_s)+b_2(Y-Y_s)+c_2(Z-Z_s)}{a_3(X-X_s)+b_3(Y-Y_s)+c_3(Z-Z_s)}$$

线性化后可将 u 个未知数 x 分为 u_t 个参数 t 和 u_K 个模型坐标 k 来表示：

$$l + v = A\hat{x} = B\hat{t} + C\hat{k}; \quad P = Q^{-1} \qquad (4\text{-}40)$$

或

$$v = (B \vdots C)\begin{pmatrix}\hat{t}\\\hat{k}\end{pmatrix} - l$$

相应的法方程式为：

$$A^{\mathrm{T}} P A \hat{x} - A^{\mathrm{T}} P l = 0$$

即

$$\begin{pmatrix} B^{\mathrm{T}}PB & B^{\mathrm{T}}PC \\ C^{\mathrm{T}}PB & C^{\mathrm{T}}PC \end{pmatrix}\begin{pmatrix}\hat{t}\\\hat{k}\end{pmatrix} - \begin{pmatrix} B^{\mathrm{T}}Pl \\ C^{\mathrm{T}}Pl \end{pmatrix}$$

$$= \begin{pmatrix} N_{tt} & N_{tK} \\ N_{Kt} & N_{KK} \end{pmatrix}\begin{pmatrix}\hat{t}\\\hat{k}\end{pmatrix} - \begin{pmatrix} h_t \\ h_K \end{pmatrix} = 0 \qquad (4\text{-}41)$$

消去参数 $\hat{t}$ 得到简化方程为：

$$(N_{KK} - N_{Kt}N_{tt}^{-1}N_{tK})\hat{k} - (h_K - N_{Kt}N_{tt}^{-1}h_t) = 0$$

从而得出：

$$\bar{C}^{\mathrm{T}}P\bar{C}\hat{k} - \bar{C}^{\mathrm{T}}Pl = 0 \qquad (4\text{-}42)$$

其中

$$\bar{C} = C - BN_{tt}^{-1}N_{tK} \qquad (4\text{-}43)$$

若在式(4-42)中以 A 代替 $\bar{C}$，以 $\hat{x}$ 代替 $\hat{k}$ 则得式(4-3)，故可仿式(4-36)得：

$$u_{Ki} = (\bar{C}(\bar{C}^{\mathrm{T}}P\bar{C})^{-1}\bar{C}^{\mathrm{T}}P)_{ii} = \bar{C}_i^{\mathrm{T}}(\bar{C}^{\mathrm{T}}P\bar{C})^{-1}\bar{c}_i p_i \qquad (4\text{-}44)$$

由此可得：

$$u_{ti} = (B(B^{\mathrm{T}}PB)^{-1}B^{\mathrm{T}}P)_{ii} = b_i^{\mathrm{T}}(B^{\mathrm{T}}PB)^{-1}b_i p_i \qquad (4\text{-}45)$$

其中 $\bar{C}_i, b_i$ 分别为矩阵 $\bar{C}^{\mathrm{T}}, B^{\mathrm{T}}$ 中第 i 列矩阵。

显然

$$u_i = u_{ti} + u_{Ki} \qquad (4\text{-}46)$$

故有

$$r_i + u_{ti} + u_{Ki} = 1 \qquad (4\text{-}47)$$

由此可见，观测信息 l_i 含有三个分量分别影响改正数、变换参数以及坐标的确定。

由一般的外可靠性量度公式(4-39)可立即得到坐标的可靠性量度公式：

$$\bar{\delta}_{0_{li}} = \delta_0 \sqrt{\frac{u_{Ki}}{r_i}} = \delta_0 \sqrt{\frac{1 - u_{ti} - r_i}{r_i}} \qquad (4\text{-}48)$$

应用举例：外可靠性量度的优化问题。

图 4-22 为一平面的独立模型法区域网，共有六条航线（图中只表示出一半，其余对称）每条航线十二个模型，每个模型有四个连接点。区域网平面控制点的分布以及其网角、边缘及内部的外可靠性数值 $\bar{\delta}_{0_{li}}$ 示如图 4-22 至图 4-26。由图 4-22 可见，除区域内部的 $\bar{\delta}_{0_{li}} = 6$ 尚可接受外，其余皆很差。如果考虑采用如图 4-23、图 4-24、图 4-25 所示的三种不同措施，则对网角及边缘处的外可靠性可以得到不同程度的改善。最后，如图 4-26 所示将三种措施同时使用，则可在网角处达到 $\bar{\delta}_{\max} = 4$，表明此时由于未检测出的粗差对坐标的影响最大，达到其本身中误差的 4 倍。

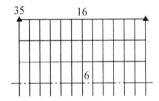

图 4-22　平面独立模型法区域网

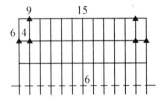

图 4-23　布设控制点组可以提高控制点的可靠性

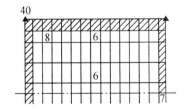

图 4-24　把区域网扩展半条航带和基线以改善区域边缘地带的可靠性（斜线部分不用）

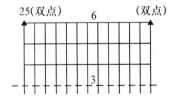

图 4-25　使用双点以提高摄影测量的可靠性

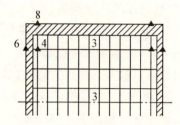

图 4-26　以上三种措施同时使用（斜线部分不用）

研究表明，区域网的可靠性与网的大小，控制点分布无关，而模型或像片间连接的强弱（重叠度，选用点数等），则是影响其可靠性的重要因素。

第七节　选权迭代法剔除粗差

一、总述

最小二乘法使用

$$\sum v^2 \to \min$$

是不容易从中发觉和定位可能存在的粗差的。这是因为某处存在的粗差通过最小二乘法平差往往会把它的影响分散到其他的量测值中，而不再能够被察觉。

数据探测法的理论把误差检测和可靠性的研究建立在统计学的基础上，但是它仍是使用最小二乘法。由以上各节的分析和应用可知，数据探测的理论用于粗差的探测并不是完全有效，特别是在粗差的定位方面很差。这是因为含有最大标准化余差（改正数）的观测值未必含有粗差。当 Q_{VV} 矩阵中的主对角线以外各元素不是很小，也就是余差之间相关性很强时，或者当多个粗差同时存在时，直接从标准化余差中判别含粗差的观测值将十分困难。

数据探测法在原则上是很简单的,但是它的应用还存在着一些问题。

(1) 这种检验是一维的。那就是说,每次只能检测一个观测值。这就意味着其余差间的相关性应该很小。

(2) 一般单位权中误差 σ_0 是不知的。假如使用估值 $\hat{\sigma}_0$ 时,则其统计量的分布在一定程度上不够明确。

(3) 对显著水平 α 的选用需要有适当的考虑。

(4) 在大的运算系统中,计算权倒数矩阵 Q_{VV} 对角线各项的工作量是很大的。

另一类剔除粗差的方法被称为"坚韧"估计值法(Robust Estimator)。这个名称的原意是指那种"当观测值中存在有脱离其原有误差分布函数的观测值时,其估计值仍能保持不变"的一些参数估计方法。本章介绍的选权迭代法及其他就是属于这一类型。

选权迭代粗差检验方法的基本思想是:平差仍从惯用的最小二乘法开始,但在每次平差以后,根据其残差和其他有关参数,按所选择的权函数计算每个观测值在下步迭代计算中的权值。如果权函数选择得当,且粗差可定位时,则含粗差观测值的权将越来越小,直至趋近于零。迭代中止时,相应的残差将直接指出粗差的数值,而平差结果将不再受粗差的影响。

选权迭代法的运算过程为:

$$\sum (pv^2)_\alpha \to 最小 \quad (4\text{-}49)$$

$$p_{\alpha+1} = p_\alpha f(v), \quad \alpha = 0, 1, 2, \cdots$$

α 代表迭代的次数,v 为余差(改正数),$f(v)$ 叫做权函数,是余差的函数。式(4-49)中权 p 由最小二乘法中的常数改用为随 v 值而变化的变数,就可理解为一种使 v 的某另一种函数 $\rho(v)$(例如 $\rho(v)=|v|$ 见式(4-62))的总和为最小的平差,即

$$\sum \rho(v) = \sum \left(\frac{\rho(v)}{v^2}\right) v^2 \to 最小$$

其中权函数 $f(v)$ 为:

$$f(v) = \frac{\rho(v)}{v^2 + c} \quad (c \ll 1)$$

二、丹麦法

丹麦 Kubik 提出的权函数为：

$$f(v) = \begin{cases} 1, & \text{当} \dfrac{|v|\sqrt{p_0}}{m_0} < c \\ \exp\left(-\left(\dfrac{|v|\sqrt{p_0}}{c \cdot m_0}\right)\right), & \text{其他} \end{cases} \quad (4\text{-}50)$$

其中常数 c 一般取值为 3，p_0 为权因子，m_0 为量测值的标准偏差。

这种方法曾应用于丹麦的大地测量计算中。其趋近的速度与问题的条件和粗差出现的百分率有关。在大地测量运算中粗差一般约占 1%。

对不同的任务往往需要单独设计其权函数 $f(v)$。在摄影测量光束法区域网平差中推荐的公式为（称为丹麦法）：

$$f(v) = \exp\left(-0.05\left(\frac{|v|\sqrt{p_0}}{m_0}\right)^{4.4}\right) \quad \text{对头三次迭代}$$

$$f(v) = \exp\left(-0.05\left(\frac{|v|\sqrt{p_0}}{m_0}\right)^{3.0}\right) \quad \text{对其后的迭代} \quad (4\text{-}51)$$

对权函数的选用一般的规律是使用两种不同的函数。在迭代的开始时权函数要陡一些，而对其后的迭代则权函数要缓和一些。

运算的过程的第一步仍是进行经典的最小二乘法平差，从而获得各观测值的改正数 v_0，然后根据式(4-51)权函数给予每个量测值以新的权值。按照这些新的权值再进行最小二乘法平差，如此反复趋近直至收敛时为止。据丹麦的经验一般约需趋近 $5 \sim 10$ 次。最后凡受粗差影响的量测值，其权值将会变为零而其处的改正数就是其粗差大小的量度。

三、加拿大 E1-Hakim 方法

E1-Hakim 认为权函数的选择在于减少粗差在剩余误差间不需要

的分配。权值必须反映观测的质量和在那个点处交会线的几何关系。后者最好是使用该点处的多余观测数 r，得自 $\boldsymbol{Q}_{vv}\boldsymbol{P}$ 矩阵的对角线元素（见式(4-14)）。代表观测质量的是单位权中误差 σ_0 得自初步的平差。因此 El-Hakim 提出两种权函数分别为：

(1) $$f(v) = \begin{cases} 1, & \text{当 } w_i < c \\ \left(\dfrac{1}{w_i^2}\right), & \text{当 } w_i > c \end{cases} \quad (4-52)$$

其中 $w_i = \dfrac{v_i}{\sigma_{v_i}} = \dfrac{v_i}{\sigma_0 \sqrt{q_{ii}}}$，$c$ 为一个阈值（当 $\alpha = 0.1\%$，$\beta = 20\%$ 时 $c = 4.1$）

(2) $$f(v_i) = \dfrac{1}{\hat{\sigma}_{l_i}^2} \quad (4-53)$$

其中 $\hat{l}_i$ 为平差后的观测值（参考式(4-4)）。此时权函数为平差后观测值方差的倒数，既考虑到每个观测值交会线的几何（在 σ_{v_i} 中）也考虑到量测的整体质量。

四、李德仁方法

我国李德仁提出从验后方差估计原理出发的权函数。现假设有多组观测值，每组内的观测值是有相同的精度（参考第一章图 1-7）。若假定观测值互不相关，则可按 Förstner 提出的方法估求各组观测值的验后方差（第一章式(1-32)）：

$$\hat{\sigma}_i^2 = \dfrac{\boldsymbol{v}_i^{\mathrm{T}}\boldsymbol{v}_i}{r_i} \quad (i = 1, 2, \cdots, k \text{ 为组号})$$

其中 $r_i = \operatorname{tr}(\boldsymbol{Q}_{vv})_i p_i$

于是下步迭代时各组观测值的权取为：

$$p_i = \left(\dfrac{\hat{\sigma}_0^2}{\hat{\sigma}_i^2}\right) \quad (4-54)$$

其中 $$\hat{\sigma}_0^2 = \dfrac{\boldsymbol{v}^{\mathrm{T}}\boldsymbol{P}\boldsymbol{v}}{r}$$

为了发现每组观测值内的粗差，现对第 i 组内任一观测值 l_{ij} 求其方差估值 $\hat{\sigma}_{ij}^2$ 和相应的多余观测分量 r_{ij}。其中

$$\hat{\sigma}_{ij}^2 = \frac{v_{ij}^2}{r_{ij}} \tag{4-55}$$

及
$$r_{ij} = q_{i,jj} p_{i,j}$$

于是可建立下列统计量来检验该方差是否异常,即相应的观测值 l_{ij} 是否包含粗差。

H_0 假设: $E(\hat{\sigma}_{ij}) = E(\hat{\sigma}_i) = \hat{\sigma}_i$

统计量: $T_{ij} = \dfrac{\hat{\sigma}_{ij}^2}{\hat{\sigma}_i^2}$ (4-56)

或更一般地写成:

$$T_{ij} = \frac{v_{i,j}^2 \cdot p_i}{\hat{\sigma}_0^2 \cdot r_{ij}} = \frac{v_{ij}^2 p_i}{\hat{\sigma}_0^2 q_{i,jj} \cdot p_{i,j}} \tag{4-57}$$

假如观测值 l_{ij} 不含粗差,即 H_0 假设成立,则统计量 $T_{i,j}$ 近似为自由度为 1 和 r_i 的中心 F 分布。若 $T_{i,j} > F_{a_1 1, r_i}$,则表明该观测值方差与该组观测值方差有显著差异。就是说,该观测值不属于第 i 组,很可能包含有粗差。可按下列权函数计算下一次迭代平差中观测值的权:

$$p_{i,j} = \begin{cases} p_i = \dfrac{\hat{\sigma}_0^2}{\hat{\sigma}_i^2}, & \text{当 } T_{ij} < F_{a_1 1, r_i} \\ \dfrac{\hat{\sigma}_0^2}{\hat{\sigma}_{ij}^2} = \dfrac{\hat{\sigma}_0^2 \cdot r_{ij}}{v_{ij}^2}, & \text{当 } T_{ij} \geqslant F_{a_1 1, r_i} \end{cases} \tag{4-58}$$

对于仅含一组等精度观测值的平差,其统计量和权函数相应为:

$$T = \frac{v_i^2}{\hat{\sigma}_0^2 q_{ii} p_i} \quad (i = 1, 2, \cdots, n) \tag{4-59}$$

和

$$p_i = \begin{cases} 1, & \text{当 } T_i < F_{a_1 1, r} \\ \dfrac{\hat{\sigma}_0 q_{ii} p_i}{v_i^2}, & \text{当 } T_i \geqslant F_{a_1 1, r} \end{cases} \tag{4-60}$$

五、其他

当权函数使用

$$p_i = \frac{1}{|v_i| + c} \quad c \to 0 \tag{4-61}$$

时,则其迭代结果接近于改正数 v 绝对值总和为最小的平差,即

$$\sum |v| = \min \qquad (4\text{-}62)$$

直接使用式(4-62)原理而放弃最小二乘法进行平差的优点是它可以容忍有较大的改正数,因此较易于从计算成果中发觉并定位粗差的所在。在多数情况下从其改正数(余差)中可以看出哪一些观测值存在粗差。但当存在多个粗差并且在分布不利的情况下,这种方法会导致错误的结论,方法本身还是缺乏足够的理论根据的。

由于直接使用式(4-62)原理进行平差计算方面的困难,因此这种方法迄今未能获得对剔除粗差方面有较大规模的应用。近年来引入了线性规划中比较有效的"单纯形"(Simplex)计算方法,使得改正数绝对值总和为最小原理的解算并不一定比最小二乘法的解算麻烦。

六、丹麦法与数据探测法的比较分析

现举一个简单的例子,表示选权迭代法中丹麦法与数据探测法的对比。显然,通过这样一个简单特殊的例子是不能够得出某些通用的结论的。设根据四个点的观测值 $P_1(1,1);P_2(2,2);P_3(3,3);P_4(4,4)$,用以确定一个直线方程(图4-27)

$$y = a + bx$$

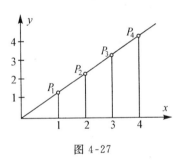

图 4-27

其中第三个点 P_3 的 y 值假设存在有粗差,令其 y 值为 y_3,则其误差方程式为:

$$\begin{aligned} & & & 权\ p \\ v_1 &= a + b - 1; & & 1 \\ v_2 &= a + 2b - 2; & & 1 \\ v_3 &= a + 3b - y_3; & & 1 \\ v_4 &= a + 4b - 4; & & 1 \end{aligned}$$

显然,剔除粗差之后正确的答案是 $a = 0, b = 1$。

现假设单位权中误差 $\sigma_0 = 0.3$。分别使用丹麦法(用式(4-50),且 $c = 3$)和数据探测法(使用式(4-25),$w = 3.3$)进行粗差剔除的运算,得出下列结果：

$$Q_{VV} = \frac{1}{20}\begin{Bmatrix} 6 & -8 & -2 & 4 \\ -8 & 14 & -4 & -2 \\ -2 & -4 & 14 & -8 \\ 4 & -2 & -8 & 6 \end{Bmatrix}$$

		y_3	3.9	4.2	4.5		5.1			6.0			9.0			10.5	
		y_3 的粗差值	$3\sigma_0$	$4\sigma_0$	$5\sigma_0$		$7\sigma_0$			$10\sigma_0$			$20\sigma_0$			$25\sigma_0$	
		迭代次数	1	2	1	2	1	2	3	4	1	2	3	1	2	3	1	2
丹麦法	各点处权的变化	p_1	1	1	1	1	1	1	1	1	1	1	1	1	1	1	1	1
		p_2	1	1	1	1	1	1	1	1	1	1	1	1	0.5	0.5	1	0.4
		p_3	1	1	1	1	1	0.3	0.1	0	1	0.2	0	1	0.1	0	1	0
		p_4	1	1	1	1	1	1	1	1	1	1	1	1	0.3	0.3	1	0.1
		a, b	0,1.1		0,1.1		0,1.0				0,1.0			0,1.0			0,1.0	
	结论		无粗差		未发觉粗差		剔除粗差				剔除粗差			剔除粗差,但权关系不正确			同左	有弃真差
数据探测法		W_1	0.55		0.73		0.91				1.28			1.83			3.66	4.56
		W_2	0.72		0.96		1.20				1.67			2.39			4.78	5.98
		W_3	2.51		3.35		4.18				5.86			8.36			16.73	20.92
		W_4	2.19		2.92		3.65				5.11			7.30			14.61	18.26
	结论		无粗差		发觉粗差		粗差定位不明确				粗差定位不明确			粗差定位不明确			有粗差但无定位	同左

对丹麦法根据其权的变化可知，当粗差在 $4\sigma_0$ 之内时不能发觉。大于 $4\sigma_0$ 时则可以正确发觉粗差并把它的影响自动剔除。但当粗差达到 $10\sigma_0$ 至 $20\sigma_0$ 时，在这个特例中，虽然剔除了粗差，但得到了不正确的权关系。对更大的粗差，例如达到 $25\sigma_0$ 时，则还不正确地剔除了点 P_4 处观测的影响。因此使用丹麦法时，特大的粗差必须用其他方法先期剔除。

对数据探测法则只是在粗差为 $4\sigma_0$ 时获得正确的结论。

第八节 粗差检验的全过程

在利用数据探测法探测粗差之前,必须事先对那些特大的粗差使用简便的方法剔除。在解析空中三角测量中各种差错都可能出现,主要可分为两种。

第一种是像点坐标的大粗差,这种粗差可能来源于粗心的影像坐标互换或者是点号搞错等。对于这类粗差应作为第一步的检查处理。此时可利用相邻像片间同名像点间协调性的比较。把一张像片作为一个参考片,而对所有与其邻接并具有多于两个共同点的像片分别进行线性的正形变换,记录其变换系数、变换残差和所有点变换后的坐标。不协调的点子将会由其大的残差识别出来。把所有与相邻的像片进行这样的比较,就可以求出该点粗差所发生的那张像片。由变换系数也可以通过其显然异常的比例尺变换或转角值指出所存在的其他问题。

第二种是控制点坐标的大粗差,来源于许多可能的因素,例如记录的差错,点号弄错,坐标系统混淆等。在上述第一种粗差消除之后,此时大的粗差大概总是来自这种控制点坐标的粗差。此时还不能进行整体的平差,因为对整体平差成果中残差的分析并不一定能找出哪一些控制点存在有差错。此时可先构成单个航带网,并用最简单的多项式法把各条航带网连接起来,利用最小数量的控制点,而使用其他的控制点作检查。由此发现的大的残差,可易于找出控制点差错的所在。

进行上述两项检查处理以后,可以进行整体区域网平差。但是此时还可能存在一些中等大小的粗差,尚不需使用严格的统计方法(数据探测法)也可以易于发现。这种粗差也可能是源自于像点坐标,也可能是源自于控制点,但其大小比上述过程中所能剔除的要小。此时可在使用良好的控制之下的区域网平差以后,再对残差进行一次一般的分析。

在这个阶段中,如果控制点中存在这种中等的粗差,就会对残差有整体的影响。如果像点坐标中存在这种中等的粗差,就将会产生局部的影响,这都依赖于作业员的经验和判断。在这以后,应可保持使残存的粗差一般在像片比例尺中的 $100\mu m$ 之内,最后使用较为严格的数理统计方法剔除。

国际摄影测量学会第 Ⅲ 委员会与欧洲摄影测量实验组织(OEEPE)曾在 1980 年组织世界上各国的测绘单位(共 15 个单位)对粗差剔除问题进行模拟的区域网平差试验。其中人为地引入了各种粗差,包括有:

大粗差($|\nabla_l| \geqslant 1$ 基线长)

中粗差($20\sigma \leqslant |\nabla_l| \leqslant 1$ 基线长)

小粗差($4\sigma \leqslant |\nabla_l| \leqslant 20\sigma$)

该次试验的结论总结为:

(1) 预先剔除大粗差的过程是必需的。此时可以使用联机的作业方法(见第五章)构成航带网或自动做一些条件的检查。在这个阶段应该把对摄影测量观测的检查和地面控制点检查分开做。

(2) 自动对观测的剔除可以显著地减少整体平差迭代的次数。把带有粗差观测的权逐步降低的办法似乎是适宜的,因为这样做可以使那些弃真的观测在平差过程中自动地重新收回。权的估计可以根据其残差值判定。

(3) 数据探测法中统计的检验一般可以导致最优的结果,对中等粗差可以局部化而对小的粗差可以发觉。

下面介绍联邦德国 Stuttgart 大学在自检校光束法区域网平差程序 PAT-B 应用数据探测法检验附加参数的过程,这是数据探测法在另一方面的应用。

顾及系统误差而使用附加参数的光束法平差一般公式为:

$$x + \Delta x = -f \frac{a_1(X-X_s) + b_1(Y-Y_s) + c_1(Z-Z_s)}{a_3(X-X_s) + b_3(Y-Y_s) + c_3(Z-Z_s)}$$

$$y + \Delta y = -f \frac{a_2(X-X_s) + b_2(Y-Y_s) + c_2(Z-Z_s)}{a_3(X-X_s) + b_3(Y-Y_s) + c_3(Z-Z_s)}$$

附加项 $\Delta x, \Delta y$ 系采用一般多项式:

$$\Delta x = a_{11} + a_{12}x + a_{21}y + a_{13}x^2 + a_{22}xy + a_{31}y^2$$

$$\Delta y = b_{11} + b_{12}x + b_{21}y + b_{13}x^2 + b_{22}xy + b_{31}y^2$$

加了附加参数的光束法平差的数学模型为:

$$v = B\hat{t} + C\hat{k} + D\hat{s} - l; \quad P_{ll} \qquad (a)$$

$$v^* = \hat{s} - s; \quad P_{ss} \qquad (b)$$

其中 $\hat{t},\hat{k},\hat{s}$ 分别代表外定向参数、地面点坐标和附加参数。

综合平差系统把 s 看做为观测值,其或是值接近于零。若不列(b)式,则可能得到"状态"很坏的法方程系数矩阵,不能确定出好的参数成果。但若假设的"权"太高(即 P_{ss} 过大),则可能把本来能确定较好的附加参数也拉向零值。适当的权选择应使参数的虚拟观测值的中误差接近于其参数本身的数值,而首先应保证的,却是要使其数值解算不致中断。

在程序 PAT-B 中采用了下列步骤:

(1) 首先给附加参数的虚拟观测值以很高的权(10^{10}),这相当于不用附加参数的平差。因为权很大,所以附加参数被拉向零值。这时法方程系数矩阵可具有较好的状态,从而保证初步的稳定的数值解算。

(2) 对由此得到的暂定参数组的初步解答作数据探测检验,用内可靠性检验确定参数可定性的下界,用外可靠性检验确定不可估或估计差的参数对平差坐标可控影响的上界。这种检验仅依赖于系统的几何性质。

(3) 根据检验去除其不可接受之参数,然后再给余下的参数以低权(10^{-10}),将其作为自由未知数进行最后平差。

据报道,这样处理之后能得到很好的效果。

上述这些检验属于对所求参数是否可估,解算是否稳定等方面的问题,并不牵涉附加参数估计值的大小。为此后者还要进行参数显著性的统计检验,已在第一章第三节内加以介绍。

Stuttgart 大学对其平高迭代分求的独立模型法区域网平差程序 PAT-M43 使用了按 Robust 原理设计的权函数,按选权迭代法进行自动粗差定位,并对大中等粗差的处理问题做了一些选权方面改进的措施。这些都是针对这课题所研究的对象设计的,不一定能在其他方面直接引用。

第九节　数据探测法理论的扩展

Baarda 数据探测法理论的扩展有两个方向。

第一个方向是把可靠性理论由一维扩展到多维。以上各节所介绍的数据探测理论都是由单个粗差（一维）的条件下推导的。在有多个粗差（多维）存在的情况下，观测值的误差方程式可以比照式(4-19)列出为：

$$v = A\hat{x} - l + H\nabla\hat{s} \tag{4-63}$$

式中矢量 ∇s 中的参数（设有 p 个）代表 p 个粗差，但也可用以代表其他种模型误差，例如某种系统误差。H 为已知的 $n \times p$ 系数矩阵，其秩 $rg(H) = p$，n 为误差方程式的数目。把矢量 ∇s 也作为待定参数按例常方法解算上式，可以得到 x 和 ∇s 矢量的估值和方差，以及列出相应的统计检验量。此时矢量 ∇s 可以分为表征方向的单位矢量部分和表征大小的标量部分，而其可靠性量度也与参数矢量的方向有关，从而得知在什么方向上多个粗差最难和最容易发现。

当把式(4-63)中的矢量 ∇s 代表多个粗差时，系数矩阵 H 的形式是很简单的。但从实际应用来看，利用式(4-63)的办法很难实现。因为在平差时，人们并不知道观测值中有几个粗差以及哪些观测值上可能有粗差。因此实际使用数据探测法检验多个粗差时仍以适当地用一维原理逐个剔除粗差的办法为宜，或者改用其他方法例如选权迭代法。

但是式中矢量 ∇s 还可用以表达其他种误差，这种一般性的统计量和可靠性理论对于分析和处理粗差、系统误差或某种变形还是具有重要的意义的。

数据探测法的第二个扩展方向是判断两个备选假设的区分能力。

由式(4-19)或式(4-63)出发的一维或多维可靠性理论总是由图 4-13 所示的概念，在所给的原始模型称之为零假设 H_0 和一个包含所猜测模型误差的扩展模型称之为备选假设 H_A 之间作出决策。在那里曾写成为：

零假设 $H_0: w_i \sim N(0,1)$

备选假设 $H_A:w_i \sim N(\delta_0,1)$

或者也可以等价地写成:(按式(4-63))

零假设 $H_0:E(l/H_0) = Ax$

备选假设 $H_A:E(l/H_A) = Ax + H\nabla s$ (4-64)

式(4-64)中 ∇s 代表一个参数矢量,是属于多维备选假设的情况。至于一维备选假设是其中的一个特例,其实 ∇s 代表一个标量。这些理论已经能够成功地供用于分析平差系统,发现粗差和测定系统误差。但它只能对这些不同的模型误差孤立地分开处理,而实际上各类不同模型误差经常同时存在,而且相互影响。为了能够判断一种模型误差是否能与另一种模型误差很好地相区分,遂导致当前由单个一维或多维备选假设下的可靠性理论扩展到在两个备选假设下的可靠性理论,亦即区分性的理论。德国 Förstner 和我国李德仁在这方面进行了卓有成效的研究。

可区分性理论的基础是分析由各备选假设所导出的统计检验量之间的相关性着手。此时备选假设将存在有两个不同的系数矩阵 $H_i(i=1,2)$ 如下:

零假设 $H_0:E(l/H_0) = Ax$

两个备选假设 $H_A:E(l/H_{A_i}) = Ax + H_i \nabla s_i$

$(i = 1,2)$ (4-65)

例如当上述备选假设矩阵具有下列形式时:

$$H_i = [e_{i_1}, e_{i_2}, \cdots, e_{i_p}]$$
$$e_i^T = [0,0,\cdots,0,1,0,\cdots,0]$$
(第 i 个) (4-66)

就可用以研究粗差定位的可能性;又如把 H_i 中的一个列如式(4-66),而把另一个按课题中所研究的系统误差规律设计时,则可用以研究粗差和系统误差的区分可能性。此外在变形分析中可用以研究形变与观测值粗差或系统误差的区分可能性以及研究不同变形的区分可能性等课题。

第五章 联机(在线)空中三角测量

第一节 概 述

  例常使用的解析空中三角测量方式是首先对全部像片资料进行观测记录,然后再输入电子计算机中进行运算。这种脱机方式的严重缺点是对于量测的质量缺乏及时的了解。人们在量测过程中特别是在处理大量数据中不可避免地会有粗差发生。这只有在其后成批观测数据运算的过程中才能发现,往往需要返工补测,这样做很不经济,而且在大的区域网中要找出发生粗差的地方并加以排除,相当困难。因为整体平差的过程会把粗差的影响分散在一个相当大的范围中,使其不容易被发觉。

  联机空中三角测量系统是利用一台解析测图仪或者是与一台电子计算机联用(机助)的立体坐标量测仪,一边进行观测一边进行运算。此时计算机有直接对所获取数据进行分析的功能,使系统的操作者可以经常地得到关于作业过程和质量的信息反馈。并且可以对量测过程作出必要的更改而与该系统作人机对话。

  联机空中三角测量有两种基本的方案。在第一种方案中联机的作用在于作数据获取时的质量控制,使其具有高度的可靠性,然后随之以脱机的整体平差。此时计算机控制所完成的计算是一种额外性质的比较价廉的预处理,并不需要使用所有的观测值和条件,不需要那样的严密。此时可以把计算分段进行。分段要尽可能小,使能根据操作者的判断,立即采取措施。这样数据的质量可以稳妥地加以控制而不需在量测的过程中引起显著的延搁。

  在第二种方案中则用联机的计算作为整体平差作业过程的一部

分，使能在量测完结以后，马上就可获得最后的成果。第一种方案实际上使用得较多。因为最后整体平差仍是以脱机的效果较高，特别是在大区域网时更是如此。第二种方案主要是在缺乏脱机平差的大中型计算机的情况之下或是在量测完结之后，马上就需要空中三角测量成果的条件之下才使用，往往限用于单条航线的加密。把这种方案使用在区域网加密时，也宜于用在航带法的区域网平差中。

第二节 联机空中三角测量的作业方案

本节所指的作业方案系首先利用联机作业作数据获取时的质量控制，然后随之以脱机的整体平差，亦即上述的第一种方案。

方案最简单的方式与在模拟式立体测图仪上进行空中三角的过程相仿。即首先通过相对定向过程，重建各个立体模型，其定向质量由剩余的 y 视差判断。此时一旦获得最少量观测值，就可以进行相应的计算。以后，每加入一个补充量测值就重复计算。且可用简单的随机分析，得出所得精度的估值。然后将各模型由共同的连接点连接。在包括有一定数量的控制点后立即进行绝对定向，使能由模型点绝对坐标的不符值中反映出相对定向和比例尺传递的综合影响。

效果更好一些的解法是把相对定向与比例尺传递的运算综合在一起，同时解求其新摄影站点处的六个定向元素。为此可在用共面条件求相对定向的同时，附加以共线条件，亦即被称为带有模型连接条件的相对定向。这样构成每个单条航带的空中三角测量。最后再把各条航带相互连成一个区域网。在每次定向运算后，可对模型中的每个点都计算其 y 视差和模型间连接点处的不符值，并加以显示。

第一个模型的相对定向是确定其五个参数，而对其后模型的带有模型连接条件的定向，则确定其六个。为了保持运算程序的统一性和足够的实时速度，对所有模型的定向都使用共面条件，而除第一模型外，再对所有其他模型中的连接点各增加一个共线条件，以强制其与前一个模型的连接。由于各同名射线的相交都已由共面条件加以保证，而这种保证在 YZ 平面内是很强的，所以对其连接点处的检查可以只规定在 XZ 平面内的一个共线条件就足够了。两种条件可写成如下方式：

$$\text{共面条件为：} F_1 = \begin{bmatrix} B_x & B_y & B_z \\ u & v & w \\ u' & v' & w' \end{bmatrix} = 0 \quad (5\text{-}1)$$

取自《摄影测量原理》式(3-9)。其中$[u \ v \ w]$与$[u'u'w']$为同名像点相对于其相应摄影站点的像点空间坐标，根据其相应摄影的方位元素φ,ω,κ或φ',ω',κ'算得。见《摄影测量原理》式(1-6)。以上各符号中有撇者代表右方摄影的相应值。

共线条件为： $F_2 = (X - X_{s'})w' - (Z - Z_{s'})u' = 0 \quad (5\text{-}2)$

可参考《摄影测量原理》式(1-8)的第一式。$(X - X_{s'})$,$(Z - Z_{s'})$指连接点相对于右摄影中心的模型坐标。

使用时，以上两式都需要进行线性化。在竖直摄影条件下式(5-1)线性化后，可取用《摄影测量原理》式(3-13),式(3-14),并化算到相应于像片比例尺中的相应数值为：

$$v_{y'} = \frac{\Delta B_y}{N} + \frac{y'}{f}\frac{\Delta B_z}{N} + \frac{x'y'}{f}\Delta\varphi' + \left(f + \frac{y'^2}{f}\right)\Delta\omega' + x'\Delta\kappa' - q$$

$$(5\text{-}3)$$

其中 $\quad q = v - \frac{N'}{N}v' - \frac{B_y}{N},$

$$N = \frac{B_x w' - B_z u'}{uw' - u'w}, \quad N' = \frac{B_x w - B_z u}{uw' - u'w}$$

式(5-2)的线性化可参考《摄影测量原理》式(4-8)与式(4-10),得为：

$$v_{x'} = \frac{\Delta B_x}{N} + \frac{x'}{f}\frac{\Delta B_z}{N} + \left(f + \frac{x'}{f}\right)\Delta\varphi' + \frac{x'y'}{f}\Delta\omega' - y'\Delta\kappa - p$$

$$(5\text{-}4)$$

其中 $\quad p = u - \frac{N'}{N}u' - \frac{B_x}{N},N$与$N'$同式(5-3)。

在一个航带空中三角测量中可以考虑使用三张像片为一组的分段单元。因为由三张像片获得三条射线的交会可以构成一个最小的小段，在其中所有内在的关系都顾及到了。在这么一个解算步骤中多于三张像片就没有什么好处了。因为在三张像片内立体模型之间的定向传递已可完全得到检查,并且联机中的量测值的改正是只能加在当前在使用中的像片对之内的。

构成航带外部关系的检查,可以利用所遇到的检查点以及其相邻航带的连接点。对这方面的检查比较困难。由于在航带内误差传播的关系,此时如果使用简单的线性变换就不够有效,而使用复杂的变换,将倾向于"在线"的平差。

在这种运算程序中还应引用粗差的理论(参考第四章)使观测中存在的粗差能够自动地被发觉,及时地加以排除。

第三节 使用解析测图仪的作业特点

进行联机空中三角测量,使用解析测图仪是一种主要的方式。此时航带内的连接点可以在作业过程中选取,而无需预先加以辨认标志和编号。连接点在其相邻模型中是用它在共同像片上的像点坐标加以辨认的。只要在连接点处能够精确地测量其视差,则这些点也无需是在平面上很明确的点子。

在充分利用立体观测优点的条件下,几乎任意的特征影像都可以作为连接点。由于区域网增强的需要,往往建议选用出现在多于两张像片上的连接点。过去为了满足这种需要或者使用野外标志的点子或者要在像片上的人工刺点。两者都有显著的缺点。前者保证了极高的精度但相当昂贵,且不一定都能做到。像片上刺点需要昂贵的设备和较高的作业费用。并且这样做会因减低其最后的精度而使底片遭到损伤。

事实上对区域网本身并不需要在野外做标志或像片刺点,这种需要是产生于模拟式立体测图仪器和立体坐标仪等量测设备的有限的能力。而用计算机控制的解析测图仪由于它可以使测标自动地驱动到其预先指定的影像位置,遂可使空中三角测量的像片量测过程有一个完全新的处理方式。此时对航带内的连接以及航带间的连接都可以不需要标志或刺点的连接点,使用计算机的反馈作用,就可以在量测过程中提供恢复那些已经在前一个立体模型内量过的任一个像点的办法进行连接辨认。对航带间旁向点的连接辨认,应将两张相应的像片基线各旋转 90°构成立体像对。此时可在数据文件中找出上一航带相应模型中的那个连接点,并按新量测的框标坐标,把从数据文件中取出的像点坐标转换成新量测的框标坐标系中的坐标。计算机就能自动驱动像片车架到那个旁向连接点点位之上,供作业员进行量测。

在使用解析测图仪的条件下,联机空中三角测量较之传统加密方法一个主要的变化是对定向点概念上的变化。在利用模拟式立体测图仪的条件下,定向点是用来作测图中立体模型的绝对定向。本来,通过空中三角测量,各摄影像片的定向参数都已求得,而在测图时立体模型的绝对定向完全可以通过像片定向参数的安置建立,无需再设定向点。可是实际上,由于立体测图仪仪器的机械精度有限,所以一般不宜直接在仪器上安置定向元素,立体模型的绝对定向仍需仰赖于定向点。但在使用解析测图仪的条件下,仪器的数字精度可以控制和保持在任意所需要的水平。此时像片的各定向参数是相对于一组框标点,其分辨能力比代表定向点的那些自然地物点或标志要好的多。因此在解析的系统中,由已知的定向参数,根据相对于框标的新的量测值,就可以在以后的任何时刻反复地重建起精确定向的立体模型。这样,对定向点固有的概念可以废除了。

由于取消了定向点的需要和在观测过程中选取连接点,可以减少空中三角测量中原有的许多准备工作,而在多张像片的重叠面中选取定向点是很麻烦而费时间的。与此同时,避免了与其相联系的转点、刺点以及编号等工作,大大减少了误差和粗差的来源,唯一需要预先辨认的是那些控制点和一些少量的检查点。

第四节 序贯最小二乘法运算

如果把整体平差计算作为联机作业("在线"作业)过程的一部分,而不是像在第二节中所述的把平差作为独立的脱机解算,这就是本章第一节中所指的第二方案。此时在完成一定最小数量的观测之后,在每观测一个数据的同时,就要进行相应的平差运算。其基本理论是序贯方式(动态方式)的算法理论。

在这种方式下的空中三角测量联机作业,运算系统的响应时间是一项重要的功效参数。因此对计算方法的选择就成为其中的一个主要问题。本节内叙述经典的序贯算法。当前可以提出的比较方案很多,例如有吉文斯(Givens)等属于最小二乘解法中正交变换的运用(见第七章第二节)等。

序贯算法的动态特征自然会影响到计算机控制中所用的数学结构,新的观测连续地增加并且在检测过程中有些观测要去掉。这就意味着在最小二乘平差中,法方程式矩阵和自由项矢量必须能连续地进行修正。在小的运算系统中,例如对于相对定向的运算,不致引起问题。这种计算虽然是反复的,但仍能在几分之一秒内完成。此时可以把法方程式的矩阵和矢量存储起来,而在检测过程中对其作加入和减除的修正。对这个系统的解算或它的矩阵求逆,则在以后重复。但当解算系统的大小增加到一定的限度时,这种措施不会令人满意,因为还是需要进行全部大法方程式系数矩阵的求逆的。

在这种情况下使用反复平差的动态方式,可以显著地节省计算的时间。此时每次法方程式的修正并无需修正其法方程式本身,而可直接修正其已知的逆阵和未知数的现有值。这样。一个大法方程式矩阵的求逆就可以严格地代以一系列简单的矩阵运算。在其中额外的求逆也只是限于由一些新观测值所组成的相当小的子矩阵。

现由下列误差方程式出发

$$v = B\hat{x} - l; \quad P \tag{5-5}$$

用最小二乘法解算时,可理解为上式与下两式(式(5-6))联立地解算三个待定矢量值 $v, \hat{x}$ 和拉格朗日乘子 k(参考《摄影测量原理》附录六之 III,此时 $A = E$):

$$v^T P - k^T = 0$$
$$k^T B = 0 \tag{5-6}$$

就写成矩阵形式为:

$$\begin{bmatrix} P & -E & 0 \\ -E & 0 & B \\ 0 & B^T & 0 \end{bmatrix} \begin{bmatrix} v \\ \hat{k} \\ x \end{bmatrix} - \begin{bmatrix} 0 \\ l \\ 0 \end{bmatrix} = 0 \tag{5-7}$$

解出上式得(并假设观测次数为 $0 \to (k-1)$):
$$\hat{x}_{k-1} = N_{k-1}^{-1} u_{k-1} \quad (5\text{-}8)$$
$$v_{k-1} = B_{k-1}\hat{x}_{k-1} - l_{k-1}$$
其中
$$N_{k-1}^{-1} = [B_{k-1}^T P_{k-1} B_{k-1}]^{-1}$$
$$u_{k-1} = B_{k-1}^T P_{k-1} l_{k-1}$$

现在拟再加入一组新的观测方程式为:
$$v_k = B_k \hat{x} - l_k ; \quad P_k$$

试求在式(5-8)解算成果的基础上,如何求得 $\hat{x}_k$。亦即把观测方程式分为两组,一组是原先的方程组(下标是 $k-1$ 的各量),一组是为了得出当前估计量所增加的方程组(下标是 k 的各量)。在矩阵式(5-7)的表达中 P,B,l,v 和 k 是要分块的,因为有了新的观测值,有了新方程。但 $\hat{x}$(此时应为 $\hat{x}_k$)则不应分块,因为我们假定新观测值与这同样的一些参数发生关系。式(5-7)分块的结果如下:

$$\begin{bmatrix} P_{k-1} & 0 & -E & 0 & 0 \\ 0 & P_{k-1} & 0 & -E & 0 \\ -E & 0 & 0 & 0 & B_{k-1} \\ 0 & -E & 0 & 0 & B_k \\ 0 & 0 & B_{k-1}^T & B_k^T & 0 \end{bmatrix} \begin{bmatrix} v_{k-1} \\ v_k \\ k_{k-1} \\ k_k \\ \hat{x}_k \end{bmatrix} - \begin{bmatrix} 0 \\ 0 \\ l_{k-1} \\ l_k \\ 0 \end{bmatrix} = 0 \quad (5\text{-}9)$$

消去 v_{k-1} 和 v_k 得:

$$\begin{bmatrix} -P_{k-1}^{-1} & 0 & B_{k-1} \\ 0 & -P_k^{-1} & B_k \\ B_{k-1}^T & B_k^T & 0 \end{bmatrix} \begin{bmatrix} k_{k-1} \\ k_k \\ \hat{x}_k \end{bmatrix} - \begin{bmatrix} l_{k-1} \\ l_k \\ 0 \end{bmatrix} = 0$$

从上式再消去 k_{k-1} 得:

$$\begin{bmatrix} -P_k^{-1} & B_k \\ B_k^T & N_{k-1} \end{bmatrix} \begin{bmatrix} k_k \\ \hat{x}_k \end{bmatrix} = \begin{bmatrix} l_k \\ u_{k-1} \end{bmatrix}$$

其中 N_{k-1} 与 u_{k-1} 见式(5-8)。

进一步解算上式得出:
$$k_k = [P_k^{-1} + B_k N_{k-1}^{-1} B_k^T]^{-1} [B_k \hat{x}_{k-1} - l_k] \quad (5\text{-}10)$$
$$\hat{x}_k = N_{k-1}^{-1} [u_{k-1} - B_k^T k_k] = \hat{x}_{k-1} - N_{k-1}^{-1} B_k^T k_k \quad (5\text{-}11)$$

为求出所估计的解矢量协方差矩阵的序贯表达式,可以从式(5-10)和式(5-11)得出:

$$\hat{x}_k = [C_1 \; C_2] \begin{bmatrix} \hat{x}_{k-1} \\ l_k \end{bmatrix}$$

其中

$$C_1 = E - N_{k-1}^{-1} B_k^T [P_k^{-1} + B_k N_{k-1}^{-1} B_k^T]^{-1} B_k$$
$$C_2 = N_{k-1}^{-1} B_k^T [P_k^{-1} + B_k N_{k-1}^{-1} B_k^T]^{-1}$$

由广义误差传播定律,用 Q 表示权倒数矩阵可知:

$$N_k^{-1} = Q_{\hat{x}_k} = [C_1 \; C_2] \begin{bmatrix} N_{k-1}^{-1} & 0 \\ 0 & P_k^{-1} \end{bmatrix} \begin{bmatrix} C_1^T \\ C_2^T \end{bmatrix} = C_1 N_{k-1}^{-1} C_1^T + C_2 P_k^{-1} C_2^T$$

并称

$$N_{k-1}^{-1} = Q_{\hat{x}_{k-1}}, \; P_k^{-1} = Q_{l_k}$$

把上列矩阵乘出后得:

$$N_k^{-1} = N_{k-1}^{-1} - N_{k-1}^{-1} B_k^T [P_k^{-1} + B_k N_{k-1}^{-1} B_k^T]^{-1} B_k N_{k-1}^{-1} \quad (5-12)$$

式(5-10),式(5-11)和式(5-12)就是在静态中的卡尔曼滤波方程。所谓静态是指未知数矢量 x 的实际值不随时间而变化。

这样根据式(5-11),式(5-12)作运算所需的计算量可以大大地减少。虽然有时会联系到较大量的未知数,但其解算可以在短的时间内得到。这些式子可用以处理新增加的观测方程,也同样可用于(改变正负符号)减去一些观测方程。

上列的推演也可以直接利用下列的已知关系式直接得到。(见《摄影测量原理》附录二)

设有矩阵 $\qquad X = Y \pm UZV \qquad (5-13)$

则 X 的逆阵为:

$$X^{-1} = Y^{-1} \mp Y^{-1} U (Z^{-1} \pm V Y^{-1} U)^{-1} V Y^{-1} \quad (5-14)$$

把式(5-13)和式(5-14)套用于误差方程式(5-5)的解算中,由下列相应的法方程式出发:

$$N\hat{x} = u \quad (5-15)$$

其中 $\qquad N = B^T P B, \; u = B^T P l$

为了区分已用的和新得的观测,使用水平分块为:

$$B = \begin{bmatrix} B_{k-1} \\ B_k \end{bmatrix}; \quad u = \begin{bmatrix} u_{k-1} \\ u_k \end{bmatrix}; \quad P = \begin{bmatrix} P_{k-1} & 0 \\ 0 & P_k \end{bmatrix}$$

$$N_k = \begin{bmatrix} B_{k-1}^T & B_k^T \end{bmatrix} \begin{bmatrix} P_{k-1} & 0 \\ 0 & P_k \end{bmatrix} \begin{bmatrix} B_{k-1} \\ B_k \end{bmatrix} = B_{k-1}^T P_{k-1} B_{k-1} + B_k^T P_k B_k$$

$$= N_{k-1} + B_k^T P_k B_k$$

按式(5-14)的规律则可直接写出式(5-12)。

第五节 带有新增参数的序贯算法

在序贯解算过程中,当新增的观测方程中除待定参数 x 外还有新增的参数 y,则其新增的误差方程式为:

$$v_k = B_k \hat{x}_k + b_k \hat{y}_k - l_k; \quad P_k \tag{5-16}$$

其中 b_k 为待定参数 y_k 的系数矩阵。在这种情况下,对已有的运算过的观测用 $k-1$ 脚注表示,可令其相应的

$$b_{k-1} = 0$$

由于此时需要待解的联立方程中,除式(5-6)外,还应加入

$$k^T b = 0$$

所以与式(5-7)相应的式子可写成:

$$\begin{pmatrix} P & -E & 0 & 0 \\ E & 0 & B & b \\ 0 & B^T & 0 & 0 \\ 0 & b^T & 0 & 0 \end{pmatrix} \begin{pmatrix} v \\ k \\ \hat{x} \\ \hat{y} \end{pmatrix} = \begin{pmatrix} 0 \\ l \\ 0 \\ 0 \end{pmatrix} \tag{5-17}$$

把 v, k, l 相应地分解为 $v_{k-1}, v_k, k_k, k_{k-1}$ 和 l_{k-1}, l_k 以后,相应于式(5-9)的式子为:(其中 $b_{k-1} = 0$)

$$\begin{pmatrix} P_{k-1} & 0 & -E & 0 & 0 & 0 \\ 0 & P_k & 0 & -E & 0 & 0 \\ -E & 0 & 0 & 0 & B_{k-1} & 0 \\ 0 & -E & 0 & 0 & B_k & b_k \\ 0 & 0 & B_{k-1}^T & B_k^T & 0 & 0 \\ 0 & 0 & 0 & b_k^T & 0 & 0 \end{pmatrix} \begin{pmatrix} v_{k-1} \\ v_k \\ k_{k-1} \\ k_k \\ \hat{x} \\ \hat{y} \end{pmatrix} - \begin{pmatrix} 0 \\ 0 \\ l_{k-1} \\ l_k \\ 0 \\ 0 \end{pmatrix} = 0 \tag{5-18}$$

依次消除其 $v_{k-1}, v_k, k_{k-1}, k_k$，最后得出

$$\begin{bmatrix} N_{k-1}+B_k^T P_k B_k & B_k^T P_k b_k \\ b_k^T P_k B_k & b_k^T P_k b_k \end{bmatrix}\begin{bmatrix} \hat{x} \\ \hat{y} \end{bmatrix}\begin{bmatrix} u_{k-1}+B_k^T P_k l_k \\ b_k^T P_k l_k \end{bmatrix} \quad (5\text{-}19)$$

其中
$$N_{k-1} = B_{k-1}^T P_{k-1} B_{k-1},$$
$$u_{k-1} = B_{k-1}^T P_{k-1} l_{k-1}$$

把式(5-19)用简单符号表示为：

$$\begin{bmatrix} \dot{N} & n_k \\ n_k^T & \dot{n}_k \end{bmatrix}\begin{bmatrix} \hat{x} \\ \hat{y} \end{bmatrix} = \begin{bmatrix} L_1 \\ L_2 \end{bmatrix}$$

或写成

$$\begin{bmatrix} \hat{x} \\ \hat{y} \end{bmatrix} = \begin{bmatrix} \dot{N} & n_k \\ n_k^T & \dot{n}_k \end{bmatrix}^{-1}\begin{bmatrix} L_1 \\ L_2 \end{bmatrix} \quad (5\text{-}20)$$

其中
$$L_1 = u_{k-1} + B_k^T P_k l_k$$
$$L_2 = b_k^T P_k l_k$$
$$\dot{N} = [N_{k-1} + B_k^T P_k B_k]$$
$$n_k = \begin{bmatrix} B_k^T & P_k & b_k \end{bmatrix}$$
$$\dot{n}_k = \begin{bmatrix} b_k^T & P_k & b_k \end{bmatrix}$$

现在欲求的是等号右边的内容

$$\begin{bmatrix} \dot{N} & n_k \\ n_k^T & \dot{n}_k \end{bmatrix}^{-1} = \begin{bmatrix} R & G \\ G^T & H \end{bmatrix} \quad (5\text{-}21)$$

此时可引用分块矩阵求逆和下列两种规律(《摄影测量原理》第 360 页及第 356 页)：

(1) 设

$$A = \begin{bmatrix} A_{11} & A_{12} \\ A_{21} & A_{22} \end{bmatrix}, \quad A^{-1} = \begin{bmatrix} B_{11} & B_{12} \\ B_{21} & B_{22} \end{bmatrix}$$

则有下列关系式：

$$B_{11} = [A_{11} - A_{12} A_{22}^{-1} A_{21}]^{-1}$$
$$B_{22} = [A_{22} - A_{21} A_{11}^{-1} A_{12}]^{-1}$$
$$B_{12} = -A_{11}^{-1} A_{12} B_{22}$$

$$B_{21} = -A_{22}^{-1}A_{21}B_{11}$$

（2）设
$$X = Y \pm UZV$$

则有下列关系式：
$$X^{-1} = Y^{-1} \mp Y^{-1}U(Z^{-1} \pm VY^{-1}U)^{-1}VY^{-1}$$

引用上列规律得出：
$$R = [\dot{N}^{-1} - n_k \dot{n}_k^{-1} n_k^T]^{-1} = \dot{N}^{-1} + \dot{N}^{-1} n_k [\dot{n}_k - n_k^T \dot{N}^{-1} n_k]^{-1} n_k^T \dot{N}^{-1}$$

$$G = -Rn_k \dot{n}_k^{-1}$$

$$H = [\dot{n}_k - n_k^T \dot{N}^{-1} n_k]^{-1} = \dot{n}_k^{-1} + \dot{n}_k^{-1} n_k^T [\dot{N} - n_k \dot{n}_k^{-1} n_k^T]^{-1} n_k \dot{n}_k^{-1}$$

$$= \dot{n}_k^{-1} - \dot{n}_k^{-1} n_k^T G \tag{5-22}$$

第六章　有限元法及样条函数用于摄影测量内插

第一节　有限元法及样条函数概述

为了解算一个函数,有时需把它分成为许多适当大小的"单元",把每个单元用一个简单的函数,例如使用一种多项式表示。对于面的函数而言,也可以把它用大量的有限面积单元来趋近,示如图 6-1。这就形成了有限元法。该方法发展的初期主要用于弹性力学及结构力学方面,现在广用于各种领域,也用于摄影测量内插。

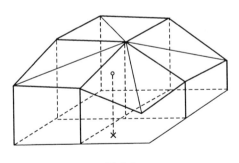

图 6-1

为了保证各单元函数(即内插函数)间不仅是连续,而且沿着邻边有连续(可能时具光滑)的过渡,有限元法经常采用样条函数作为单元的内插函数。此时其分块的内插函数不仅是连续的,而且有连续的导数。它将是某一 m 次的分块多项式,圆滑地相互连接,并具有 $m-1$ 次连续导数。

作为内插函数的样条函数以三次样条函数最为重要。其函数本身以及其一次、二次导数都是连续的,具有表达圆滑和稳定的特点。图 6-2 表示通过九个数据点所构成的三次样条函数。这九个数据点除去中间的一个外,都位在一条直线之上。在这种情况下如若使用一般的多项式内插,将会得出摆动很大的内插曲线,如图 6-3 所示。

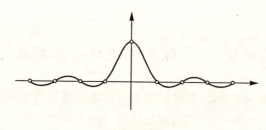

图 6-2

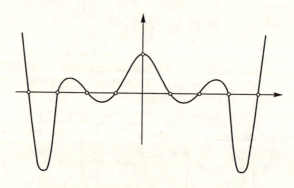

图 6-3

二次样条函数的一次导数是连续的,但很少有实际的应用。这是因为它的数学的特点远逊于三次样条函数:它只能用于数据点数为奇数时,相对于端点 x_0 和 x_n 处是不对称的,等等。至于多于三次的样条函数一般也是较为不太圆滑的。

第二节 一次样条函数

一、一维函数

为了用分解为单元的办法表达一个一维函数,最基本的办法乃是使用一个阶梯式函数,示如图 6-4。此时,这种近似表达的方式是不连续的。一个连续的近似方式是在每个单元中使用一个线性函数,即成为一个多边形示如图 6-5。显然,这个用以趋近的函数 $\phi(x)$ 乃是一些"屋顶函数",$\Omega_i(x)$,$\Omega_{i+1}(x)$ 等的线性组合(见图 6-5 中的虚线)。每一个屋顶函数(亦称为一次 B 样条函数)示如图 6-6。但此时各有限元节点的距离是规格化了的单位长,其原点处的纵坐标也用单位长 1 表示。基函数的典型特征是它在某有限区内 $[x_{i-1} x_{i+1}]$ 有非零值,而在其外则恒为零。设在基函数中(图 6-6)有某点 A,其横坐标值为 x,其函数值 $\Omega(x)$ 应为:

$$\Omega(x) = \begin{cases} 0, & \text{当 } x \leqslant -1 \\ x+1, & -1 \leqslant x \leqslant 0 \\ -x+1, & 0 \leqslant x \leqslant 1 \\ 0, & 1 \leqslant x \end{cases} \tag{6-1}$$

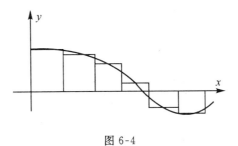

图 6-4

在具体应用时,A 点所在的位置必定同时受 $x=0$ 处基函数(其原点处的纵坐标为某值 c_0)和 $x=+1$ 处基函数(其原点处的纵坐标为某

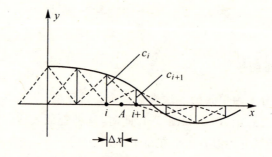

图 6-5

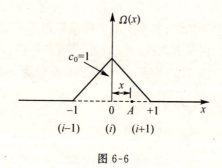

图 6-6

值 c_1）的影响，因此 A 点处的内插值应为：

$$\phi(x) = c_0\Omega_0(x) + c_1\Omega_1(x) = [\Omega_0(x) \quad \Omega_1(x)]\begin{bmatrix}c_0\\c_1\end{bmatrix} = \sum_{m=0}^{1} c_m\Omega_m(x)$$

(6-2)

此时对 $\Omega_0(x)$ 而言，因为 $0 \leqslant x \leqslant 1$，其值按式(6-1)的第三行为 $1-x$，对 $\Omega_1(x)$ 而言，因为 A 的横坐标此时为 $-(1-x)$，位于 -1 与 0 之间，故其值按式(6-1)的第二行为 $-(1-x)+1 = x$。代入式(6-2)，得出：

$$\phi(x) = c_0(1-x) + c_1 x \qquad (6-3)$$

同理对图 6-5 的 A 点，其内插值比照式(6-2)，式(6-3)为：

$$\phi(i+\Delta x) = c_i\Omega_0(\Delta x) + c_{i+1}\Omega_1(\Delta x) = c_i(1-\Delta x) + c_{i+1}(\Delta x)$$

(6-4)

二、二维情况

在二维情况下,设欲对图 6-7 中的点 $A(\Delta x, \Delta y)$ 根据其周围的各节点数据值 $c_{i+m,j+n}$ 内插点 A 的数据,可按下述思路进行。图中方格网中的距离都假设是规格化了的。先固定 Δy 值而将函数 ϕ 看成是 x 的函数:

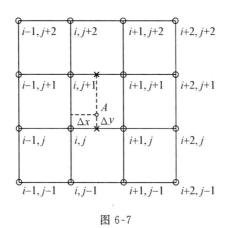

图 6-7

当 $\Delta y = 0$ 时,比照式(6-4)为:
$$\phi(i+\Delta x)_0 = c_{ij}\Omega_0(\Delta x) + c_{i+1,j}\Omega_1(\Delta x)$$
当 $\Delta y = 1$ 时,
$$\phi(i+\Delta x)_1 = c_{i,j+1}\Omega_0(\Delta x) + c_{i+1,j+1}\Omega_1(\Delta x)$$
然后再对此新函数对 Δy 进行内插,得:

$$\begin{aligned}\phi(i+\Delta x, j+\Delta y) &= \phi(i+\Delta x)_0 \Omega_0(\Delta y) + \phi(i+\Delta x)_1 \Omega_1(\Delta y)\\ &= (c_{ij}\Omega_0(\Delta x) + c_{i+1,j}\Omega_1(\Delta x))\Omega_0(\Delta y)\\ &\quad + (c_{i,j+1}\Omega_0(\Delta x) + \Omega c_{i+1,j+1}\Omega_1(\Delta x))\Omega_1(\Delta y)\\ &= [\Omega_0(\Delta x), \Omega_1(\Delta x)]\begin{bmatrix}c_{i,j} & c_{i,j+1}\\ c_{i+1,j} & c_{i+1,j+1}\end{bmatrix}\begin{bmatrix}\Omega_0(\Delta y)\\ \Omega_1(\Delta y)\end{bmatrix}\\ &= \sum_{m=0}^{1}\sum_{n=0}^{1} c_{i+m,j+n}\Omega_m(\Delta x)\Omega_n(\Delta y) \quad (6\text{-}5)\end{aligned}$$

将 Ω_0 及 Ω_1 的数值(参考式(6-4))代入,得出:

$$\phi(i+\Delta x, j+\Delta y) = (1-\Delta x)(1-\Delta y)c_{ij} + \Delta x(1-\Delta y)c_{i+1,j}$$
$$+ (1-\Delta x)\Delta y c_{i,j+1} + \Delta x, \Delta y c_{i+1,j+1} \quad (6-6)$$

这就是一般常用的双线性内插公式。显然这个函数在方格网的四边上的内插是线性的,并且可知由一个方格至另一个相邻方格的过渡是连续的。

三、Ebner 有限元内插公式

使用这个公式(6-6)可以根据一些已知高程的数据点建立地面数字模型。在图 6-7 中设点 A 代表数据点,其高程已知值(观测值)为 h_A,而用 $h_{i,j}\cdots\cdots$ 代表数字地面模型各节点待定的高程,则可列出误差方程式为:

$$v_A = (1-\Delta x_A)(1-\Delta y_A)h_{ij} + \Delta x_A(1-\Delta y_A)h_{i+1,j}$$
$$+ (1-\Delta x_A)\Delta y_A h_{i,j+1} + \Delta x_A \Delta y_A h_{i+1,j+1} - h_A \quad (6-7)$$

其中
$$\Delta x_A = (x_A - x_i)/d, \quad 0 \leqslant \Delta x_A < 1$$
$$\Delta y_A = (y_A - y_j)/d, \quad 0 \leqslant \Delta y_A < 1$$
$$d = x_{i+1} - x_i = y_{j+1} - y_j$$

当在算求数字地面模型节点高程时,还要求各单元间的连接有圆滑的条件。此时由于上式(6-7)的二次导数为零值,可以利用在 x 和 y 方向上的二次差分条件,构成误差方程式,以保证圆滑的条件。例如对节点 (i,j) 为:(设加密的格网点数包括 $m \cdot n$ 个)

$$\left.\begin{aligned} v_x \atop {(i,j)} &= h_{i-1,j} - 2h_{ij} + h_{i+1,j} - 0, i = 2,\cdots,m-1, j = 1,\cdots,n \\ v_y \atop {(i,j)} &= h_{i,j-1} - 2h_{ij} + h_{i,j+1} - 0, i = 1,\cdots,m, \quad i = 2,\cdots,n-1 \end{aligned}\right\}$$

$$(6-8)$$

式中包含有两个相邻坡度的差值,可视为在节点 i 处曲率数值的趋近。其曲率的观测值为零可看作是一种虚拟观测值,也可给予适当的权。最简单的办法是认为所有虚拟观测值是不相关的而且权是相等的,都等于1。对式(6-7)数据点高程 h_A 则可另给单独的权 p_A。

平差的原则是:

$$\sum_{k=1}^{s} v_k^2 p_k + \sum_{i=2}^{m-1}\sum_{j=1}^{n} v_x^2 \atop {(ij)} + \sum_{i=1}^{m}\sum_{j=2}^{m-1} v_y^2 \atop {(ij)} = 最小 \quad (6-9)$$

以上就是联邦德国 Ebner 为解析测图仪所设计的被称为有限元法高程内插(HIFI-PC)程序中所用的基本公式。

利用双线性有限单元的内插方法,可以适当利用权的关系,使内插表面的形状局部化,以考虑到地形的不均匀性和各向不同性。Ebner 曾试验对加密网点(ij)处所列式(6-8)分别给予权值 $p_{xx,ij}$ 和 $p_{yy,ij}$。这些数值的估值可得自数据点处的已知高程。设图(6-8)P_{14},P_{15},…表示有规则排列的数据点,据以加密其中的用符号×表示的方格网节点(数据点在 x 和 y 方向的间距在此例中系三倍于格网节点的间距)。则在某数据点例如 P_{25} 处二次差分误差方程式的权可按下式估计:

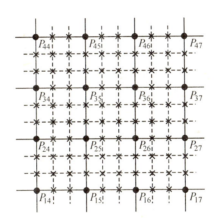

图 6-8

$$p_{xx,25} = \frac{1}{(h_{24} - 2h_{25} + h_{26})^2}$$

$$p_{yy,25} = \frac{1}{(h_{15} - 2h_{25} + h_{35})^2} \quad (6\text{-}10)$$

当数据点为任意分布的情况下,可以由数据点 P_k 的权 p_{xxk} 和 p_{yyk},通过双线性内插求得各格网节点 P_{ij} 的权 $p_{xx,ij}$ 和 $p_{yy,ij}$。由于权在统计学中是连续的,这种双线性的权内插就相应于在各数据点间内插表面连续性的双线性改变。根据初步的试验,认为这种办法基本上可以解决地形不均匀性和各向不同性的问题。

第三节 三次样条函数

使用三次样条函数趋近某原函数,不仅可以在各节点处获得函数本身的连续,而且可以得到连续的一次导数及二次导数。

一、一维函数

在一维情况下,此时基函数为一个三次多项式曲线,示如图6-9①及式(6-11)如下:

$$\Omega(X) = \begin{cases} 0, & x \leqslant -2 \\ \frac{1}{6}(x+2)^3, & -2 \leqslant x \leqslant -1 \\ \frac{1}{6}(x+2)^3 - \frac{4}{6}(x+1)^3, & 1 \leqslant x \leqslant 0 \\ \frac{1}{6}(-x+2)^3 - \frac{4}{6}(-x+1)^3, & 0 \leqslant x \leqslant 1 \\ \frac{1}{6}(-x+2)^3, & 1 \leqslant x \leqslant 2 \\ 0, & 2 \leqslant x \end{cases}$$

(6-11)

在具体应用时,A点所在的位置必定会同时受$x=0$处,$x=1$处,$x=2$处和$x=-1$处基函数的影响,其x的位置分别属于式(6-11)中的第4行、第3行、第2行和第5行。因此点A处的函数值按式(6-11)为:

$$\begin{aligned}\phi(x) &= C_{-1}\Omega_{-1}(x) + C_0\Omega_0(x) + C_1\Omega_1(x) + C_2\Omega_2(x) \\ &= C_{-1}\frac{1}{6}(-(x+1)+2)^3 + C_0\left(\frac{1}{6}(-x+2)^3 - \frac{4}{6}(-x+1)^3\right) \\ &\quad + C_1\left(\frac{1}{6}(x-1)+2\right)^3 - \frac{4}{6}((x-1)+1)^3\end{aligned}$$

---

① 理论参考本章第四节。

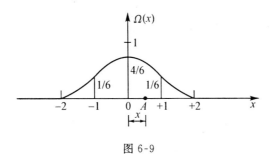

图 6-9

$$+ C_2 \frac{1}{6}((x-2)+2)^3$$
$$= C_{-1}\frac{1}{6}(1-x)^3 + C_0\left(\frac{1}{6}(2-x)^3 - \frac{4}{6}(1-x)^3\right)$$
$$+ C_1\left(\frac{1}{6}(1+x)^3 - \frac{4}{6}x^3\right) + C_2\left(\frac{x^3}{6}\right) \quad (6\text{-}12)$$

当 $x = 0$ 及 $x = 1$ 时

$$\left.\begin{aligned}\phi(x=0) &= C_{-1}\left(\frac{1}{6}\right) + C_0\left(\frac{4}{6}\right) + C_1\left(\frac{1}{6}\right) \\ \phi(x=1) &= C_0\left(\frac{1}{6}\right) + C_1\left(\frac{4}{6}\right) + C_2\left(\frac{1}{6}\right)\end{aligned}\right\} \quad (6\text{-}13)$$

函数的一次导数为：

$$\phi'(x) = C_{-1}\Omega'_{-1}(x) + C_0\Omega'_0(x) + C_1\Omega'_1(x) + C_2\Omega'_2(x)$$
$$= C_{-1}\left(-\frac{1}{2}(1-x)^2\right) + C_0\left(-\frac{1}{2}(2-x)^2 + 2(1-x)^2\right)$$
$$+ C_1\left(\frac{1}{2}(1+x)^2 - 2x^2\right) + C_2\left(\frac{1}{2}x^2\right)$$

$$\left.\begin{aligned}\phi'(x=0) &= C_{-1}\left(-\frac{1}{2}\right) + C_1\left(\frac{1}{2}\right) \\ \phi'(x=1) &= C_0\left(-\frac{1}{2}\right) + C_2\left(\frac{1}{2}\right)\end{aligned}\right\} \quad (6\text{-}14)$$

函数的二次导数为：

$$\phi''(x) = C_{-1}(1-x) + C_0(-2+3x) + C_1(1-3x) + C_2(x)$$
$$(6\text{-}15)$$

$$\left.\begin{array}{l}\phi''(x=0) = C_{-1} - 2C_0 + C_1 \\ \phi''(x=1) = C_0 - 2C_1 + C_2\end{array}\right\} \quad (6\text{-}16)$$

对某点距其左方节点 i 的距离为 Δx 时与式(6-12)的相应公式为：

$$\phi(i+\Delta x) = [\Omega_{-1}(\Delta x), \Omega_0(\Delta x), \Omega_1(\Delta x), \Omega_2(\Delta x)] \begin{bmatrix} C_{i-1} \\ C_i \\ C_{i+1} \\ C_{i+2} \end{bmatrix}$$

$$= \sum_{m=-1}^{2} C_{i+m} \Omega_m(\Delta x) \quad (6\text{-}17)$$

二、二维函数

在二维的情况下，对图 6-7 的 A 点，其函数值应为（参考式(6-5)）：

$$\phi(i+\Delta x, j+\Delta y) = \sum_{m=-1}^{2} \sum_{n=-1}^{2} C_{i+m, j+n} \Omega_m(\Delta x) \Omega_n(\Delta y)$$

$$= [\Omega_{-1}(\Delta x), \Omega_0(\Delta x), \Omega_1(\Delta x), \Omega_2(\Delta x)] \begin{bmatrix} C_{i-1,j-1} & C_{i-1,j} & C_{i-1,j+1} & C_{i-1,j+2} \\ C_{i,j-1} & C_{i,j} & C_{i,j+1} & C_{i,j+2} \\ C_{i+1,j-1} & C_{i+1,j} & C_{i+1,j+1} & C_{i+1,j+2} \\ C_{i+2,j-1} & C_{i+2,j} & C_{i+2,j+1} & C_{i+2,j+2} \end{bmatrix}$$

$$\cdot \begin{bmatrix} \Omega_{-1}(\Delta y) \\ \Omega_0(\Delta y) \\ \Omega_1(\Delta y) \\ \Omega_2(\Delta y) \end{bmatrix} \quad (6\text{-}18)$$

若据以列误差方程式时（参考式(6-7)）为：

$$v_A = \phi(i+\Delta x, j+\Delta y) - h_A \quad (6\text{-}19)$$

当 $\Delta x, \Delta y$ 为零时，式(6-18)为：

$$\phi(i,j) = \begin{bmatrix} \frac{1}{6} & \frac{4}{6} & \frac{1}{6} \end{bmatrix} \begin{bmatrix} C_{i-1,j-1} & C_{i-1,j} & C_{i-1,j+1} \\ C_{i,j-1} & C_{i,j} & C_{i,j+1} \\ C_{i+1,j-1} & C_{i+1,j} & C_{i+1,j+1} \end{bmatrix} \begin{bmatrix} \frac{1}{6} \\ \frac{4}{6} \\ \frac{1}{6} \end{bmatrix} \quad (6\text{-}20)$$

在节点(i,j)处沿x及y方向的一次导数分别为：

$$\phi'_x(i,j) = \begin{bmatrix} -\dfrac{1}{2} & \dfrac{1}{2} \end{bmatrix} \begin{pmatrix} C_{i-1,j-1} & C_{i-1,j} & C_{i-1,j+1} \\ C_{i+1,j-1} & C_{i+1,j} & C_{i-1,j+1} \end{pmatrix} \begin{pmatrix} \dfrac{1}{6} \\ \dfrac{4}{6} \\ \dfrac{1}{6} \end{pmatrix} \quad (6\text{-}21)$$

$$\phi'_y(i,j) = \begin{bmatrix} \dfrac{1}{6} & \dfrac{4}{6} & \dfrac{1}{6} \end{bmatrix} \begin{pmatrix} C_{i-1,j-1} & C_{i-1,j+1} \\ C_{i,j-1} & C_{i,j+1} \\ C_{i+1,j-1} & C_{i+1,j+1} \end{pmatrix} \begin{pmatrix} -\dfrac{1}{2} \\ \dfrac{1}{2} \end{pmatrix} \quad (6\text{-}22)$$

在节点(i,j)处沿x及y方向及斜方向的二次导数分别为：

$$\phi''_{xx}(i,j) = \begin{bmatrix} 1 & -2 & 1 \end{bmatrix} \begin{pmatrix} C_{i-1,j-1} & C_{i-1,j} & C_{i-1,j+1} \\ C_{i,j-1} & C_{i,j} & C_{i,j+1} \\ C_{i+1,j-1} & C_{i+1,j} & C_{i+1,j+1} \end{pmatrix} \begin{pmatrix} \dfrac{1}{6} \\ \dfrac{4}{6} \\ \dfrac{1}{6} \end{pmatrix}$$

$$(6\text{-}23)$$

$$\varphi''_{yy}(i,j) = \begin{bmatrix} \dfrac{1}{6} & \dfrac{4}{6} & \dfrac{1}{6} \end{bmatrix} \begin{pmatrix} C_{i-1,j-1} & C_{i-1,j} & C_{i-1,j+1} \\ C_{i,j-1} & C_{i,j} & C_{i,j+1} \\ C_{i+1,j-1} & C_{i+1,j} & C_{i+1,j+1} \end{pmatrix} \begin{bmatrix} 1 \\ -2 \\ 1 \end{bmatrix}$$

$$(6\text{-}24)$$

$$\phi''_{xy}(ij) = \begin{bmatrix} -\dfrac{1}{2} & \dfrac{1}{2} \end{bmatrix} \begin{pmatrix} C_{i-1,j-1} & C_{i-1,j+1} \\ C_{i+1,j-1} & C_{i+1,j+1} \end{pmatrix} \begin{pmatrix} -\dfrac{1}{2} \\ \dfrac{1}{2} \end{pmatrix} \quad (6\text{-}25)$$

根据上列三式列出与在一次样条中式(6-8)性质的误差方程式，则可在给予适当权后，与式(6-19)作联合平差运算，以求得各参数值C。

三、边界条件

当在区域的边界附近时，对左边界，则$x = 0$时，

$$\phi''(x) = 0$$

对一维三次样条函数而言,按式(6-16)为:
$$C_{-1} - 2C_0 + C_1 = 0$$

即
$$C_{-1} = 2C_0 - C_1 \quad (6\text{-}26)$$

代入式(6-12)则得:

$$\phi(x)_{0-1} = (2C_0 - C_1)\Omega_{-1}(x) + C_0\Omega_0(x) + C_1\Omega_1(x) + C_2\Omega_2(x)$$
$$= (2\Omega_{-1}(x) + \Omega_0(x))C_0 + (\Omega_1(x) - \Omega_{-1}(x))C_1 + \Omega_2(x)C_2$$
$$= \left(\frac{2}{6}(-x+1)^3 + \frac{1}{6}(2-x)^3 - \frac{4}{6}(1-x)^3\right)C_0$$
$$+ \left\{\frac{1}{6}((x-1)+2)^3 - \frac{4}{6}(x)^3 - \frac{1}{6}(-(x+1)+2)^3\right\}C_1$$
$$+ \frac{1}{6}(x)^3 C_2$$
$$= \left(1 - x + \frac{x^3}{6}\right)C_0 + \left(-\frac{1}{3}x^3 + x\right)C_1 + \frac{1}{6}x^3 C_2 \quad (6\text{-}27)$$

$$\phi'(x)_{0-1} = \left(-1 + \frac{x^2}{2}\right)C_0 + (-x^2 + 1)C_1 + \frac{1}{2}x^2 C_2 \quad (6\text{-}28)$$

$$\phi''(x)_{0-1} = xC_0 - 2xC_1 + xC_2 \quad (6\text{-}29)$$

在二维情况下(图6-10):沿左边 $x=0$,则 $\phi''_{xx}(x=0, j+\Delta y)$ 应使等于零,而沿下边 $y=0$,应使 $\phi''_{yy}(i+\Delta x, y=0)$ 等于零。(参考式(6-23)及式(6-18))现取 ϕ''_{xx} 为例:

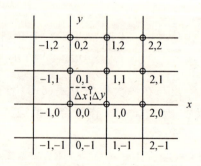

图 6-10

$$\phi''_{xx}(0, j+\Delta y) = \begin{bmatrix} 1 & -2 & 1 \end{bmatrix} \begin{bmatrix} C_{-1,j-1} & C_{-1,j} & C_{-1,j+1} & C_{-1,j+2} \\ C_{0,j-1} & C_{0,j} & C_{0,j+1} & C_{0,j+2} \\ C_{1,j-1} & C_{1,j} & C_{1,j+1} & C_{1,j+2} \end{bmatrix}$$

$$\cdot \begin{pmatrix} \Omega_{-1}(\Delta y) \\ \Omega_0(\Delta y) \\ \Omega_1(\Delta y) \\ \Omega_2(\Delta y) \end{pmatrix} = 0 \tag{6-30}$$

其中 $j = 0, 1, \cdots, 0 \leqslant \Delta y \leqslant 1$；而展开后必有（参考式(6-29)）

$$\begin{aligned} C_{-1,j-1} &= 2C_{0,j-1} - C_{1,j-1} \\ C_{-1,j} &= 2C_{0,j} - C_{1,j} \\ C_{-1,j+1} &= 2C_{0,j+1} - C_{1,j+1} \\ C_{-1,j+2} &= 2C_{0,j+2} - C_{1,j+2} \end{aligned} \tag{6-31}$$

代入式(6-18)得到 $x = 0 + \Delta x$ 点（左边界内一个格网上的点）上的内插值为：

$$\begin{aligned}
\phi(\Delta x, j+\Delta y) &= [\Omega_{-1}(\Delta x)(2C_{0,j-1} - C_{1,j-1}) + \Omega_0(\Delta x)C_{0,j-1} \\
&\quad + \Omega_1(\Delta x)C_{1,j-1} + \Omega_2(\Delta x)C_{2,j-1}]\Omega_{-1}(\Delta y) + [\Omega_{-1}(\Delta x)(2C_{0,j} - C_{1,j}) \\
&\quad + \Omega_0(\Delta x)C_{0,j} + \Omega_1(\Delta x)C_{1,j} + \Omega_2(\Delta x)C_{2,j}]\Omega_0(\Delta y) + [\Omega_{-1}(\Delta x)(2C_{0,j+1} \\
&\quad - C_{1,j+1}) + \Omega_0(\Delta x)C_{0,j+1} + \Omega_1(\Delta x)C_{1,j+1} + \Omega_2(\Delta x)C_{2,j+1}]\Omega_1(\Delta y) \\
&\quad + [\Omega_{-1}(\Delta y)(2C_{0,j+2} - C_{1,j+2}) + \Omega_0(\Delta x)C_{0,j+2} + \Omega_1(\Delta x)C_{1,j+2} \\
&\quad + \Omega_2(\Delta x)C_{2,j+2}]\Omega_2(\Delta y) \\
&= [(2\Omega_{-1}(\Delta x) + \Omega_0(\Delta x))C_{0,j-1} + (-\Omega_{-1}(\Delta x) \\
&\quad + \Omega_1(\Delta x))C_{1,j-1} + \Omega_2(\Delta x)C_{2,j-1}]\Omega_{-1}(\Delta y) + [(2\Omega_{-1}(\Delta x) + \Omega_0(\Delta x))C_{0,j} \\
&\quad + (-\Omega_{-1}(\Delta x) + \Omega_1(\Delta x))C_{1,j} + \Omega_2(\Delta x)C_{2,j}]\Omega_0(\Delta y) + [(2\Omega_{-1}(\Delta x) \\
&\quad + \Omega_0(\Delta x))C_{0,j+1} + (-\Omega_{-1}(\Delta x) + \Omega_1(\Delta x))C_{1,j+1} + \Omega_2(\Delta x)C_{2,j+1}]\Omega_1(\Delta y) \\
&\quad + [(2\Omega_{-1}(\Delta x) + \Omega_0(\Delta x))C_{0,j+2} + (-\Omega_{-1}(\Delta x) + \Omega_1(\Delta x))C_{1,j+2} \\
&\quad + \Omega_2(\Delta x)C_{2,j+2}]\Omega_2(\Delta y) = [2\Omega_{-1}(\Delta x) + \Omega_0(\Delta x) - \Omega_{-1}(\Delta x) \\
&\quad + \Omega_1(\Delta x) \quad \Omega_2(\Delta x)] \begin{pmatrix} C_{0,j-1} & C_{0,j} & C_{0,j+1} & C_{0,j+2} \\ C_{1,j-1} & C_{1,j} & C_{1,j+1} & C_{1,j+2} \\ C_{2,j-1} & C_{2,j} & C_{2,j+1} & C_{2,j+2} \end{pmatrix} \begin{pmatrix} \Omega_{-1}(\Delta y) \\ \Omega_0(\Delta y) \\ \Omega_1(\Delta y) \\ \Omega_2(\Delta y) \end{pmatrix}
\end{aligned} \tag{6-32}$$

同理可以通过 $\phi''_{yy}(i+\Delta x, y=0)=0$ 列出沿下边界的内插值 $\phi(i+\Delta x,\Delta y)$，以及右边界点上 $x=(n-1)+\Delta x$，和沿上边界的点 $y=(m-1)+\Delta y$ 的相应内插值。

第四节　基函数的理论[①]

式(6-1)和式(6-11)所表达的基函数，其一般式为：

$$\Omega_k(x)=\sum_{j=0}^{k+1}(-1)^j\begin{pmatrix}k+1\\j\end{pmatrix}\left(x+\frac{k+1}{2}-j\right)_+^k/k! \quad (6\text{-}33)$$

这个公式是一个分段 k 次多项式，分别代入 $k=1$ 和 $k=3$ 即分别得出一次和三次样条函数。现对此作如下的简要说明。

式(6-33)来自用以表达不连续点的函数的单位跳跃函数，定义为：(图6-11)

$$\sigma(x)=\begin{cases}1,&\text{当 }x>0\\0,&\text{当 }x<0\end{cases} \quad (6\text{-}34)$$

这是一个具有以 $x=0$ 为不连续点的函数，可记为：

$$x_+^0=1 \quad (6\text{-}35)$$

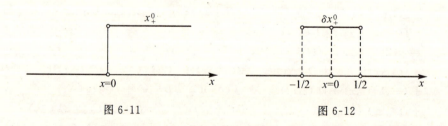

图 6-11　　　　　　图 6-12

称为0次半截单项式，用下脚注 + 表示 $x<0$ 那段的函数值恒为零。

单位跳跃函数在形成样条函数中起着重要的作用。对它进行积分、移位、再经线性组合，便可得到各式各样的样条函数。

对单位跳跃函数进行对称差分，即得单位方波函数，示如图6-12。

[①]　参考李岳生、黄友谦编《数值逼近》1978年第三章。

对某函数 $f(x)$ 的对称差分 $\delta_h f(x)$ 定义为:(h 为对称差分的步长,δ 为对称差分算子)

$$\delta_h f(x) = f\left(x + \frac{h}{2}\right) - f\left(x - \frac{h}{2}\right) \tag{6-36}$$

而对单位跳跃函数 x_+^0 的对称差分(步长为 1)为:

$$\delta x_+^0 = \left(x + \frac{1}{2}\right)_+^0 - \left(x - \frac{1}{2}\right)_+^0 \tag{6-37}$$

以 $x = \pm \frac{1}{2}$ 为间断点。

将上述方波函数或任意某不连续函数 $f(x)$ 作一次不定积分以后,接着施行一次以 $h > 0$ 为步长的对称差商运算,得一新函数 $f_1(x)$ 称之为其一次磨光函数。按上述定义及运算过程为:

$$f(x) \equiv \frac{\delta_h}{h} \int_0^x f(t) \mathrm{d}t = \frac{1}{h} \int_{x-\frac{h}{2}}^{x+\frac{h}{2}} f(t) \mathrm{d}t \tag{6-38}$$

而 $k-1$ 次磨光函数的一次磨光函数则称为 $f(x)$ 的 k 次磨光函数。

现在利用式(6-38)取 $h = 1$ 研究 δx_+^0 的各次磨光函数。这就是各次的基本样条函数。用 $\Omega_0(x)$ 表示 δx_+^0,其 k 次磨光函数即 k 次基本样条函数用 $\Omega_k(x)$ 表示。

例如由 $\Omega_0(x)$ 推得 $\Omega_1(x)$ 为:

$$\begin{aligned}
\Omega_1(x) &= \int_{x-\frac{1}{2}}^{x+\frac{1}{2}} \Omega_0(t) \mathrm{d}t = \int_{x-\frac{1}{2}}^{x+\frac{1}{2}} \left\{\left(t + \frac{1}{2}\right)_+^0 - \left(t - \frac{1}{2}\right)_+^0\right\} \mathrm{d}t \\
&= \left\{\left(t + \frac{1}{2}\right)_+ - \left(t - \frac{1}{2}\right)_+\right\}_{x-\frac{1}{2}}^{x+\frac{1}{2}} \\
&= (x+1)_+ - x_+ - x_+ + (x-1)_+ \\
&= (x+1)_+ - 2x_+ + (x-1)_+ = \delta^2 x_+
\end{aligned}$$

从而可以用归纳法证明

$$\Omega_k(x) = \delta^{k+1}\{x_+^k / k!\} \tag{6-39}$$

这就是说 $\Omega_0(x)$ 的 k 次磨光函数乃是 $x_+^k/k!$ 的 $k+1$ 阶对称差分。由此可以获得式(6-33)。代入不同的 k 值,列出表达式为:

$$\Omega_0(x) = \begin{cases} 0, & \text{当 } |x| > \frac{1}{2} \\ 1, & \text{当 } -\frac{1}{2} < x < \frac{1}{2} \\ \frac{1}{2}, & \text{当 } x = \pm\frac{1}{2} \end{cases} \quad (6-40)$$

$$\Omega_1(x) = \begin{cases} 0, & \text{当 } |x| \geqslant 1 \\ 1-|x|, & \text{当 } |x| < 1 \end{cases} \quad (6-41)$$

$$\Omega_2(x) = \begin{cases} 0, & \text{当 } |x| \geqslant \frac{3}{2} \\ -x^2+\frac{3}{4}, & \text{当 } |x| < \frac{1}{2} \\ \frac{1}{2}x^2-\frac{3}{2}|x|+\frac{9}{8}, & \text{当 } \frac{1}{2} \leqslant |x| \leqslant \frac{3}{2} \end{cases} \quad (6-42)$$

$$\Omega_3(x) = \begin{cases} 0, & \text{当 } |x| \geqslant 2 \\ \frac{1}{2}|x|^3-x^2+\frac{2}{3}, & \text{当 } |x| \leqslant 1 \\ -\frac{1}{6}|x|^3+x^2-2|x|+\frac{4}{3}, & \text{当 } 1 < |x| < 2 \end{cases}$$
$$(6-43)$$

其中式(6-41)、式(6-43)分别相应于式(6-1)及式(6-11)。

第七章　正交函数的应用

第一节　正交函数

正交就是垂直的意思。两个矢量 a 和 b 正交的充分和必要条件是它们的内积等于零,即

$$a \cdot b = 0 \tag{7-1}$$

如果 a 和 b 是三维空间中的两个矢量,它们在某一直角坐标系中的坐标分别是 $[a_1 \ a_2 \ a_3]$ 和 $[b_1 \ b_2 \ b_3]$,则写成矩阵形式式(7-1)即为：

$$a^T b = [a_1 \ a_2 \ a_3] \begin{bmatrix} b_1 \\ b_2 \\ b_3 \end{bmatrix} = a_1 b_1 + a_2 b_2 + a_3 b_3 = 0 \tag{7-2}$$

如果 a 和 b(或列矩阵 a 和 b)为 n 维,则式(7-2)应写成为：

$$\sum_{i=1}^{n} a_i b_i = 0 \tag{7-3}$$

将式(7-3)推广到函数的情况,则两个定义在区间 $[a,b]$ 上的函数 $f(x)$ 和 $g(x)$ 的正交性定义为：

$$\int_a^b f(x) g(x) \mathrm{d}x = 0 \tag{7-4}$$

有时由于实际问题的需要,可将正交性定义式(7-4)拓展为加权正交：

$$\int_a^b h(x) f(x) g(x) \mathrm{d}x \tag{7-5}$$

其中函数 $h(x)$ 为给定的函数,称为权函数。

正交性的应用价值是利用一组相互正交的"基矢量"或"基函数",

可用以表示任意的矢量或函数。例如设 i,j,k 是三维空间某坐标系的三个基本矢量,它们两两相互正交,即

$$i \cdot j = j \cdot k = k \cdot i = 0 \qquad (7\text{-}6)$$

并且假定它们都是单位矢量,那么任一三维矢量 a 均可表示为:

$$a = a_1 i + a_2 j + a_3 k \qquad (7\text{-}7)$$

式(7-7)中的系数 $a_1 a_2 a_3$ 可以利用式(7-6)的关系很方便地求出来,例如用 i 乘以式(7-7)的两端(相乘指内积)为:

$$a \cdot i = a_1 i \cdot i + a_2 j \cdot i + a_3 k \cdot i = a_1 \qquad (7\text{-}8)$$

同理有 $a_2 = a \cdot j$,和 $a_3 = a \cdot k$。

推广到函数的情况,可取熟知的傅里叶级数为例。按傅里叶级数表示函数 $f(x)$ 为(见第十一章第一节):

$$f(x) = \frac{a_0}{2} + \sum_{n=1}^{\infty}(a_n \cos nx + b_n \sin nx) \qquad (7\text{-}9)$$

其中

$$a_n = \frac{1}{\pi}\int_{-\pi}^{\pi} f(x)\cos nx\,dx \quad (n = 0,1,2,\cdots)$$

$$b_n = \frac{1}{\pi}\int_{-\pi}^{\pi} f(x)\sin nx\,dx \quad (n = 1,2,\cdots) \qquad (7\text{-}10)$$

而式(7-9)中在区间$[-\pi,\pi]$上函数系

$$\left\{\frac{1}{\sqrt{2\pi}}, \frac{1}{\sqrt{\pi}}\cos x, \frac{1}{\sqrt{\pi}}\sin x, \frac{1}{\sqrt{\pi}}\cos 2x, \frac{1}{\sqrt{\pi}}\sin 2x, \cdots, \frac{1}{\sqrt{\pi}}\cos nx, \frac{1}{\sqrt{\pi}}\sin nx, \cdots\right\}$$

$$(7\text{-}11)$$

是满足式(7-4)的。因此这无穷多个函数构成一个正交函数系,而且其中每一个在$[-\pi,\pi]$上自乘的积分等于1,称式(7-11)为归一化的正交系。

应该注意的是式(7-9)实际上与式(7-7)相类似。即正交系式(7-11)可以看成是函数空间的"基函数",它相当于 n 维矢量空间的"基矢量"$\{i_1 i_2,\cdots,i_n\}$,而式(7-9)中的 $a_0, a_1, a_2, \cdots, b_1, b_2, \cdots$ 则可以理解为函数 $f(x)$ 的正交系式(7-11)下的"坐标"。将一个函数表示为傅里叶级数能使我们在研究函数和解决实际问题中得到极大的好处。

在函数空间中除三角函数系式(7-11)外,还存在着许多其他的正交函数系,在各种摄影测量和遥感技术的问题中得到广泛应用。

第二节 正交变换与最小二乘解

一、基本原理

在摄影测量最小二乘解算中最常用的是间接观测方式,其误差方程式为:(假定"权"相等)

$$\underset{m\times1}{v} = \underset{m\times n}{A}\underset{n\times1}{x} - \underset{m\times1}{l} \tag{7-12}$$

经典的解算方法是列出法方程式为:

$$[A^\mathrm{T} A]x = A^\mathrm{T} l \tag{7-13}$$

其缺点是:

(1) 在组成法方程式的各矩阵时,可能导致严重的信息损失。

(2) 法方程式系数矩阵 $[A^\mathrm{T} A]$ 的状态数(《摄影测量原理》第135页)是矩阵 A 的状态数的平方。假如 A 阵的状态已经是不佳时,则式(7-13)的计算精度方面可能有问题。

(3) 矩阵 A 中的稀疏性不一定能保证矩阵 $[A^\mathrm{T} A]$ 也是比较稀疏的。假如 A 阵中有一个满行时,则矩阵 $[A^\mathrm{T}\quad A]$ 就是满阵了。

对最小二乘法解算平差问题的另一些方案,可以利用正交化方法直接由误差方程式进行解算。这些方法在解算区域网平差时数值的稳定性较强。对"在线"计算(第五章)特别有利,此时对计算的功效和存储的要求以及数值的精度都是很关键的。

设有矩阵 $\underset{m\times n}{A}(m>n)$,则存在一个规格化的正交矩阵 Q(《摄影测量原理》附录三)使

$$\underset{m\times m}{Q}\underset{m\times n}{A} = \underset{m\times n}{\widetilde{R}} = \begin{bmatrix} \underset{n\times n}{R} \\ \underset{(m-n)\times n}{0} \end{bmatrix} \tag{7-14}$$

其中 $\underset{n\times n}{R}$ 为上三角阵,且有:

$$\widetilde{R}^\mathrm{T} \widetilde{R} = \begin{bmatrix} R & 0 \end{bmatrix} \begin{bmatrix} R \\ 0 \end{bmatrix} = R^\mathrm{T} R \tag{7-15}$$

和

$$\widetilde{R}^T \widetilde{R} = (A^T Q^T)(QA) = A^T A \qquad (7\text{-}16)$$

这是因为规格化的正交矩阵 $Q^T Q = E$ 的缘故。

比较式(7-15)和式(7-16)可知

$$A^T A = R^T R \qquad (7\text{-}17)$$

等号左方是法方程式(7-13)的系数矩阵。这就是说,通过式(7-14)所求得的三角矩阵 R 乃是把法方程式系数矩阵分解成为两个三角矩阵的相乘,而其中一个三角矩阵是另一个三角矩阵的转置矩阵。这是在用乔里斯基(Cholesky)平方根法解法方程式时所需要的矩阵(见《摄影测量原理》第十一章第二节之三)。

由式(7-12):

$$\underset{m\times m}{Q}\underset{m\times 1}{v} = \underset{m\times m}{Q}\underset{m\times n}{A}\underset{n\times 1}{x} - \underset{m\times m}{Q}\underset{m\times 1}{l} \qquad (7\text{-}18)$$

把式(7-14)关系代入,并称

$$c = Ql \qquad (7\text{-}19)$$

则得出

$$\underset{m\times m}{Q}\underset{m\times 1}{v} = \underset{m\times n}{\widetilde{R}}\underset{n\times 1}{v} - \underset{m\times 1}{c} \qquad (7\text{-}20)$$

其中 Qv 的方差阵按误差传播定律为:(《摄影测量原理》附录五式(8))

$$D(Qv) = Q(Dv)Q^T = \sigma^2 QQ^T = \sigma^2 E$$

所以对式(7-18)列法方程式仍可按一般的间接观测规律为:

$$\underset{n\times n}{\widetilde{R}^T}\underset{n\times m}{\widetilde{R}}\underset{m\times 1}{x} = \underset{n\times m}{\widetilde{R}^T}\underset{m\times 1}{c} \qquad (7\text{-}21)$$

把 $n\times 1$ 的列矢量 c 分为

$$\underset{m\times 1}{c} = \begin{bmatrix} \underset{n\times 1}{\dot{c}} \\ \cdots\cdots \\ \underset{(m-n)\times 1}{\ddot{c}} \end{bmatrix} \qquad (7\text{-}22)$$

再由式(7-15),则式(7-21)可写成为:

$$\underset{n\times n}{R^T}\underset{n\times n}{R}\underset{n\times 1}{x} = \begin{bmatrix} \underset{n\times n}{R^T} & \underset{(m-n)\times n}{0^T} \end{bmatrix} \begin{bmatrix} \underset{n\times 1}{\dot{c}} \\ \cdots\cdots \\ \underset{(m-n)\times 1}{\ddot{c}} \end{bmatrix} = \underset{n\times n}{R^T}\underset{n\times 1}{\dot{c}} \qquad (7\text{-}23)$$

当系数矩阵 A 的秩为 n 时,则三角阵 R 的秩也必然是 n,因此是可逆的。把式(7-23)两边乘以 $(R^T)^{-1}$,则有

$$\underset{n\times n}{R}\underset{n\times 1}{x} = \underset{n\times 1}{\dot{c}} \qquad (7\text{-}24)$$

其中 $\dot{c}$ 为改化后列矢量 $\underset{m\times m}{Q}\underset{m\times 1}{l}$ 的头 n 项,这是一个上三角系统,可易由反向代入法解出矢量 $\underset{n\times 1}{x}$ 的各元素。

正交化方法也可以用另一种表达方式,即把一个矩阵 $\underset{m\times n}{A}(m>n)$ 分解成为

$$\underset{m\times n}{A} = \underset{m\times n}{Q}\underset{n\times n}{R} \tag{7-25}$$

其中矩阵 $\underset{m\times n}{Q}$ 的列矢量为单位长且相互正交的,矩阵 R 为上三角形的,则法方程式(7-13)可写成:

$$A^\mathrm{T}Ax = R^\mathrm{T}Q^\mathrm{T}QRx = R^\mathrm{T}Rx = R^\mathrm{T}Q^\mathrm{T}l$$

由于 $A^\mathrm{T}A = R^\mathrm{T}R$,所以 R 的分解也相当于乔里斯基分解,与式(7-14)中的 R 阵相同。

由于 R 是非奇的,因此上式可改化为

$$\underset{n\times n}{R}\underset{n\times 1}{x} = \underset{n\times m}{Q^\mathrm{T}}\underset{m\times 1}{l} \tag{7-26}$$

从而可以求出待定值 x 矢量。

解算测量平差问题的正交化方法比较知名的有格兰姆-施密特(Gram-Schmidt)法,豪斯霍特(Householder)法或吉文斯(Givens)法,分别介绍于以下各段。

二、格兰姆-施密特(Gram-Schmidt)正交化方法

现欲将 n 个矢量(列矩阵) $a_1, a_2, a_3, \cdots, a_n$(例如这是代表某一组误差方程式系数矩阵中的各列)按下列过程变换成为 n 个相互正交的矢量 $b_1, b_2, b_3, \cdots, b_n$。

先取 $b_1 = a_1$,再在 b_1, a_2 的线性组合中求与 b_1 正交的 b_2。现称:

$$b_2 = kb_1 + a_2 \tag{7-27}$$

由

$$b_1^\mathrm{T}b_2 = kb_1^\mathrm{T}b_1 + b_1^\mathrm{T}a_2 = 0$$

得出:

$$k = -\frac{b_1^\mathrm{T}a_2}{b_1^\mathrm{T}b_1}$$

代入式(7-27)的右边就得到与 b_1 正交的 b_2。再则 b_3 应该由 b_1, b_2, a_3 中去找。称:

$$b_3 = k_1 b_1 + k_2 b_2 + a_3 \tag{7-28}$$

由
$$b_1^T b_3 = k_1 b_1^T b_1 + k_2 b_1^T b_2 + b_1^T a_3 = 0$$
$$b_2^T b_3 = k_1 b_2^T b_1 + k_2 b_2^T b_2 + b_2^T a_3 = 0$$

得出：
$$k_1 = -\frac{b_1^T a_3}{b_1^T b_1}, \quad k_2 = -\frac{b_2^T a_3}{b_2^T b_2}$$

代入式(7-28)的右边就得到与 b_1, b_2 正交的 b_3。依此类推，可以求得其他矢量 b_i，$i = 1 \to n$。像这样从 $a_1, a_2, a_3, \cdots, a_n$ 的线性组合中求出相互正交的 $b_1, b_2, b_3, \cdots, b_n$，叫做 $a_1, a_2, a_3, \cdots, a_n$ 的正交化。最后还要把正交化了的各矢量单位化。那就是把矢量(列矩阵)除以其长度。例如矢量 $b^T = [b_1 \quad b_2 \quad \cdots \quad b_n]$ 用 $\sqrt{b_1^2 + b_2^2 + \cdots + b_n^2}$ 相除，用 $\bar{b}^T$ 表示。这里介绍的方法是 Gram-Schmidt 正交化方法，总列其公式为：

$$\left. \begin{aligned} b_1 &= a_1 \\ b_2 &= a_2 - \frac{b_1^T a_2}{b_1^T b_1} b_1 \\ b_3 &= a_3 - \frac{b_1^T a_3}{b_1^T b_1} b_1 - \frac{b_2^T a_3}{b_2^T b_2} b_2 \\ &\cdots\cdots \\ b_n &= a_n - \sum_{j=1}^{n-1} \frac{b_j^T a_n}{b_j^T b_j} b_j \end{aligned} \right\} \quad (7\text{-}29)$$

最后得出单位化的各矢量为：
$$\bar{b}_i = \frac{b_i}{\sqrt{b_i^T b_i}}, \quad i = 1, 2, \cdots, n \quad (7\text{-}30)$$

式(7-29)和式(7-30)也可改写成：

$$b_1 = a_1 \qquad\qquad\qquad \bar{b}_1 = \frac{b_1}{\sqrt{b_1^T b_1}}$$

$$b_2 = a_2 - [\bar{b}_1^T a_2]\bar{b}_1 \qquad \bar{b}_2 = \frac{b_2}{\sqrt{b_2^T b_2}}$$

$$b_3 = a_3 - [\bar{b}_1^T a_3]\bar{b}_1 - [\bar{b}_2^T a_3]\bar{b}_2 \qquad \bar{b}_3 = \frac{b_3}{\sqrt{b_3^T b_3}} \quad (7\text{-}31)$$

$$\cdots\cdots$$

$$b_n = a_n - \sum_{j=1}^{n-1} [\bar{b}_j^T a_n]\bar{b}_j \qquad \bar{b}_n = \frac{b_n}{\sqrt{b_n^T b_n}}$$

这就是把矩阵 $A = [a_1 \quad a_2 \quad \cdots \quad a_n]$ 变换成规格化的正交列阵的

矩阵 $\bar{B} = [\bar{b}_1 \quad \bar{b}_2 \quad \cdots \quad \bar{b}_n]$。实质上式(7-31)的变换是实现了式(7-25)的运算。

按现用符号更改式(7-25)，则：

$$\underset{m\times n}{A} = \underset{m\times n}{\bar{B}} \underset{n\times n}{R} \tag{7-32}$$

或写成：

$$\underset{m\times n}{\bar{B}} = \underset{m\times n}{A} \underset{n\times n}{R^{-1}} \tag{7-33}$$

现求上三角阵 R^{-1}。按式(7-33)可写成(暂取用 $n=3$)：

$$[\bar{b}_1 \quad \bar{b}_2 \quad \bar{b}_3] = [a_1 \quad a_2 \quad a_3] \begin{bmatrix} r_{11} & r_{12} & r_{13} \\ & r_{22} & r_{23} \\ & & r_{33} \end{bmatrix}$$

得出：

$$\left. \begin{array}{l} \bar{b}_1 = a_1 r_{11} \\ \bar{b}_2 = a_1 r_{12} + a_2 r_{22} \\ \bar{b}_3 = a_1 r_{13} + a_2 r_{23} + a_3 r_{33} \end{array} \right\} \tag{7-34}$$

与式(7-31)相对比，可知：

$$r_{11} = \frac{1}{\sqrt{b_1^T b_1}}, \quad r_{12} = [\bar{b}_1^T a_2] r_{11} r_{22}, \quad r_{13} = -\{[\bar{b}_1^T a_3] r_{11} + [\bar{b}_2^T a_3] r_{12}\} r_{33}$$

$$r_{22} = \frac{1}{\sqrt{b_2^T b_2}}, \quad r_{23} = -[\bar{b}_2^T a_3] r_{22} r_{33}, \quad r_{33} = \frac{1}{\sqrt{b_3^T b_3}} \tag{7-35}$$

依此类推，可以求得 n 大于 3 时的相应各值。

利用上述关系解算误差方程式(7-12)时，则可利用式(7-32)改化其法方程式(7-13)为：

$$[\bar{B}R]^T [\bar{B}R] x = [\bar{B}R]^T l$$

或

$$[R^T \bar{B}^T \bar{B} R] x = R^T \bar{B}^T l$$
$$R^T R x = R^T \bar{B}^T l \tag{7-36}$$

由于 R 阵可逆，所以

$$x = R^{-1} \bar{B}^T l \tag{7-37}$$

这种解法对病态的法方程式系数矩阵的解算是特别有利的，计算精度可借以大大提高。

现用一个简单的例子,表示利用 Gram-Schmidt 正交化变换,以解算最小二乘法运算的过程。

设拟利用抛物线方程
$$y = c_0 + c_1 x + c_2 x^2 \tag{7-38}$$
拟合下组观测数据:

x	0	1	2	3
y	4	10	20	30

误差方程式为:
$$\begin{pmatrix} v_1 \\ v_2 \\ v_3 \\ v_4 \end{pmatrix} = \begin{pmatrix} 1 & 0 & 0 \\ 1 & 1 & 1 \\ 1 & 2 & 4 \\ 1 & 3 & 9 \end{pmatrix} \begin{pmatrix} c_0 \\ c_1 \\ c_2 \end{pmatrix} - \begin{pmatrix} 4 \\ 10 \\ 20 \\ 30 \end{pmatrix} \tag{7-39}$$
$$v = Ac - l$$

其系数矩阵为:
$$A = \begin{bmatrix} a_1 & a_2 & a_3 \end{bmatrix} = \begin{pmatrix} 1 & 0 & 0 \\ 1 & 1 & 1 \\ 1 & 2 & 4 \\ 1 & 3 & 9 \end{pmatrix}$$

现欲求其相应的矩阵 $\bar{B} = \begin{bmatrix} \bar{b}_1 & \bar{b}_2 & \bar{b}_3 \end{bmatrix}$ 和上三角转换矩阵 R。

按式(7-31):

$$b_1 = a_1 = \begin{bmatrix} 1 \\ 1 \\ 1 \\ 1 \end{bmatrix}; \qquad \bar{b}_1 = \begin{bmatrix} 0.5 \\ 0.5 \\ 0.5 \\ 0.5 \end{bmatrix}$$

$$b_2 = a_2 - [\bar{b}_1^T a_2] \bar{b}_1 = \begin{bmatrix} 0 \\ 1 \\ 2 \\ 3 \end{bmatrix} - 3 \begin{bmatrix} 0.5 \\ 0.5 \\ 0.5 \\ 0.5 \end{bmatrix} = \begin{bmatrix} -1.5 \\ -0.5 \\ +0.5 \\ +1.5 \end{bmatrix}; \bar{b}_2 = \begin{bmatrix} -0.6708 \\ -0.2236 \\ +0.2236 \\ +0.6708 \end{bmatrix}$$

第七章　正交函数的应用

$$\boldsymbol{b}_3 = \boldsymbol{a}_3 - [\bar{\boldsymbol{b}}_1^T \boldsymbol{a}_3]\bar{\boldsymbol{b}}_1 - [\bar{\boldsymbol{b}}_2^T \boldsymbol{a}_3]\bar{\boldsymbol{b}}_2$$

$$= \begin{bmatrix} 0 \\ 1 \\ 4 \\ 9 \end{bmatrix} - 7\begin{bmatrix} 0.5 \\ 0.5 \\ 0.5 \\ 0.5 \end{bmatrix} - 6.708\begin{bmatrix} -0.6708 \\ -0.2236 \\ +0.2236 \\ +0.6708 \end{bmatrix} = \begin{bmatrix} 1 \\ -1 \\ -1 \\ 1 \end{bmatrix} \quad \bar{\boldsymbol{b}}_3 = \begin{bmatrix} +0.5000 \\ -0.5000 \\ -0.5000 \\ +0.5000 \end{bmatrix}$$

亦即：

$$\bar{\boldsymbol{B}} = [\bar{\boldsymbol{b}}_1 \ \bar{\boldsymbol{b}}_2 \ \bar{\boldsymbol{b}}_3] = \begin{bmatrix} 0.5000 & -0.6708 & +0.5000 \\ 0.5000 & -0.2236 & -0.5000 \\ 0.5000 & +0.2236 & -0.5000 \\ 0.5000 & +0.6708 & +0.5000 \end{bmatrix}$$

再由式(7-35)得出：

$$\boldsymbol{R} = \begin{bmatrix} r_{11} & r_{12} & r_{13} \\ & r_{22} & r_{23} \\ & & r_{33} \end{bmatrix} = \begin{bmatrix} 0.5000 & -0.6708 & 0.5000 \\ 0 & 0.4472 & -1.5000 \\ 0 & 0 & 0.5000 \end{bmatrix}$$

按式(7-37)求得待定参数值为：

$$\hat{\boldsymbol{c}} = \begin{bmatrix} c_0 \\ c_1 \\ c_2 \end{bmatrix} = \boldsymbol{R}^{-1}\bar{\boldsymbol{B}}\boldsymbol{l} = \begin{bmatrix} 0.5000 & -0.6708 & 0.5000 \\ 0 & 0.4472 & -1.5000 \\ 0 & 0 & 0.5000 \end{bmatrix}$$

$$\cdot \begin{bmatrix} 0.5000 & 0.5000 & 0.5000 & 0.5000 \\ -0.6708 & -0.2236 & 0.2236 & 0.6708 \\ 0.5000 & -0.5000 & -0.5000 & 0.5000 \end{bmatrix} \begin{bmatrix} 4 \\ 10 \\ 20 \\ 30 \end{bmatrix} = \begin{bmatrix} 3.8 \\ 5.8 \\ 1 \end{bmatrix}$$

由上式 $\boldsymbol{R}^{-1}$ 可求得 $\boldsymbol{R}$ 为：

$$\boldsymbol{R} = \begin{bmatrix} 0.5000 & -0.6708 & 0.5000 \\ 0 & 0.4472 & -1.5000 \\ 0 & 0 & 0.5000 \end{bmatrix}^{-1} = \begin{bmatrix} 2 & 3 & 7 \\ 0 & 2.236 & 6.708 \\ 0 & 0 & 2 \end{bmatrix}$$

$$= \begin{bmatrix} \sqrt{[aa]} & \dfrac{[ab]}{\sqrt{[aa]}} & \dfrac{[ac]}{\sqrt{[aa]}} \\ 0 & \sqrt{[bb \cdot 1]} & \dfrac{[bc \cdot 1]}{\sqrt{[bb \cdot 1]}} \\ 0 & 0 & \sqrt{[cc \cdot 2]} \end{bmatrix} \quad (7\text{-}40)$$

此即等于乔里斯基平方根法中所应得的三角形矩阵(《摄影测量原理》式(11-20))。

通过这种变换还可以求得改正数矢量 v。由式(7-20),式(7-21),式(7-37)及式(7-33)可知:

$$v = A\hat{x} - l = AR^{-1}\bar{B}^T l - l = \bar{B}\,\bar{B}^T l - l$$

$$= \begin{bmatrix} \bar{b}_1 & \bar{b}_2 & \bar{b}_3 \end{bmatrix} \begin{bmatrix} \bar{b}_1^T \\ \bar{b}_2^T \\ \bar{b}_3^T \end{bmatrix} l - l$$

上式可以写成

$$-\hat{v} = l - \sum_{j=1}^{k} [\bar{b}_j^T l] \bar{b}_j \qquad (7\text{-}41)$$
$$k = 1,2,3$$

把式(7-31)的一般式写成

$$b_{n+1} = a_{n+1} - \sum_{j=1}^{n} [\bar{b}_j^T a_{n+1}] \bar{b}_j \qquad (7\text{-}42)$$

可知当把式(7-39)的系数矩阵列成增广矩阵:

$$\begin{bmatrix} 1 & 0 & 0 & \vdots & 4 \\ 1 & 1 & 1 & \vdots & 10 \\ 1 & 2 & 4 & \vdots & 20 \\ 1 & 3 & 9 & \vdots & 30 \end{bmatrix}$$

时,则 l 居 a_{n+1} 的位置。此时按式(7-42)求得的 b_{n+1} 即应为所求的各改正数值,按上例题得出为:

$$-\begin{bmatrix} v_1 \\ v_2 \\ v_3 \\ v_4 \end{bmatrix} = \begin{bmatrix} l_1 \\ l_2 \\ l_3 \\ l_4 \end{bmatrix} - [\bar{b}_1^T l]\bar{b}_1 - [\bar{b}_2^T l]\bar{b}_2 - [\bar{b}_3^T l]\bar{b}_3$$

$$= \begin{bmatrix} 4 \\ 10 \\ 20 \\ 30 \end{bmatrix} - 32 \begin{bmatrix} 0.50 \\ 0.50 \\ 0.50 \\ 0.50 \end{bmatrix} - 19.68 \begin{bmatrix} -0.67 \\ -0.22 \\ +0.22 \\ +0.67 \end{bmatrix} - 2 \begin{bmatrix} +0.5 \\ -0.5 \\ -0.5 \\ +0.5 \end{bmatrix}$$

$$= \begin{bmatrix} +0.2 \\ -0.6 \\ +0.6 \\ -0.2 \end{bmatrix}$$

单位权中误差为:

$$m = \sqrt{\frac{[vv]}{n-r}} = \sqrt{\frac{(0.2)^2 + (0.6)^2 + (0.6)^2 + (0.2)^2}{4-3}} = \sqrt{0.80} = 0.9$$

三、豪斯霍特(Householder) 解算方法

豪斯霍特变换是利用式(7-14)原理,其构造正交阵 Q 的过程是使用 n 个初等反射变换:

$$\underset{m\times m}{H_k} = \underset{m\times m}{E} - 2 \underset{m\times 1}{\overline{w}_k} \underset{1\times m}{\overline{w}_k^T} \tag{7-43}$$

相继作用于矩阵 $\underset{m\times n}{A}$,按式(7-14)化为 $\begin{bmatrix} \underset{n\times n}{R} \\ \cdots \\ \underset{(m-n)\times n}{0} \end{bmatrix}$,式(7-43)中 $\overline{w}_k$ 为单位长的 $m\times 1$ 列矢量($\overline{w}_k^T \overline{w}_k = 1$),$E$ 仍代表单位矩阵。H_k 为正交矩阵,因为按式(7-43):

$$\begin{aligned} H_k^T H_k &= [E - 2\overline{w}_k \overline{w}_k^T]^T [E - 2\overline{w}_k \overline{w}_k^T] \\ &= E - 2\overline{w}_k \overline{w}_k^T - 2\overline{w}_k \overline{w}_k^T + 4\overline{w}_k \overline{w}_k^T \overline{w}_k \overline{w}_k^T \\ &= E \end{aligned}$$

为说明方便,记

$$A_1 = H_1 A, \quad A_k = H_k A_{k-1} = H_k H_{k-1} \cdots H_2 H_1 A$$

其中 H_1 将 A 之第一列化为 $[\rho_{11}, 0, \cdots, 0]^T$;$H_2$ 使 $A_2 = H_1 A$ 之第一列与第一行不变,而将第二列化为 $[\rho_{12}, \rho_{22}, 0, \cdots, 0]^T$;$H_3$ 使 $A_2 = H_2 H_1 A$ 之第一、二列与行不变而将第三列化为 $[\rho_{13}, \rho_{23}, \rho_{33}, 0, \cdots, 0]^T$。依此类推,直至 H_n 将 A_{n-1} 之最后一列化为 $[\rho_{1n}, \rho_{2n}, \cdots, \rho_{nn}, 0, \cdots, 0]^T$。

下面叙述作 $H_1 = E - 2\overline{w}_1 \overline{w}_1^T$ 使 $H_1 a_1 = -\sigma_1 e_1$ 的办法。这里 a_1 指矩阵 A 的第一列,即 $a_1^T = [a_{11}, a_{21}, a_{31}, \cdots, a_{m1}]$,而 $e_1 = [1, 0, \cdots, 0]$。在 σ_1 前加一个负号纯粹是为了以下讨论方便。由于 H_1 是正交变换,故($\|\cdot\|$ 代表欧几里得范数):

$$\sigma_1 = \pm \| H_1 a_1 \| = \pm \| a_1 \| = \pm \sqrt{\sum_{k=1}^{m} a_{k1}^2}$$

令
$$w_1 = [a_{11} + \sigma_1, a_{21}, a_{31}, \cdots, a_{m1}]^T \quad (7\text{-}44)$$

则
$$\| w_1 \|^2 = 2\sigma_1(a_{11} + \sigma_1) \quad (7\text{-}45)$$

$$\overline{w}_1 = \frac{w_1}{\| w_1 \|} = \frac{w_1}{\sqrt{2\sigma_1(a_{11} + \sigma_1)}} \quad (7\text{-}46)$$

为了在计算 $\| w_1 \|$ 时不发生抵消作用,应取

$$\sigma_1 = \text{sgn}(a_{11}) \cdot \| a_1 \| = \text{sgn}(a_{11}) \cdot \sqrt{\sum_{k=1}^{m} a_{k1}^2} \quad (7\text{-}47)$$

于是按式(7-43):

$$H_1 = E - 2 \frac{w_1 w_1^T}{2\sigma_1(a_{11} + \sigma_1)} \quad (7\text{-}48)$$

$$A_1 = H_1 A = A - \frac{w_1 w_1^T}{\sigma_1(a_{11} + \sigma_1)} A \quad (7\text{-}49)$$

H_1 将 A 化为这样的一个 $m \times n$ 阵:第一行是 $[\rho_{11}, \rho_{12}, \cdots, \rho_{1n}]$,第一列是 $[\rho_{11}, 0, \cdots, 0]^T$,第二列是 $[\rho_{12}, a'_{22}, a'_{32}, \cdots, a'_{m2}]^T$。要进一步作 $H_2 = E - 2 \frac{w_2 w_2^T}{2\sigma_2(a'_{22} + \sigma_2)}$ 化 $A_1 = H_1 A$ 的第二列为 $[\rho_{12}, \rho_{22}, 0, \cdots, 0]^T$,其中

$$w_2 = [0, a'_{22} + \sigma_2, a'_{32}, \cdots, a'_{m2}]^T$$

$$\sigma_2 = \text{sgn}(a'_{22}) \sqrt{\sum_{k=2}^{m} (a'_{k2})^2}$$

这样用 H_2 左乘 A_1 时并不改变 A_1 的第一行与第一列。依此类推作进一步推导。

现在利用豪斯霍特正交化方法归算式(7-39)的算例。此时

按式(7-47): $\sigma_1 = +\sqrt{1^2 + 1^2 + 1^2 + 1^2} = +2$;

按式(7-44): $w_1 = \begin{bmatrix} 3 & 1 & 1 \end{bmatrix}^T$;

按式(7-49): $A_1 = H_1 A = \begin{pmatrix} 1 & 0 & 0 \\ 1 & 1 & 1 \\ 1 & 2 & 4 \\ 1 & 3 & 9 \end{pmatrix} - \frac{1}{6} \begin{bmatrix} 3 \\ 1 \\ 1 \\ 1 \end{bmatrix} \begin{bmatrix} 3 & 1 & 1 \end{bmatrix} \begin{pmatrix} 1 & 0 & 0 \\ 1 & 1 & 1 \\ 1 & 2 & 4 \\ 1 & 3 & 9 \end{pmatrix}$

$$= \begin{bmatrix} -2 & -3 & -1.000 \\ 0 & 0 & -1.333 \\ 0 & 1 & +1.667 \\ 0 & 2 & +6.667 \end{bmatrix}$$

同理继续求 H_2 及 H_3，相应地得出：

$$\sigma_2 = +\sqrt{0^2+1^2+2^2} = +2.236; \quad w_2 = \begin{bmatrix} 0 & +2.236 & 1 & 2 \end{bmatrix}^T$$

$$A_2 = H_2 A_1 = H_2 H_1 A = \begin{bmatrix} -2 & -3 & -7 \\ 0 & -2.236 & -6.708 \\ 0 & 0 & -0.737 \\ 0 & 0 & +1.859 \end{bmatrix}$$

$$\sigma_3 = -\sqrt{(0.737)^2+(1.859)^2} = -2; \quad w_3 = \begin{bmatrix} 0 & 0 & -2.737 & +1.859 \end{bmatrix}^T$$

$$A_3 = H_3 A_2 = H_3 H_2 H_1 A = \begin{bmatrix} -2 & -3 & 7 \\ 0 & -2.236 & -6.708 \\ 0 & 0 & -2 \end{bmatrix}$$

与式(7-40)的结果相同（除正负符号外）。

四、吉文斯(Givens) 解算方法

在实现式(7-14)的变换时，假如拟利用正交矩阵 Q 每次使 A 矩阵列阵的一个元素为零，则可使用 Givens 平面旋转变换。

$$T_{ij} = \begin{bmatrix} 1 & & & & & & & & \\ & \ddots & & & & & & & \\ & & 1 & & & & & & \\ & & & c & \cdots & s & & & \\ & & & & 1 & & & & \\ & & & & \ddots & & & & \\ & & & -s & \cdots & c & & & \\ & & & & & & 1 & & \\ & & & & & & & \ddots & \\ & & & & & & & & 1 \end{bmatrix} \begin{matrix} 1 \\ \vdots \\ i \\ \vdots \\ j \\ \vdots \\ m \end{matrix} \quad (7\text{-}50)$$

式(7-50) 表示一个 $m \times m$ 平面旋转矩阵，它的位于 $(i,i), (i,j)$ 以

外的主对角线角元素都是 1，在 $(i,i),(j,i),(i,j),(j,j)$ 位置上的元素分别为：

$$t_{ii} = \cos\theta, \qquad t_{ij} = \sin\theta$$
$$t_{ji} = -\sin\theta, \qquad t_{jj} = \cos\theta \qquad j > i \qquad (7\text{-}51)$$

其余元素都是零。在式(7-50)中用 c 表示 $\cos\theta$，s 表示 $\sin\theta$。不难验证平面旋转矩阵 $\boldsymbol{T}_{ij}$ 是一个规格化的正交矩阵，从而

$$\boldsymbol{T}_{ij}^{-1} = \boldsymbol{T}_{ij}^{\mathrm{T}}$$

在解析几何中我们已经知道平面中矢量 u,v 顺时针旋转角 θ 后变为矢量 $u^*\ v^*$，且有

$$\begin{bmatrix} u^* \\ v^* \end{bmatrix} = \begin{bmatrix} \cos\theta & \sin\theta \\ -\sin\theta & \cos\theta \end{bmatrix} \begin{bmatrix} u \\ v \end{bmatrix} \qquad (7\text{-}52)$$

因为旋转不改变矢量的长度，所以旋转是正交变换。式(7-50)表示在 m 维空间中在 $[i,j]$ 所代表的平面中旋转。

设有两组任意的矢量，其元素为：

$$[u_i, u_{i+1}, \cdots, u_j, \cdots, u_m] \qquad (7\text{-}53)$$
$$[v_i, v_{i+1}, \cdots, v_j, \cdots, v_m]$$

其中 $1 \leqslant i \leqslant j \leqslant m$，使用 Givens 变换意味着使其成为：

$$[u_i^*, u_{i+1}^*, \cdots, u_j^*, \cdots, u_m^*] \qquad (7\text{-}54)$$
$$[0, v_{i+1}^*, \cdots, v_j^*, \cdots, v_m^*]$$

并且按式(7-52)：

$$u_k^* = cu_k + sv_k \qquad (7\text{-}55)$$
$$v_k^* = -su_k + cv_k$$

其中 $k = i, j$；$s^2 + c^2 = 1$。要求 $v_i^* = 0$ 就相当于满足下列条件：

$$c = u_i/(u_i^2 + v_i^2)^{\frac{1}{2}} = u_i/u_i^*$$
$$s = v_i/(u_i^2 + v_i^2)^{\frac{1}{2}} = v_i/u_i^* \qquad (7\text{-}56)$$

其中
$$u_i^* = (u_i^2 + v_i^2)^{\frac{1}{2}}$$

并且 u_i^* 取与 u_i 相同的正负符号。

现仍取用式(7-39)的算例。首先依次通过 $\boldsymbol{T}_{12}, \boldsymbol{T}_{13}, \boldsymbol{T}_{14}$ 的变换，使 $\boldsymbol{A}$ 矩阵的第一列呈 $[\rho_{11}\ \ 0\ \ 0\ \ 0]^{\mathrm{T}}$ 的形式。在进行 $\boldsymbol{T}_{12}$ 变换时实

际是:

$$T_{12} \underset{4\times4}{A} \underset{4\times3}{=} \begin{bmatrix} c & s & & \\ -s & c & & \\ & & 1 & \\ & & & 1 \end{bmatrix} \begin{bmatrix} 1 & 0 & 0 \\ 1 & 1 & 1 \\ 1 & 2 & 4 \\ 1 & 3 & 9 \end{bmatrix} = \begin{bmatrix} c+s & s & s \\ -s+c & c & c \\ 1 & 2 & 4 \\ 1 & 3 & 9 \end{bmatrix}$$

按式(7-56)得出: $u^* = \sqrt{1^2+1^2} = 1.414, c = 0.707, s = 0.707$

利用式(7-55)对其第一、二两行的其他原素进行变换得出:

$$T_{12}A = \begin{bmatrix} 1.414 & 0.707 & 0.707 \\ 0 & 0.707 & 0.707 \\ 1 & 2 & 4 \\ 1 & 3 & 9 \end{bmatrix}$$

依此类推依次进行对 A 阵第一列第三、四行变零运算,得:

$$T_{14}T_{13}T_{12}A = \begin{bmatrix} 2 & 3 & 7 \\ 0 & 0.707 & 0.707 \\ 0 & 1.224 & 2.856 \\ 0 & 1.732 & 6.351 \end{bmatrix}$$

再对上列矩阵的第二列第三、四行进行变零运算,得:

$$T_{24}T_{23}T_{14}T_{13}T_{12}A = \begin{bmatrix} 2 & 3 & 7 \\ 2 & 2.236 & 6.708 \\ 0 & 0 & 0.816 \\ 0 & 0 & 1.823 \end{bmatrix}$$

再继续进行,最后得出:

$$\begin{bmatrix} \underset{3\times3}{R} \\ \cdots \\ \underset{1\times3}{O} \end{bmatrix} = \begin{bmatrix} 2 & 3 & 7 \\ 0 & 2.236 & 6.708 \\ 0 & 0 & 2 \\ \hdashline 0 & 0 & 0 \end{bmatrix}$$

仍与式(7-40)的结果相同。由以上的推演容易看出吉文斯解算中的按行变换方式将会特别便于序贯平差中(第五章第四节)观测值的增加。

对稀疏矩阵的归算在使用 Householder 变换或 Gram-Schmidt 正交化时,可能引起严重的零元素"暂时的填充"。虽然这些填充最后仍可能自动的化零,但这种情况却会使为了 R 阵所需要的最小计算机存储量的大量增大。此外在正常使用 Householder 变换或 Gram-Schmidt 正交化方法中,需要在运算过程中接触到矩阵 A 中未被归化部分的所有的列。

使用 Givens 旋转变换方法时,则对矩阵 A 可以逐行进行,逐渐得到 R 阵。因此在运算过程中不会有在工作行以外的"暂时的填充"现象发生,而且对矩阵 A 取数归化的顺序比较灵活,具有节省存储单元和避免数值不稳定的优点。

第三节 正交多项式

一、概述

设有一组多项式为:
$$f(x) = k_0\varphi_0(x) + k_1\varphi_1(x) + k_2\varphi_2(x) + \cdots + k_n\varphi_n(x) \quad (7\text{-}57)$$
其中 $\varphi_0(x)$ 是一个零次多项式,$\varphi_n(x)$ 是一个 n 次多项式。我们可以选择函数 $\varphi_0, \varphi_1, \cdots, \varphi_n$ 使其形成为一个正交的系统,其正交条件为:
$$\sum_{l=1}^{m} \varphi_i(x_l)\varphi_j(x_l) = 0, \quad i \neq j \quad (7\text{-}58)$$
$$\sum_{l=1}^{m} \varphi_i(x_l)\varphi_i(x_l) = N_i, \quad \text{为第 } i \text{ 个函数的范数}$$

设在某种最小二乘法平差运算中取用了式(7-57)形成的误差方程式,其系数矩阵为:
$$X = \begin{bmatrix} \varphi_0(x_1) & \varphi_1(x_1) & \cdots & \varphi_n(x_1) \\ \varphi_0(x_2) & \varphi_1(x_2) & \cdots & \varphi_n(x_2) \\ \vdots & \vdots & & \vdots \\ \varphi_0(x_m) & \varphi_1(x_m) & \cdots & \varphi_n(x_m) \end{bmatrix} \quad (7\text{-}59)$$

则当函数 $\varphi(x)$ 满足式(7-58)表达的正交条件时,由式(7-59)所构成

的法方程式系数矩阵为对角线矩阵,即

$$X^\mathrm{T} X \hat{k} = X^\mathrm{T} l$$

$$X^\mathrm{T} X = \begin{bmatrix} \sum_{i=1}^{m} \varphi_0(x_i)\varphi_0(x_i) & 0 & \cdots & 0 \\ 0 & \sum_{i=1}^{m} \varphi_1(x_i)\varphi_1(x_i) & & 0 \\ \vdots & \vdots & \ddots & \vdots \\ 0 & 0 & \cdots & \sum_{i=1}^{m} \varphi_n(x_i)\varphi_n(x_i) \end{bmatrix}$$

(7-60)

$$X^\mathrm{T} l = \begin{bmatrix} \sum_{i=1}^{m} [\varphi_0(x_i) \cdot l] \\ \sum_{i=1}^{m} [\varphi_1(x_i) \cdot l] \\ \vdots \\ \sum_{i=1}^{m} [\varphi_n(x_i) \cdot l] \end{bmatrix}$$

(7-61)

可知当各正交多项式的数值$\{\varphi_0(x_i),\varphi_1(x_i),\cdots,\varphi_n(x_i)\}$,$i=1,2,\cdots,m$计算出以后,可易于求出系数$\{k_0,k_1,\cdots,k_n\}$。假如再要增加一次指数幂,只需计算$\varphi_{n+1}(x_i)$和$k_{n+1}$,而$\{k_0,k_1,\cdots,k_n\}$值不会改变。

使用正交多项式的优点是:

(1) 无需作矩阵求逆;

(2) 增加多项式的指数幂时不需增加很多的计算;

(3) 具有较高的数字的稳定性。

以正交多项式为基础的结构在摄影测量中可以用于数字地面模型的内插运算。在区域网平差中使用附加参数抵偿系统误差以及在遥感技术中数字几何纠正时也有时使用参数的正交化的系数。在利用最小二乘法解算法方程式的过程中,可以不同方式利用正交多项式的特点对解算过程进行简化。

二、勒让德(Legendre) 多项式

在多项式中一种最常用的函数是用某变量 x 的次项级数表达的 n 次幂函数：

$$f(x) = a_0 + a_1 x + a_2 x^2 + \cdots + a_n x^n = \sum_{n=0}^{n} a_n x^n \qquad (7\text{-}62)$$

此时函数系不能在某一区间上构成为正交系。通过适当的手段使之正交化，便得到形状稍微复杂，但却是多项式的正交系，即所谓 Legendre 多项式。

设取式(7-57)所示的函数系

$$\{\varphi_0(x), \varphi_1(x), \varphi_2(x), \cdots, \varphi_n(x)\} = \{1, x, x^2, \cdots, x^n\}$$

通过 Schmidt 正交化步骤，使之正交化，并将自变量所在的区间取为 $[-1,1]$，而使经过正交化后的函数系为

$$\{\Psi_0(x), \Psi_1(x), \cdots, \Psi_n(x)\}$$

它要满足正交性条件，即

$$\int_{-1}^{1} \Psi_i(x) \Psi_j(x) \mathrm{d}x = 0 \quad (i \neq j) \qquad (7\text{-}63)$$

且进一步使之满足归一化条件：

$$\int_{-1}^{1} \Psi_i^2(x) \mathrm{d}x = 1 \quad (i = 0, 1, 2, \cdots) \qquad (7\text{-}64)$$

令 $\Psi_0(x) = a_{00} \varphi_0(x) = a_{00}$，为了满足条件(7-64)，应有：

$$\int_{-1}^{1} \Psi_0^2(x) \mathrm{d}x = \int_{-1}^{1} a_{00}^2 \mathrm{d}x = 2a_{00}^2 = 1$$

即求得

$$\Psi_0(x) = \sqrt{\frac{1}{2}}$$

令 $\Psi_1(x) = a_{10} \varphi_0(x) + a_{11} \varphi_1(x) = a_{10} + a_{11} x$，为了满足条件(7-63)和(7-64)，应有：

$$\int_{-1}^{1} \Psi_0(x) \Psi_1(x) \mathrm{d}x = \int_{-1}^{1} \sqrt{\frac{1}{2}} (a_{10} + a_{11} x) \mathrm{d}x = 0$$

及

$$\int_{-1}^{1} \Psi_1^2(x) \mathrm{d}x = \int_{-1}^{1} (a_{10} + a_{11} x)^2 \mathrm{d}x = 1$$

得出
$$a_{10} = 0, \quad a_{11} = \sqrt{\frac{3}{2}}$$

于是
$$\Psi_1(x) = \sqrt{\frac{3}{2}} x$$

令 $\Psi_2(x) = a_{20}\varphi_0(x) + a_{21}\varphi_1(x) + a_{22}\varphi_2(x)$，它应满足

$$\int_{-1}^{1} \Psi_2(x)\Psi_0(x)\mathrm{d}x = 0$$

$$\int_{-1}^{1} \Psi_2(x)\Psi_1(x)\mathrm{d}x = 0$$

$$\int_{-1}^{1} \Psi_2^2(x)\mathrm{d}x = 1$$

即得出：
$$a_{20} + \frac{1}{3}a_{22} = 0$$

$$a_{21} = 0$$

$$2a_{20}^2 + \frac{2}{5}a_{22}^2 + \frac{4}{3}a_{20}a_{22} = 1$$

由此可解得 $a_{20} = -\frac{1}{2}\sqrt{\frac{5}{2}}, a_{21} = 0, a_{22} = \frac{3}{2}\sqrt{\frac{5}{2}}$，从而得出：

$$\Psi_2(x) = \sqrt{\frac{5}{2}}\left(\frac{3}{2}x^2 - \frac{1}{2}\right)$$

类似地可得

$$\Psi_3(x) = \sqrt{\frac{7}{2}}\left(\frac{5}{2}x^3 - \frac{3}{2}x\right)$$

$$\Psi_4(x) = \sqrt{\frac{9}{2}}\left(\frac{35}{8}x^4 - \frac{30}{8}x^2 + \frac{3}{8}\right)$$

所得的函数系 $\{\Psi_0(x), \Psi_1(x), \cdots\}$ 称为归一化的 Legendre 多项式，它在区间 $[-1,1]$ 上是正交的，这是一种重要的正交多项式。

在遥感图像处理系统中的几何处理程序，例如美国的 I^2S101 系统使用了 Legendre 正交多项式进行美国陆地卫星 MSS 图像的精纠正。与一般多项式相比，可借以减小由于控制点点位分布不合理而造成平差过程中法方程式系数矩阵的奇异现象。此时把 Legendre 多项式应用在 $\bar{X}$ 和 $\bar{Y}$ 二维坐标系中为：

$$\left.\begin{aligned}x = a_0 &+ [a_1 P_1(\overline{X}) + a_2 P_1(\overline{Y})] + [a_3 P_2(\overline{X}) + a_4 P_1(\overline{X}) P_1(\overline{Y})\\ &+ a_5 P_2(\overline{Y})] + [a_6 P_3(\overline{X}) + a_7 P_2(\overline{X}) P_1(\overline{Y})\\ &+ a_8 P_1(\overline{X}) P_2(\overline{Y}) + a_9 P_3(\overline{Y})]\end{aligned}\right\} \quad (7\text{-}65)$$

$$y = b_0 + \cdots (\text{与 } x \text{ 形式相同,只把 } a \text{ 系数改为 } b)$$

其中：x,y 为影像坐标。$\overline{X},\overline{Y}$ 为地面坐标，X,Y 经重心化并规范化（取值范围在 $(-1,1)$ 之间的坐标）后的坐标，示如图 7-1。

$$\left.\begin{aligned}\overline{X} &= \left(X - \frac{X_B + X_E}{2}\right) \bigg/ \left(X_E - \frac{X_B + X_E}{2}\right)\\ &= [2X - (X_B + X_E)]/(X_E - X_B)\\ \overline{Y} &= \left(Y - \frac{Y_B + Y_E}{2}\right) \bigg/ \left(Y_E - \frac{Y_B + Y_E}{2}\right)\\ &= [2Y - (Y_B + Y_E)]/(Y_E - Y_B)\end{aligned}\right\} \quad (7\text{-}66)$$

X_E, X_B, Y_E, Y_B 为输出影像范围的边界坐标值。

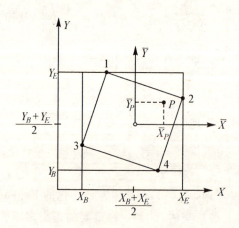

图 7-1

其中 Legendre 正交多项式的展开项按上面对 $\Psi_i(x)$ 的推导取为：（Z 代表 $\overline{X}$ 或 $\overline{Y}$）

$$P_0(Z) = 1$$

$$P_1(Z) = Z$$

$$P_2(Z) = \frac{1}{2}(3Z^2 - 1)$$

$$P_3(Z) = \frac{1}{2}(5Z^3 - 3Z) \qquad (7\text{-}67)$$

$$P_4(Z) = \frac{1}{8}(35Z^4 - 30Z^2 + 3)$$

……

$$P_{k+1}(Z) = \frac{2k+1}{k+1}Z \cdot P_k(Z) - \frac{k}{k+1}P_{k-1}(Z)$$

第八章 阵列代数在数字地面模型中的应用

第一节 概 述

现代的量测技术很多都需要处理多维的数据。例如对平面上的坐标问题需要处理二维坐标 x,y;空间内有三维坐标 X,Y,Z。而在例如人造卫星的观测技术中,则常常需要处理至少四维坐标 X,Y,Z,t(t 为时间)。可是例常在多维情况下总是使用线性代数工具处理那种多维的数据,而集中于解算一种如下形式的线性方程组

$$\underset{m\times n}{B}\underset{n\times 1}{X}=\underset{m\times 1}{L}-\underset{m\times 1}{V} \tag{8-1}$$

其中参数 X,V 和观测值 L 都是一维的矢量。

阵列代数是一个新的有力的数学工具,用以扩展线性代数,解决多维数据问题。于是上述的矩阵方程可扩展到一种 i 维的阵列方程。相应于式(8-1)中的 $\underset{n_1,n_2,\cdots,n_i}{X}$, $\underset{m_1,m_2,\cdots,m_i}{L}$, $\underset{m_1,m_2,\cdots,m_i}{V}$ 此时均为 i 维阵列,与 i 个分块矩阵 $\underset{m_1\times n_1}{B_1}$, $\underset{m_2\times n_2}{B_2}$, $\cdots$, $\underset{m_k\times n_k}{B_k}$, $\cdots$, $\underset{m_i\times n_i}{B_i}$ 相组合。例如在二维情况下,其阵列方程式可以表示为:

$$\underset{m_1\times n_1}{B_1}\underset{n_1\times n_2}{X}\underset{n_2\times m_2}{B_2^T}=\underset{m_1\times m_2}{L}-\underset{m_1\times m_2}{V} \tag{8-2}$$

在更多一些维的情况下,用一般的矩阵以及张量代数的符号系统将无法表示。因此阵列代数的一个重要部分就是设计出表达多维线性运算中的符号和语法规则,其特点是在一定条件之下能将一个用式(8-1)表达的高阶矩阵,分解成为两个或多个低阶矩阵,从而使计算大为简化,而且可以节省存储的单元。

第八章 阵列代数在数字地面模型中的应用

并不是所有的多维问题都可以直接用阵列代数表达,观测值必须能表达成一种阵列或方格的方式,并且这个数学模型必须有可分开的变量或设计矩阵。这种需要是等同于逐步处理一维模式的技术,也就是每次沿着一个变量的方向进行处理的技术。有时候这种理论上的限制,可以通过某种设计的技巧克服。

第二节 二维阵列代数

一、一个简单的算例

现在从一个最简单的例子说起。假设在数字地面模型中求高程的公式用:

$$h = a_1 + a_2 x + a_3 x^2 + a_4 y + a_5 xy + a_6 x^2 y \tag{8-3}$$

表达,而利用图 8-1 所示规则图形上 6 个点的已知高程,以算求式(8-3)中的各参数值 $a_i(i=1,2,\cdots,6)$。这个问题实质上乃是利用式(8-1)形式的线性代数解算二维(x,y)上的问题。

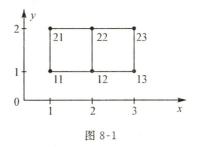

图 8-1

现按图 8-1 的编号方式,则解算的方程式可列出为:

$$\begin{pmatrix} h_{11} \\ h_{12} \\ h_{13} \\ h_{21} \\ h_{22} \\ h_{23} \end{pmatrix} = \begin{pmatrix} 1 & x_{11} & x_{11}^2 & y_{11} & x_{11}y_{11} & x_{11}^2 y_{11} \\ 1 & x_{12} & x_{12}^2 & y_{12} & x_{12}y_{12} & x_{12}^2 y_{12} \\ \vdots & \vdots & \vdots & \vdots & \vdots & \vdots \\ 1 & x_{23} & x_{23}^2 & y_{23} & x_{23}y_{23} & x_{23}^2 y_{23} \end{pmatrix} \begin{pmatrix} a_1 \\ a_2 \\ a_3 \\ a_4 \\ a_5 \\ a_6 \end{pmatrix} \tag{8-4}$$

或写成:

$$\underset{6\times1}{h} = \underset{6\times6}{F}\ \underset{6\times1}{a} \tag{8-5}$$

这个式子可以列成相应于式(8-2)的形式为：

$$\begin{bmatrix} h_{11} & h_{12} & h_{13} \\ h_{21} & h_{22} & h_{23} \end{bmatrix} = \begin{bmatrix} 1 & y_1 \\ 1 & y_2 \end{bmatrix}\begin{bmatrix} a_1 & a_2 & a_3 \\ a_4 & a_5 & a_6 \end{bmatrix}\begin{bmatrix} 1 & x_1 & x_1^2 \\ 1 & x_2 & x_2^2 \\ 1 & x_3 & x_3^2 \end{bmatrix}^T \tag{8-6}$$

或写成：

$$\underset{2\times3}{H} = \underset{2\times2}{Y}\ \underset{2\times3}{A}\ \underset{3\times3}{X^T} \tag{8-7}$$

式(8-6)中对坐标间相乘后的角标应按下列规则改写，例如

$$y_1 x_2 \Rightarrow y_{12} x_{12}$$

由式(8-7)解算待定的参数为：

$$\underset{2\times3}{A} = \underset{2\times2}{Y^{-1}}\ \underset{2\times3}{H}\ \underset{3\times3}{X^{T-1}} \tag{8-8}$$

这种分解的办法要求式(8-4)或式(8-1)能满足两个条件：一是点的排列必须是成格网状的规则图形；二是高阶矩阵式(8-5)中的 $\underset{m\times n}{F}$（即式(8-1)中的 $\underset{m\times n}{B}$）能够分解成为按矩阵直积乘法规律相乘 x 和 y 方向的两个矩阵 $\underset{m_x\times n_x}{X}$ 和 $\underset{m_y\times n_y}{Y}$（见附录三）。

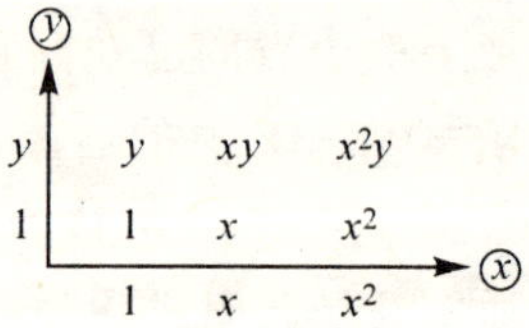

例如式(8-4)系数矩阵中的一个行阵可以按下式分解（参考图8-2）：

令

$$\underset{1\times3}{X} = [1, x, x^2]$$

$$\underset{1\times2}{Y} = [1, y]$$

则 $[1, x, x^2, y, xy, x^2 y] = [1, y] \otimes \underset{1\times3}{X} = \underset{1\times2}{Y} \otimes \underset{1\times3}{X}$ 式中 $\otimes$ 为直积符号。

图 8-2

这样使得式(8-5)中一个 6×6 阶矩阵的求逆问题，简化成为式(8-7)中一个 2×2 和一个 3×3 阶矩阵的求逆问题。计算工作量的比值近似地为 $\dfrac{2^3 + 3^3}{6^3} = \dfrac{35}{216} \approx \dfrac{1}{6}$。当待定参数数目以及维数增多时，则对计算工作量的节省将更加显著。

二、公式总列

总结以上的讨论,得出以下的规律:(当 F 为正方形矩阵时)
多项式形式:

$$\underset{n\times 1}{h} = \underset{n\times n}{F}\underset{n\times 1}{a} = [\underset{n_y\times n_y}{Y} \otimes \underset{n_x\times n_x}{X}]\underset{(n_y\times n_x)\times 1}{a} \tag{8-9}$$

$$\underset{n\times 1}{a} = \underset{n\times n}{F^{-1}}\underset{n\times 1}{h} = [\underset{n_y\times n_y}{Y} \otimes \underset{n_x\times n_x}{X}]^{-1}\underset{n\times 1}{h} = [\underset{n_y\times n_y}{Y^{-1}} \otimes \underset{n_x\times n_x}{X^{-1}}]\underset{n\times 1}{h} \tag{8-10}$$

其中 $n = n_y n_x$,参考附录三中的式(7)。

阵列代数形式:

$$\underset{n_y\times n_x}{H} = \underset{n_y\times n_y}{Y}\underset{n_y\times n_x}{A}\underset{n_x\times n_x}{X^{\mathrm{T}}} \tag{8-11}$$

$$\underset{n_y\times n_x}{A} = \underset{n_y\times n_y}{Y^{-1}}\underset{n_y\times n_x}{H}\underset{n_x\times n_x}{X^{\mathrm{T}-1}} \tag{8-12}$$

三、三次曲面分块内插法

现举在数字地面模型中分块多项式内插的例子。设在方格网数据点条件下用三次曲面法以每一个方格网作为分块单元。把每分块四个角点所构成的曲面按下面的公式表示为(见《摄影测量原理》式(22-7)):

$$\begin{aligned}z = f(x,y) = & a_1 + a_2 x + a_3 x^2 + a_4 x^3 + a_5 y + a_6 xy + a_7 x^2 y \\ & + a_8 x^3 y + a_9 y^2 + a_{10} xy^2 + a_{11} x^2 y^2 + a_{12} x^3 y^2 \\ & + a_{13} y^3 + a_{14} xy^3 + a_{15} x^2 y^3 + a_{16} x^3 y^3\end{aligned} \tag{8-13}$$

其中 $0 \leqslant x \leqslant 1, 0 \leqslant y \leqslant 1$。显然上式中系数的组合符合于

$$X = \begin{bmatrix} 1 & x & x^2 & x^3 \end{bmatrix}, \quad Y = \begin{bmatrix} 1 & y & y^2 & y^3 \end{bmatrix}$$

$$Z = Y \otimes X = \begin{bmatrix} 1 & x & x^2 & x^3 & y & xy & x^2 y & x^3 y & y^2 & xy^2 \\ & & & & x^2 y^2 & x^3 y^2 & y^3 & xy^3 & x^2 y^3 & x^3 y^3 \end{bmatrix}$$

因此可以利用阵列代数的表示方法表达为:

$$z = \begin{bmatrix} 1 & y & y^2 & y^3 \end{bmatrix} A \begin{bmatrix} 1 & x & x^2 & x^3 \end{bmatrix}^{\mathrm{T}} \tag{8-14}$$

其中

$$A = \begin{pmatrix} a_1 & a_2 & a_3 & a_4 \\ a_5 & a_6 & a_7 & a_8 \\ a_9 & a_{10} & a_{11} & a_{12} \\ a_{13} & a_{14} & a_{15} & a_{16} \end{pmatrix}$$

由于此时只有四个数据点而待定参数 a 共有 16 个,因此对每个数据点除需要已知其高程 z 之外,还需要已知其点处在 x 方向的倾斜 $z_x = \frac{\partial z}{\partial x}$,在 y 方向的倾斜 $z_y = \frac{\partial z}{\partial y}$ 和其二阶混合导数 $z_{xy} = \frac{\partial^2 z}{\partial x \partial y}$。这些数据的近似值可以通过其邻近的格网点的高程算求(参考《摄影测量原理》式(22-9))。各导数值可得自式(8-14)为

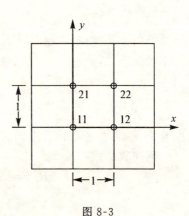

图 8-3

$$z_x = \begin{bmatrix} 1 & y & y^2 & y^3 \end{bmatrix} \mathbf{A} \begin{bmatrix} 0 & 1 & 2x & 3x^2 \end{bmatrix}^\mathrm{T}$$
$$z_y = \begin{bmatrix} 0 & 1 & 2y & 3y^2 \end{bmatrix} \mathbf{A} \begin{bmatrix} 1 & x & x^2 & x^3 \end{bmatrix}^\mathrm{T}$$
$$z_{xy} = \begin{bmatrix} 0 & 1 & 2y & 3y^2 \end{bmatrix} \mathbf{A} \begin{bmatrix} 0 & 1 & 2x & 3x^2 \end{bmatrix}^\mathrm{T} \quad (8\text{-}15)$$

如图 8-3 所示,现在把四个点 11,12,21,22 处的 16 个数据排成如下的矩阵形式:

$$\mathbf{Z} = \begin{pmatrix} (z)_{11} & (z_x)_{11} & (z)_{12} & (z_x)_{12} \\ (z_y)_{11} & (z_{xy})_{11} & (z_y)_{12} & (z_{xy})_{12} \\ (z)_{21} & (z_x)_{21} & (z)_{22} & (z_x)_{22} \\ (z_y)_{21} & (z_{xy})_{21} & (z_y)_{22} & (z_{xy})_{22} \end{pmatrix} \quad (8\text{-}16)$$

在上式中代入由式(8-14),式(8-15)以及四个点的 x,y 坐标:点 11(0,0),点 12(1,0),点 21(0,1) 和点 22(1,1),得出的 $\mathbf{Y}$ 及 $\mathbf{X}$ 相同的矩阵形式为:

$$\mathbf{Y} = \mathbf{X} = \begin{pmatrix} 1 & 0 & 0 & 0 \\ 0 & 1 & 0 & 0 \\ 1 & 1 & 1 & 1 \\ 0 & 1 & 2 & 3 \end{pmatrix}$$

故可列为方程式:

$$\mathbf{Z} = \mathbf{Y} \mathbf{A} \mathbf{X}^\mathrm{T} \quad (8\text{-}17)$$

第八章 阵列代数在数字地面模型中的应用

从而可以求得 16 个待定的参数值为：

$$A = Y^{-1} Z (X^{T})^{-1} \tag{8-18}$$

其中

$$Y^{-1} = X^{-1} = \begin{pmatrix} 1 & 0 & 0 & 0 \\ 0 & 1 & 0 & 0 \\ -3 & -2 & 3 & -1 \\ 2 & 1 & -2 & 1 \end{pmatrix} \tag{8-19}$$

当点 11,12,21,22 所组成的方块是以 i,j 为原点的某一局部块时，在上述式(8-16)中对 Z 矩阵中的脚注 1 和 2 应分别改为 $i,i+1,j$, $j+1$。

第三节 平差(过滤)的阵列代数解法

在式(8-4)及式(8-5)中，当 h 的观测值数目 m 多于待定参数的数目 n 时，则 $\underset{m \times n}{F}$ 阵为长方形矩阵。即式(8-9)的相应公式为

$$\underset{m \times 1}{h} = \underset{m \times n}{F} \underset{n \times 1}{a} = [\underset{m_y \times n_y}{Y} \otimes \underset{m_x \times n_x}{X}] \underset{(n_y \times n_x) \times 1}{a} \tag{8-20}$$

其中 $n = n_y n_x, \quad m = m_y m_x$

此时需用最小二乘法多项式拟合法解算。按式(8-20)列出误差方程式为：

$$\underset{m \times 1}{v} = \underset{m \times n}{F} \underset{n \times 1}{\hat{a}} - \underset{m \times 1}{h}$$

从而求出 $\underset{n \times 1}{a}$ 的平差值 $\underset{n \times 1}{\hat{a}}$ 为：

$$\underset{n \times 1}{\hat{a}} = [\underset{n \times m}{F^{T}} \underset{m \times n}{F}]^{-1} \underset{n \times m}{F^{T}} \underset{m \times 1}{h} = \underset{n \times m}{F_{L}^{-1}} \underset{m \times 1}{h} \tag{8-21}$$

其中

$$F_L^{-1} = [F^T F]^{-1} F^T \tag{8-22}$$

称之为 F 的 L 逆矩阵(左逆矩阵)。

假设

$$\underset{m \times n}{F} = \underset{m_y \times n_y}{Y} \otimes \underset{m_x \times n_x}{X}$$

则按直积定理(附录三之式(8))：

$$\underset{n \times 1}{\hat{a}} = [\underset{m_y \times n_y}{Y} \otimes \underset{m_x \times n_x}{X}]_L^{-1} \underset{m \times 1}{h} = [\underset{n_y \times m_y}{Y_L^{-1}} \otimes \underset{n_x \times m_x}{X_L^{-1}}] \underset{m \times 1}{h} \tag{8-23}$$

其中按定义式(8-22)：

$$X_L^{-1} = [X^T X]^{-1} X^T$$
$$Y_L^{-1} = [Y^T Y]^{-1} Y^T \qquad (8\text{-}24)$$

仿式(8-12)的改化规律,则按阵列代数形式,得:

$$\underset{n_y \times n_x}{A} = \underset{n_y \times m_y}{[Y_L^{-1}]} \underset{m_y \times m_x}{H} \underset{m_x \times n_x}{[X_L^{T-1}]} = \underset{n_y \times m_y}{[Y^T} \underset{m_y \times n_y}{Y]^{-1}} \underset{n_y \times m_y}{Y^T} \underset{m_y \times m_x}{H} \underset{m_x \times n_x}{X} \underset{n_x \times m_x}{[X^T} \underset{m_x \times n_x}{X]^{-1}} \qquad (8\text{-}25)$$

比较式(8-22)与式(8-25)可知按原解需做 $n = n_x n_y$ 阶矩阵的求逆,现改为 n_y 及 n_x 阶的两个矩阵求逆。

利用这种阵列代数方法求解也可以考虑观测值的权。此时每一个权值要能分解,使与格网点上每个 x 坐标和 y 坐标相联系,即

$$\underset{m \times m}{P} = \underset{m_y \times m_y}{P_y} \otimes \underset{m_x \times m_x}{P_x} \qquad (8\text{-}26)$$

当 P_y 及 P_x 为对角线阵时就是这种情况,即

$$P_y \otimes P_x = \begin{bmatrix} p_{y_1} & & & \\ & p_{y_2} & & \\ & & \ddots & \\ & & & p_{m_y} \end{bmatrix} \otimes \begin{bmatrix} p_{x_1} & & & \\ & p_{x_2} & & \\ & & \ddots & \\ & & & p_{m_x} \end{bmatrix}$$

亦即 $\quad p_{ij} = p_{y_i} p_{x_j}$

式(8-21),式(8-23)带权的形式为

$$\underset{n \times 1}{\hat{a}} = \underset{n \times m}{[F^T} \underset{m \times m}{P} \underset{m \times n}{F]^{-1}} \underset{n \times m}{F^T} \underset{m \times m}{P} \underset{m \times 1}{h}$$

$$= [\underset{m_y \times n_y}{(Y} \otimes \underset{m_x \times n_x}{X})^T (\underset{m_y \times m_y}{P_y} \otimes \underset{m_x \times m_x}{P_x})(\underset{m_y \times n_y}{Y} \otimes \underset{m_x \times n_x}{X})]^{-1} [\underset{m_y \times n_y}{Y} \otimes \underset{m_x \times n_x}{X}]^T$$

$$\times [\underset{m_y \times m_y}{P_y} \otimes \underset{m_x \times m_x}{P_x}] \underset{m \times 1}{h}$$

$$= \{[(Y^T P_y Y)^{-1} Y^T P_y] \otimes [(X^T P_x X)^{-1} X^T P_x]\} h \qquad (8\text{-}27)$$

式(8-25)带权形式为

$$A = (Y^T P_y Y)^{-1} Y^T P_y H P_x X (X^T P_x X)^{-1} \qquad (8\text{-}28)$$

第四节 多维阵列代数

首先仍由前述二维的具体例子开始讨论。

为了转入到三维以及多维情况的需要,把式(8-6)和式(8-7)所代

表的内容用更一般化的符号表达二维阵列代数如下：

$$\begin{bmatrix} h_{11} & h_{12} & h_{13} \\ h_{21} & h_{22} & h_{23} \end{bmatrix} = \begin{bmatrix} (k_1)_{11} & (k_1)_{12} \\ (k_1)_{21} & (k_1)_{22} \end{bmatrix} \begin{bmatrix} a_{11} & a_{12} & a_{13} \\ a_{21} & a_{22} & a_{23} \end{bmatrix} \begin{bmatrix} (k_2)_{11} & (k_2)_{12} & (k_2)_{13} \\ (k_2)_{21} & (k_2)_{22} & (k_2)_{23} \\ (k_2)_{31} & (k_2)_{32} & (k_2)_{33} \end{bmatrix}^{\mathrm{T}}$$

(8-29)

$$\underset{2\times 3}{\boldsymbol{H}} = \underset{2\times 2}{\boldsymbol{K}_1} \underset{2\times 3}{\boldsymbol{A}} \underset{3\times 3}{\boldsymbol{K}_2^{\mathrm{T}}} \tag{8-30}$$

上式中用 $\boldsymbol{K}_1\boldsymbol{K}_2$ 分别代替了原例中的 $\boldsymbol{Y}$ 和 $\boldsymbol{X}$，而用一般的 k 代替了原例中具体的对 x 和 y 的多项式规律。

再进一步仍是为了以后多维情况的参考，可以把 $\boldsymbol{K}_2$ 和 $\boldsymbol{K}_1$ 同等地写在矩阵 $\boldsymbol{A}$ 前面的位置，如下：

$$\underset{2\times 3}{\boldsymbol{H}} = \underset{2\times 2}{\boldsymbol{K}_1^1} \underset{3\times 3}{\boldsymbol{K}_2^2} \underset{2\times 3}{\boldsymbol{A}}$$

式中上角标表示当矩阵 $\boldsymbol{K}$ 与 $\boldsymbol{A}$ 相乘时分别顾及到与矩阵 $\boldsymbol{A}$ 内的1(即原例中的 y 坐标)或2(即原例中的 x 坐标)相匹配。其一般式为：

$$\underset{m_1\times m_2}{\boldsymbol{H}} = \underset{m_1\times n_1}{\boldsymbol{K}_1^1} \underset{m_2\times n_2}{\boldsymbol{K}_2^2} \underset{n_1\times n_2}{\boldsymbol{A}} \tag{8-31}$$

将式(8-30)、式(8-31)写成总和形式为：

$$h_{r_1 r_2} = \sum_{j_1=1}^{n_1}\sum_{j_2=1}^{n_2} (k_1)_{r_1 j_1}(k_2)_{r_2 j_2} a_{j_1 j_2} \tag{8-32}$$

$h_{r_1 r_2}$ 是矩阵 $\boldsymbol{H}$ 中的任何一项。

此时在上述例子中

$$n_1 = 2$$
$$n_2 = 3$$
$$r_1 = 1,2$$
$$r_2 = 1,2,3$$
$$j_1 = 1,2$$
$$j_2 = 1,2,3$$

在三维情况下式(8-31)、式(8-32)分别为

$$\underset{m_1,m_2,m_3}{\boldsymbol{H}} = \underset{m_1,n_1}{\boldsymbol{K}_1^1} \underset{m_2,n_2}{\boldsymbol{K}_2^2} \underset{m_3,n_3}{\boldsymbol{K}_3^3} \underset{n_1,n_2,n_3}{\boldsymbol{A}} \tag{8-33}$$

$$h_{r_1 r_2 r_3} = \sum_{j_1=1}^{n_1}\sum_{j_2=1}^{n_2}\sum_{j_3=1}^{n_3} (k_1)_{r_1 j_1}(k_2)_{r_2 j_2}(k_3)_{r_3 j_3}(a)_{j_1 j_2 j_3} \tag{8-34}$$

对多维的情况依此类推。现举一个三维的应用例子说明如下:

图 8-4 代表一个长立方体形的屋子,其长(x)宽(y)高(z)分别为 $2l,2m,2n$。在其八个角点 $j_1j_2j_3$ 为 $111,121,\cdots,222$ 处量测得的温度 t_0 为阵列:

$$T_0_{2,2,2} = \left\{ (t_0)_{j_1j_2j_3} \begin{matrix} j_1=1,2 \\ j_2=1,2 \\ j_3=1,2 \end{matrix} \right. \qquad (8\text{-}35)$$

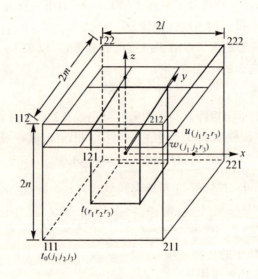

图 8-4

现在的问题是求出仍以该屋子中心为中心的另一小屋八个角点($r_1r_2r_3$ 为 $111,121,\cdots,222$)处的温度为若干。小屋的角点坐标 x 方向为 $\pm p_1 l$,y 方向为 $\pm p_2 m$,z 方向为 $\pm p_3 n$,而 $0<p_1,p_2,p_3<1$。室内温度的变化用线性内插。

阵列 $T_0_{2,2,2}$ 在每一个空间坐标 x,y,z 方向只包含有两个量测值,因此其单独在一个方向,例如在 z 方向中的内插函数为:

$$t_{01} = a_0 + a_1 z_{01}$$
$$t_{02} = a_0 + a_1 z_{02} \qquad (8\text{-}36)$$

式中 t_{01},t_{02} 设为在 z 方向,坐标分别为 z_{01} 及 z_{02} 处所量测的温度值,或

写成

$$\begin{bmatrix} t_{01} \\ t_{02} \end{bmatrix} = \begin{bmatrix} 1 & z_{01} \\ 1 & z_{02} \end{bmatrix} \begin{bmatrix} a_0 \\ a_1 \end{bmatrix}$$

从而算得参数 $a_0 a_1$ 值为：

$$\begin{bmatrix} a_0 \\ a_1 \end{bmatrix} = \begin{bmatrix} 1 & z_{01} \\ 1 & z_{02} \end{bmatrix}^{-1} \begin{bmatrix} t_{01} \\ t_{02} \end{bmatrix}$$

在 z 方向坐标为 z_1 及 z_2 处的温度 $w_1 w_2$ 可按下式计算：

$$\begin{bmatrix} w_1 \\ w_2 \end{bmatrix} = \begin{bmatrix} 1 & z_1 \\ 1 & z_2 \end{bmatrix} \begin{bmatrix} 1 & z_{01} \\ 1 & z_{02} \end{bmatrix}^{-1} \begin{bmatrix} t_{01} \\ t_{02} \end{bmatrix} \quad (8\text{-}37)$$

现称

$$\begin{bmatrix} w_1 \\ w_2 \end{bmatrix} = K_3 \begin{bmatrix} t_{01} \\ t_{02} \end{bmatrix} \quad (8\text{-}38)$$

则按照图 8-4 所用的具体数据，按式(8-37)，式(8-38) 为：

$$K_3 = \begin{bmatrix} (k_3)_{11} & (k_3)_{12} \\ (k_3)_{21} & (k_3)_{22} \end{bmatrix} = \begin{pmatrix} 1 & -p_3 n \\ 1 & p_3 n \end{pmatrix} \begin{pmatrix} 1 & -n \\ 1 & n \end{pmatrix}^{-1} = \begin{pmatrix} \dfrac{1+p_3}{2} & \dfrac{1-p_3}{2} \\ \dfrac{1+p_3}{2} & \dfrac{1-p_3}{2} \end{pmatrix}$$

同理可以在 y 方向及 x 方向中，列出线性内插函数中的 K_2 及 K_1 值。总列其结果为：

$$\text{对 } z: \quad K_3 = \begin{pmatrix} (k_3)_{11} & (k_3)_{12} \\ (k_3)_{21} & (k_3)_{22} \end{pmatrix} = \begin{pmatrix} \dfrac{1+p_3}{2} & \dfrac{1-p_3}{2} \\ \dfrac{1-p_3}{2} & \dfrac{1+p_3}{2} \end{pmatrix}$$

$$\text{对 } y: \quad K_2 = \begin{pmatrix} (k_2)_{11} & (k_2)_{12} \\ (k_2)_{21} & (k_2)_{22} \end{pmatrix} = \begin{pmatrix} \dfrac{1+p_2}{2} & \dfrac{1-p_2}{2} \\ \dfrac{1-p_2}{2} & \dfrac{1+p_2}{2} \end{pmatrix} \quad (8\text{-}39)$$

$$\text{对 } x: \quad K_1 = \begin{pmatrix} (k_1)_{11} & (k_1)_{12} \\ (k_1)_{21} & (k_1)_{22} \end{pmatrix} = \begin{pmatrix} \dfrac{1+p_1}{2} & \dfrac{1-p_1}{2} \\ \dfrac{1-p_1}{2} & \dfrac{1+p_1}{2} \end{pmatrix}$$

现在针对图 8-4 的具体情况，例如首先在 z 方向分别沿着四条屋角线进行内插(每条线上内插两个点),其通用的内插函数按式(8-38)对下方内插点 j_1j_21 及上方内插点 j_1j_22 分别得：

$$w_{j_1j_21} = (k_3)_{11}(t_0)_{j_1j_21} + (k_3)_{12}(t_0)_{j_1j_22}$$

$$w_{j_1j_22} = (k_3)_{21}(t_0)_{j_1j_21} + (k_3)_{22}(t_0)_{j_1j_22}$$

把两式结合起来为：

$$\text{第一步,} w_{j_1j_2r_3} = \sum_{j_3=1}^{2}(k_3)_{r_3j_3}(t_0)_{j_1j_2j_3}; \quad \begin{array}{l} r_3 = 1,2 \\ j_1 = 1,2 \\ j_2 = 1,2 \end{array} \quad (8\text{-}40)$$

此时需要在下式表示的八个新的已知温度的点内进行进一步内插。

$$\begin{bmatrix} w_{j_1j_2r_3} \end{bmatrix} \begin{array}{l} j_1 = 1,2 \\ j_2 = 1,2 \\ r_3 = 1,2 \end{array}$$

其次在 y 方向分别沿着新建立的四条 y 方向线,对两个点 j_11r_3 和 j_12r_3 进行内插,仿式(8-40)可知为：

$$\text{第二步,} u_{j_1r_2r_3} = \sum_{j_2=1}^{2}(k_2)_{r_2j_2}w_{j_1j_2r_3}; \quad \begin{array}{l} j_1 = 1,2 \\ r_2 = 1,2 \\ r_3 = 1,2 \end{array} \quad (8\text{-}41)$$

同理最后对 x 方向的内插为：

$$\text{第三步,} t_{r_1r_2r_3} = \sum_{j_1=1}^{2}(k_1)_{r_1j_1}u_{j_1r_2r_3}; \quad \begin{array}{l} r_1 = 1,2 \\ r_2 = 1,2 \\ r_3 = 1,2 \end{array} \quad (8\text{-}42)$$

把式(8-40),式(8-41),式(8-42)综合起来得：

$$t_{r_1r_2r_3} = \sum_{j_1=1}^{n_1}\sum_{j_2=1}^{n_2}\sum_{j_3=1}^{n_3}(k_1)_{r_1j_1}(k_2)_{r_2j_2}(k_3)_{r_3j_3}(t_0)_{j_1j_2j_3}; \quad \begin{array}{l} r_1 = 1,2 \\ r_2 = 1,2 \\ r_3 = 1,2 \\ n_1 = n_2 = n_3 = 2 \end{array}$$

$$(8\text{-}43)$$

第九章 摄影测量中的投影变换理论

第一节 投 影 变 换

最一般的线性变换是投影变换或称直射变换或共线变换(Collineation)。其在三维中的解析形式为：

$$x = \frac{a_{11}X + a_{12}Y + a_{13}Z + a_{14}}{a_{41}X + a_{42}Y + a_{43}Z + a_{44}}$$

$$y = \frac{a_{21}X + a_{22}Y + a_{23}Z + a_{24}}{a_{41}X + a_{42}Y + a_{43}Z + a_{44}} \tag{9-1}$$

$$z = \frac{a_{31}X + a_{32}Y + a_{33}Z + a_{34}}{a_{41}X + a_{42}Y + a_{43}Z + a_{44}}$$

这个变换包含有三个线性分数函数，具有相同的分母。它由三维空间的一个点(X,Y,Z)变换成另一个点(x,y,z)。投影变换的一个重要特征是一个曲线经变换后其曲线的项次不变。因此一条直线上的一些点子（称之为共线点）通过这种变换以后，仍为另一条直线上的点子，由原来变数表达的平面转变成由新变数表达的平面。例如有一个平面方程式：

$$Ax + By + Cz + D = 0 \tag{9-2}$$

代入式(9-1)中经整理后得出：

$$(Aa_{11} + Ba_{21} + Ca_{31} + Da_{41})X + (Aa_{12} + Ba_{22} + Ca_{32} + Da_{42})Y$$
$$+ (Aa_{13} + Ba_{23} + Ca_{33} + Da_{43})Z + (Aa_{14} + Ba_{24} + Ca_{34} + Da_{44}) = 0$$
$$\tag{9-3}$$

仍是一个平面的方程式。

投影变换的另一个重要特征是对空间点子，在有限空间与无限空间之间没有基本的区分。例如当某任意点(X,Y,Z)满足：

$$a_{41}X + a_{42}Y + a_{43}Z + a_{44} = 0$$

时,则按式(9-1)的变换,可知其相应 xyz 的平面位在无穷远处。

仿射变换是投影变换的一种,其条件为

$$a_{41} = a_{42} = a_{43} = 0 \quad a_{44} \neq 0$$

现如在式(9-1)中把 a_{ij}/a_{44} 代以 a_{ij},则得出仿射变换的式子为:

$$\begin{aligned} x &= a_{11}X + a_{12}Y + a_{13}Z + a_{14} \\ y &= a_{21}X + a_{22}Y + a_{23}Z + a_{24} \\ z &= a_{31}X + a_{32}Y + a_{33}Z + a_{34} \end{aligned} \quad (9\text{-}4)$$

在仿射变换中点与点,线与线,面与面之间仍是相对应的。但也投影变换不同的是有限空间的点仍变换到有限空间。经仿射变换后,线段间保持其平行性,但不保持其垂直性。

在仿射变换中当满足下列行列式的条件时,

$$\begin{vmatrix} a_{11} & a_{12} & a_{13} \\ a_{21} & a_{22} & a_{23} \\ a_{31} & a_{32} & a_{33} \end{vmatrix} = 1 \quad (9\text{-}5)$$

则变换图形将保持其面积,但不保持其形状。

当仿射变换中其变换矩阵 $\boldsymbol{A}$

$$\boldsymbol{A} = \begin{bmatrix} a_{11} & a_{12} & a_{13} \\ a_{21} & a_{22} & a_{23} \\ a_{31} & a_{32} & a_{33} \end{bmatrix} \quad (9\text{-}6)$$

满足下列条件时:

$$\boldsymbol{A}^{\mathrm{T}}\boldsymbol{A} = k^2 \boldsymbol{E} \quad (9\text{-}7)$$

则成为相似变换。即保持形状而不保持大小的一种变换,k 为一个比例因子。相似变换除去 k 时为同时保持形状和大小的变换,可以叫做刚体移动变换。

一般的线性变换公式(式(9-1))有十五个独立的参数。这是因为当式(9-1)中等号右边的分子分母都除以任何一个不为零的参数 a_{ij} 时,对式(9-1)并不起什么变化。仿射变换公式(式(9-4))包含有十二个独立参数,相似变换有七个参数而刚体移动变换有六个。

第二节 齐次坐标

假设把在空间某一个点的笛卡儿坐标 X,Y,Z 及 x,y,z 代入下列关系：

$$X = \frac{U}{T}, \quad Y = \frac{V}{T}, \quad Z = \frac{W}{T}$$

$$x = \frac{u}{t}, \quad y = \frac{v}{t}, \quad z = \frac{w}{t} \tag{9-8}$$

则可得出那个点被称为其齐次坐标的 U,V,W,T 及 u,v,w,t 坐标。齐次坐标在用投影几何处理问题时有其重要性。

把式(9-8)关系代入式(9-1)后得出：

$$\begin{aligned}
u &= a_{11}U + a_{12}V + a_{13}W + a_{14}T \\
v &= a_{21}U + a_{22}V + a_{23}W + a_{24}T \\
w &= a_{31}U + a_{32}V + a_{33}W + a_{34}T \\
t &= a_{41}U + a_{42}V + a_{43}W + a_{44}T
\end{aligned} \tag{9-9}$$

或写成矩阵形式为

$$\begin{Bmatrix} u \\ v \\ w \\ t \end{Bmatrix} = \begin{bmatrix} a_{11} & a_{12} & a_{13} & a_{14} \\ a_{21} & a_{22} & a_{23} & a_{24} \\ a_{31} & a_{32} & a_{33} & a_{34} \\ a_{41} & a_{42} & a_{43} & a_{44} \end{bmatrix} \begin{Bmatrix} U \\ V \\ W \\ T \end{Bmatrix} \tag{9-10}$$

把式(9-1)线性分数形式写成式(9-10)的线性形式，以便于处理运算，这就是使用齐次坐标的主要优点。

此时式(9-10)的反算公式可以写成

$$\begin{Bmatrix} U \\ V \\ W \\ T \end{Bmatrix} = \begin{bmatrix} a_{11} & a_{12} & a_{13} & a_{14} \\ a_{21} & a_{22} & a_{23} & a_{24} \\ a_{31} & a_{32} & a_{33} & a_{34} \\ a_{41} & a_{42} & a_{43} & a_{44} \end{bmatrix}^{-1} \begin{Bmatrix} u \\ v \\ w \\ t \end{Bmatrix} \tag{9-11}$$

显然如果把齐次坐标都乘以某一个非零的因子 r，获得新的齐次坐标(ru,rv,rw,rt)。则按式(9-8)可知，仍将得到与前相同的笛卡儿坐标(x,y,z)。那就是说一个点的笛卡儿坐标是唯一的,而齐次坐标则仅只一种比例尺上唯一。所以齐次坐标$(4,8,2,2)$与$(2,4,1,1)$代表同一个点,其笛卡儿坐标都是$(2,4,1)$。在齐次坐标中位在无穷远的点表达为(u,v,w,o),而其原点为(o,o,o,t)。

式(9-11)运算的前提是矩阵

$$A = \begin{bmatrix} a_{11} & a_{12} & a_{13} & a_{14} \\ a_{21} & a_{22} & a_{23} & a_{24} \\ a_{31} & a_{32} & a_{33} & a_{34} \\ a_{41} & a_{42} & a_{43} & a_{44} \end{bmatrix} \quad (9\text{-}12)$$

有一个相应的逆矩阵。那就是就,这个矩阵必须是非奇异的。在许多应用中这个矩阵是非奇异的,但在摄影测量中,把三维的物点映射到一个二维的影像中去,这种变换是属于奇异的。这时候对式(9-12)的求逆表达要使用广义逆的理论。

把式(9-10)应用于摄影测量中,由于所有物方的三维空间都映射到一个影像平面中去,因此还须对式(9-10)加上一个平面的约束条件,即

$$au + bv + cw + dt = 0 \quad (9\text{-}13)$$

使所有影像点都共面。把式(9-10)的关系代入到式(9-13)中并加以改化可得出:

$(a_{11}a + a_{21}b + a_{31}c + a_{41}d)U + (a_{12}a + a_{22}b + a_{32}c + a_{42}d)V$
$+ (a_{13}a + a_{23}b + a_{33}c + a_{43}d)W + (a_{14}a + a_{24}b + a_{34}c + a_{44}d)T = 0$

由于(U,V,W,T)代表三维物方空间的点坐标,显然要满足上式,就必须是所有的系数都恒等于零值。而此时为了获得a,b,c,d的非零解,必须使行列式

$$\begin{vmatrix} a_{11} & a_{21} & a_{31} & a_{41} \\ a_{12} & a_{22} & a_{32} & a_{42} \\ a_{13} & a_{23} & a_{33} & a_{43} \\ a_{14} & a_{24} & a_{34} & a_{44} \end{vmatrix}$$

等于零,亦即式(9-12)为奇异阵。

鉴于我们选用坐标系统的任意性,我们可以假设式(9-13)的平

面为：
$$cw + dt = 0$$
其中 c 不等于零。则由式(9-10)可得出：
$$c\frac{w}{t} + d = c\frac{a_{31}U + a_{32}V + a_{33}W + a_{34}T}{a_{41}U + a_{42}V + a_{43}W + a_{44}T} + d$$
$$= \frac{a_{31}X + a_{32}Y + a_{33}Z + a_{34}}{a_{41}X + a_{42}Y + a_{43}Z + a_{44}} + d = 0$$

使这个条件对每个 (X,Y,Z) 值都满足，就必须是所有的 a_{3i}/a_{4i} 都等于一个常数 $(i=1,2,3,4)$。那就意味着摄影映射的表达式在齐次坐标中为：

$$\begin{bmatrix} u \\ v \\ t \end{bmatrix} = \begin{bmatrix} a_{11} & a_{12} & a_{13} & a_{14} \\ a_{21} & a_{22} & a_{23} & a_{24} \\ a_{31} & a_{32} & a_{33} & a_{34} \end{bmatrix} \begin{pmatrix} U \\ V \\ W \\ T \end{pmatrix} \quad (9\text{-}14)$$

在线性分数方程式中(式(9-1))为：
$$x = \frac{a_{11}X + a_{12}Y + a_{13}Z + a_{14}}{a_{31}X + a_{32}Y + a_{33}Z + a_{34}}$$
$$y = \frac{a_{21}X + a_{22}Y + a_{23}Z + a_{24}}{a_{31}X + a_{32}Y + a_{33}Z + a_{34}} \quad (9\text{-}15)$$

上式中十二个系数中只有十一个是独立的。在式(9-15)中等号右边分子分母都除以 a_{34}（其中 $a_{34} \neq 0$）则写成：
$$x = \frac{b_{11}X + b_{12}Y + b_{13}Z + b_{14}}{b_{31}X + b_{32}Y + b_{33}Z + 1}$$
$$y = \frac{b_{21}X + b_{22}Y + b_{23}Z + b_{24}}{b_{31}X + b_{32}Y + b_{33}Z + 1} \quad (9\text{-}16)$$

这就是被称为直接线性变换(DLT)形式的构像方程式，特别广用于近景摄影测量。

第三节 像片纠正的变换理论

式(9-15)表达了三维空间在一个平面(像片平面)上的投影变换，

使用了强制影像点位在一个平面上的条件。假如我们再假设物方点 (X,Y,Z) 也要位在一个平面上时,这就表达了一个平面投射到另一个平面的变换,也就是像片纠正时的理论关系。为此,令

$$Z = AX + BY + C$$

代入式(9-15)中得出:

$$x = \frac{(a_{11} + a_{13}A)X + (a_{12} + a_{13}B)Y + (a_{14} + a_{13}C)}{(a_{31} + a_{33}A)X + (a_{32} + a_{33}B)Y + (a_{34} + a_{33}C)}$$

$$y = \frac{(a_{21} + a_{23}A)X + (a_{22} + a_{23}B)Y + (a_{24} + a_{23}C)}{(a_{31} + a_{33}A)X + (a_{32} + a_{33}B)Y + (a_{34} + a_{33}C)}$$

或简化写成:

$$x = \frac{b_{11}X + b_{12}Y + b_{13}}{b_{31}X + b_{32}Y + b_{33}}$$
$$y = \frac{b_{21}X + b_{22}Y + b_{23}}{b_{31}X + b_{32}Y + b_{33}}$$
(9-17)

第四节 直接线性变换与共线方程式

摄影测量中最基本的共线方程式:(《摄影测量原理》式(1-10),并考虑到内方位元素 $x_0 y_0$ 值)

$$x - x_0 = -f\frac{a_1(X - X_s) + b_1(Y - Y_s) + c_1(Z - Z_s)}{a_3(X - X_s) + b_3(Y - Y_s) + c_3(Z - Z_s)}$$

$$y - y_0 = -f\frac{a_2(X - X_s) + b_2(Y - Y_s) + c_2(Z - Z_s)}{a_3(X - X_s) + b_3(Y - Y_s) + c_3(Z - Z_s)}$$
(9-18)

也是表达由三维物方点位坐标 (X,Y,Z) 变换到二维像点坐标 (x,y) 的方程式。它代表的意义与直接线性变换方程式(9-16)相同,只是推导方式是由摄影的内外方位元素的关系演算而得。在这个方程式中 $a_1, b_1, c_1, a_2, b_2, c_2, a_3, b_3, c_3$ 九个方向余弦是三个独立角方位元素 φ, ω, κ 的函数。因此式中包括有内外方位元素 $(x_0, y_0, f, \varphi, \omega, \kappa, X_s, Y_s, Z_s)$ 一共九个参数。但直接线性变换式(9-16)中有十一个参数,为要获得其严格的解算,则必须消去其中的两个,或者建立两个条件方程式。为了这项推导,可首先把式(9-18)改写成为:

第九章 摄影测量中的投影变换理论

$$x = x_0 + \frac{fa_1X + fb_1Y + fc_1Z - f[a_1X_s + b_1Y_s + c_1Z_s]}{-a_3X - b_3Y - c_3Z + \lambda}$$

$$y = y_0 + \frac{fa_2X + fb_2Y + fc_2Z - f[a_2X_s + b_2Y_s + c_2Z_s]}{-a_3X - b_3Y - c_3Z + \lambda}$$

(9-19)

其中 $\lambda = a_3X_s + b_3Y_s + c_3Z_s$

将式(9-19)与式(9-16)相对比,可知:

$$\left.\begin{aligned}b_{11} &= f\frac{a_1}{\lambda} - \frac{a_3}{\lambda}x_0 \\ b_{12} &= f\frac{b_1}{\lambda} - \frac{b_3}{\lambda}x_0 \\ b_{13} &= f\frac{c_1}{\lambda} - \frac{c_3}{\lambda}x_0\end{aligned}\right\}(a) \quad \left.\begin{aligned}b_{21} &= f\frac{a_2}{\lambda} - \frac{a_3}{\lambda}y_0 \\ b_{22} &= f\frac{b_2}{\lambda} - \frac{b_3}{\lambda}y_0 \\ b_{23} &= f\frac{c_2}{\lambda} - \frac{c_3}{\lambda}y_0\end{aligned}\right\}(b) \quad \left.\begin{aligned}b_{31} &= -\frac{a_3}{\lambda} \\ b_{32} &= -\frac{b_3}{\lambda} \\ b_{33} &= -\frac{c_3}{\lambda}\end{aligned}\right\}(c)$$

用式(c)乘式(a)的两边并相加,因为:

$$a_3^2 + b_3^2 + c_3^2 = 1, \quad a_1a_3 + b_1b_3 + c_1c_3 = 0 \tag{d}$$

所以得出:

$$x_0 = (b_{11}b_{31} + b_{12}b_{32} + b_{13}b_{33})\lambda^2 \tag{9-20}$$

同理由式(b)与式(c),并考虑到:

$$a_2a_3 + b_2b_3 + c_2c_3 = 0$$

得出:

$$y_0 = (b_{21}b_{31} + b_{22}b_{32} + b_{23}b_{33})\lambda^2 \tag{9-21}$$

为了求 f,再利用式(a):

$$\lambda b_{11} = fa_1 - a_3x_0$$
$$\lambda b_{12} = fb_1 - b_3x_0$$
$$\lambda b_{13} = fc_1 - c_3x_0$$

将上列三式平方后相加并由式(d)及:

$$a_1^2 + b_1^2 + c_1^2 = 1 \tag{e}$$

得出:

$$f^2 = \lambda^2(b_{11}^2 + b_{12}^2 + b_{13}^2) - x_0^2 \tag{9-22}$$

同理,利用式(b),并考虑到

$$a_2^2 + b_2^2 + c_2^2 = 1 \tag{f}$$

得出:

$$f^2 = \lambda^2(b_{21}^2 + b_{22}^2 + b_{23}^2) - y_0^2 \tag{9-23}$$

由式(9-22)及(9-23)得出：

$$\lambda^2(b_{11}^2 + b_{12}^2 + b_{13}^2) - x_0^2 = \lambda^2(b_{21}^2 + b_{22}^2 + b_{23}^2) - y_0^2 \tag{9-24}$$

式中 λ^2 值可得自式(c)平方的相加为：

$$\frac{1}{\lambda^2} = b_{31}^2 + b_{32}^2 + b_{33}^2 \tag{9-25}$$

把式(9-20)的 x_0 值，式(9-21)的 y_0 值及式(9-25)的 λ^2 值代入式(9-24)，得出变换参数间的第一个条件为：

$$(b_{31}^2 + b_{32}^2 + b_{33}^2)[b_{11}^2 + b_{12}^2 + b_{13}^2 - b_{21}^2 - b_{22}^2 - b_{23}^2]$$
$$+ (b_{21}b_{31} + b_{22}b_{32} + b_{23}b_{33})^2 - (b_{11}b_{31} + b_{12}b_{32} + b_{13}b_{33})^2 = 0$$
$$\tag{9-26}$$

再把式(a)及式(b)相乘，然后考虑到式(d)及

$$a_2 a_3 + b_2 b_3 + c_2 c_3 = 0 \tag{g}$$

则得：

$$x_0 y_0 = (b_{11}b_{21} + b_{12}b_{22} + b_{13}b_{23})\lambda^2$$

再把以上求得的 x_0, y_0, λ^2 值代入，得出变换参数间的第二条件为：

$$(b_{11}b_{31} + b_{12}b_{32} + b_{13}b_{33})(b_{21}b_{31} + b_{22}b_{32} + b_{23}b_{33})$$
$$- (b_{31}^2 + b_{32}^2 + b_{33}^2)(b_{11}b_{21} + b_{12}b_{22} + b_{13}b_{23}) = 0 \tag{9-27}$$

当摄影内方位元素 x_0, y_0 和 f 均为已知值时，还应按式(9-20)、(9-21)及(9-22)或(9-23)再加列三个条件。

第十章　数字影像基础

第一节　概　　述

数字影像处理日益推广的主要原因是由于计算机功能日增、造价的锐减和数字处理的灵活性。数字处理方法具有其他方法所难以做到的一些可能性。例如影像位移的去除、任意方式的纠正、反差的扩展、多幅影像的分析、图像识别、影像数字相关以及数据库的管理等。

数字影像处理往往需要处理极大量的数据，而且这些数据在进行计算机处理时还必须能快速地存取。一般需要用磁带做大量的存储。由于磁带对数据的存取需时较长，对急用的存取又需仰赖磁盘，而在进行数据处理运算时还要有能够随机存取的存储装置。

一个屏幕显示设备对数字影像处理系统是一个重要的部件。为此最常用的是阴极射线管。有些显示设备仅只是为了观看成果，有的设备则利用显示作人机对话，以发展处理的算法。在摄影测量中观测者有时还需利用显示进行立体的量测。

数字影像处理在遥感技术中已广泛使用。在摄影测量中的应用是由数字相关技术开始的，目的在于自动寻求重叠影像内的同名点。当前的应用则延伸到生产正射影像，制成数字摄影机和作为影像分析新概念的"自动像片判读"等多方面。例如在摄影测量中人们熟悉那些电子式的影像反差的调制和用正负软片晒像技术进行影像的边缘增强等技术，如果使用数字式的预处理技术，那么它的处理范围可以增大。又如在摄影测量中使用模拟的或"机助"方式（例如威特厂的 OR-1 型或联邦德国蔡司厂的 Z-2 型正射投影装置）产生正射影像，倘若使用数字几何纠正的办法产生这相同的产品,将会更加灵活,这时已不再有像在摄影测量缝隙纠正中那种缝隙大小的问题了。目前几何纠正所以还没有广泛地使用数字影像处理的办法,主要是受计算机功能和价格的限制。但很容易看出,当前的光学的正射影像技术仅只是暂时的,在不远的将来终于会为全数字的过程所代替。

使用数字影像处理对已知的有系统性缺陷的辐射进行改正是很轻而易举的。地面坡度的辐射影响可以清除,这也是一个很有前途的概念。在摄影测量中我们仅知道正射影像的几何改正,但对太阳角度的影响是不可能在目前的模拟式的甚或机助式的摄影测量方法中加以考虑的。

在摄影测量的发展中,数字影像的应用将会导致影像数字化(或被称为全数字化)自动测图系统的研制和推广。这种自动测图系统是使用按灰度元素数字化了的航摄像片,利用电子计算机的运算,通过带有像元素灰度值的数字地面模型,形成为线画等高线及正射影像地图。这将是生产影像地形图的一种有效而快速的方法,且可以直接提供数据,建立高程数据库和地理数据库,适合于各种工程运算和各种专题地图的编制。当前这种方案的研究有多种,其主要的过程大体上可示意于如下的成图过程。

1. 影像数字化

| 对像片进行数字化并记录在磁带中 | $\Rightarrow$ |

2. 定向参数的计算

$\Rightarrow$ | 计算扫描坐标系与像片坐标系间的变换参数 | $\Rightarrow$ | 对相对定向用的标准点及绝对定向用的大地点影像进行二维相关运算,寻找同名点的影像坐标值 |

$\rightarrow$ | 计算相对定向参数 $\varphi\kappa\varphi'\omega'\kappa'$ 与绝对定向参数 $\Phi\Omega K\lambda X_G Y_G Z_G$ | $\Rightarrow$

3. 建立数字地面模型

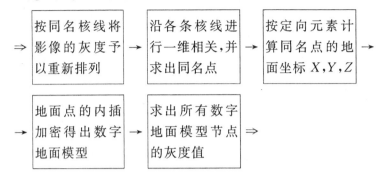

4. 测制等高线及正射影像地图

⇒ { 自动形成等高线
    利用带有灰度值的地面数字模型晒印正射影像地图 }

在物体光谱的表面信息的数字化状态中，人们可以能更容易和以协调的方式处理和显示影像数据。对数字影像相同的算法，每次总会产生相同的结果，不论其处理过程是在哪一台仪器上或是哪一个操作者。并且对处理过的影像碎部可使之毫无数据上的损失，也不会随时间而变化。摄影测量工作者预期将会与日俱增地在不同方式中使用到数字化影像。

第二节 数 字 影 像

一个数字影像基本上是一个二维矩阵。其灰度值 $g(m,n)$ 随点位坐标 (x,y) 而异。数字化了的坐标只能是离散的数值 m,n，可表示为：

$$x = x_0 + m\Delta x$$
$$y = y_0 + n\Delta y$$

(10-1)

其中 $m=0,1,2,\cdots,M$ 和 $n=0,1,2,\cdots,N$，而 Δx 与 Δy 代表数字化的间隔。一般常取 $\Delta x = \Delta y$ 和 $N = M$。代表每个像元素灰度值的 $g(m,n)$ 也限于取用离散值。此时影像是被称为经过"采样"了的（见第十三章），而其灰度数值是"量化"（见本章第四节）了的。

上述用灰度值 $g(m,n)$ 所构成的矩阵形式可以写成：

$$\begin{bmatrix} g(0,0) & g(0,1) & \cdots & g(0,N-1) \\ g(1,0) & g(1,1) & \cdots & g(1,N-1) \\ \vdots & \vdots & & \vdots \\ g(M-1,0) & g(M-1,1) & \cdots & g(M-1,N-1) \end{bmatrix} \quad (10\text{-}2)$$

这就是数字影像。矩阵的每个元素被称为一个像元素(Pixel = Picture element)。对各像元素所赋予的灰度值 $g(m,n)$ 代表其影像黑白之间的程度,是经量化了的"灰度级"。

第三节 影像数字化

数字影像可以直接从空间飞行器中的扫描式传感器产生,也可以利用影像数字化器对摄取的像片进行,把原来模拟方式的信息转换成为数字形式的信息。

影像数字化器有多种,分为电子扫描器、电子-光学扫描器和固体阵列式数字化器等类。

电子扫描器使用阴极射线管或光导摄像管,其扫描面积一般限于 $20\text{mm} \times 20\text{mm}$。

电子-光学扫描器有很高的分辨率和大的扫描面积,主要分为滚筒式和平台式两类。后者扫描速度较慢但分辨率很高(可达 $1\mu m$)。滚筒式电子-光学扫描器在数字化摄影测量中为较常见的一种。其扫描行(x- 方向)由滚筒的旋转产生,与其相垂直方向(y 方向)的扫描,则由光源或透镜沿平行于滚筒转轴方向的移动或滚筒的平移产生(图10-1)。表10-1列出较为常见的两种滚筒式扫描数字化器的性能。

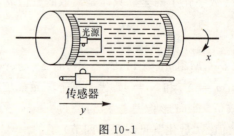

图 10-1

表 10-1

指　　标	美国 Qptronics 4500	英国 Scandig 3
允许最大像片尺寸(mm)	250×250	230×350
光线操作方式	透射/反射	透射/反射
灰度量化等级	256	256
位置精度	±2μm/cm	±10μm/cm
分辨率 1p/mm(线对/毫米)	40	15
采样间隔(μm)	12.5,25,50,100,200,400	12.5,25,50,100,200
光孔尺寸(μm)	同上	同上
扫描与晒印	兼具	仅作扫描

固体阵列式数字化器系使用在一条线上或者是在一个面积上排列的半导体传感器(电荷耦合装置CCD),对影像进行数字化,而无需使用扫描头的移动。在一条线上可以排列到2048个传感器,而在一个面积上可以排列成阵列式到380×488个传感器。在一条线上排列的传感器且可由多组2048个传感器延伸构成。例如美国计划中的卫星MAPSAT(见第十九章第五节表19-5)上一行扫描线有18 000个像点,每点大小为13μm,其行长为234mm,与惯用航摄机的像幅大小相应。联邦德国MBB公司KARTOSCAN平台式固体阵列式数字化器的性能为:

KARTOSCAN

　　灰度级数　　　　256级(8比特)
　　最大传感面积　　600mm×1010mm
　　分辨率(选用)　　200,100,50,25μm
　　精度　　　　　　±13μm

一张230mm×230mm的航摄像片,当其灰度量化为256级时,则所包含的信息量列如表10-2所示:

表 10-2

采样间隔(μm)	信息量(10^8 比特)
12.5	27.1
25	6.8
50	1.7
100	0.4

  一条大小为 $12.7mm \times 720m$ 的磁带可以容纳信息为 2.8×10^8（对 7 磁道磁带）或 3.2×10^8（对 9 磁道磁带）比特（bit）。可知当抽样间隔为 $50\mu m$ 时，一张航摄像片可以被容纳在一条磁带之内。较好的存储器是高数字密度磁带（HDDT）。它可以在 $25.4mm \times 2800m$ 的磁带上以 28 磁道容纳 6×10^{10} 比特，其记录密度为 $8.7 \times 10^4 \, bit/cm^2$。这就相当于在采样间隔为 $12.5\mu m$ 时 22 张航摄像片的信息量。

  采样间隔应参照采样定理（见第十三章）设计。采样间隔过大会损失一些影像的分辨率，过小则徒使许多多余的数字化了的样本参加在运算和存储之中，增加了运算工作量和提高了对设备的要求。

  摄影时光能聚焦成像的点并非为无穷小，而是有一定的面积。这是由成像过程的物理现象产生的。譬如光学衍射、镜头的不完善、调焦不好和软片的颗粒等，遂导致为一个点扩散函数，那就是实际上一个理想点的影像。点扩散函数的作用是使影像具有有限的分辨率，而图像分辨率有限性的一个重要推论是它使得图像数字化成为可行。如果图像分辨率是无限的，那么只有无限数量的数字采样才能表示图像的全部信息。由于分辨率的有限性，使用有限的采样集合就可以保存影像中全部的信息。

  在影像数字化采样过程中所采用的光点总是有一定大小，也不会是一个理想的脉冲函数。实际上使用这种一定大小的光点采样正好能起到低通滤波的作用，达到能够抑制颗粒噪声和无效高频成分的目的。

  采用像片方式的摄影记录，由于乳剂银粒的大小和形状以及不同颗粒在曝光与显影中的性能都是一些随机的因素,这就形成了影像的颗粒噪声,对数字化影像是有很显著的影响的。根据 Helava 的研究,采样光孔对颗粒噪声的抑制作用可由下式表达:

$$(S/N) = 4.5 dD^{-\frac{1}{2}}/\sigma_{(D)} \quad (10\text{-}3)$$

式中 $\sigma_{(D)}$ 为影像的颗粒噪声,定义为用 $48\mu m$ 直径的透光孔径在灰度 $D=1.0$ 时所测得的灰度变化的均方根值,以 0.001 为单位(柯达公司标准)。D 为实际像片的灰度值;d 为采样光孔直径,以 μm 为单位;S/N 为采样结果的信噪比。此时并假定扫描光点内能量的分布是近似的高斯型,这对一般的光源与光栏装置都是如此。式(10-3)表明采用较大的采样孔径可以获得较高的信噪比。表 10-3 列出不同软片、孔径和灰度情况下的信噪比。

表 10-3

软片型号	$\sigma(D)$	D	扫描点直径(μm)		
			10	20	40
1.高分辨率航摄底片	9	0.2	11	22	44
		1.0	5	10	20
		2.0	3.6	7.1	14
2. Panacomic-X	20	0.2	5.0	10	20
		1.0	2.3	4.5	9
		2.0	1.6	3.2	6.3
3. Tri-X	56	0.2	1.8	3.6	7.1
		1.0	0.8	1.6	3.2
		2.0	0.6	1.1	2.3

由上表可知采样点光源的直径太小会减小信号中的信噪比;但是太大则会降低信号中的高频成分,损失其分辨率及精度。

第四节　影像灰度的量化

影像的灰度又称为光学密度。在摄影底片上影像的灰度值反映了它透明的程度,即透光的能力。设投射在底片上的光通量为 F_0,而透过底片后的光通量为 F,则透过率 T,或不透过率 O 分别定义为:

$$T = \frac{F}{F_0}; \quad O = \frac{F_0}{F} \tag{10-4}$$

透过率说明影像黑白的程度。但人眼对明暗程度的感觉是按对数关系变化的。为了适应人眼的视觉,在分析影像的性能时,不直接用透过率或不透过率表示其黑白的程度,而用不透过率的对数值表示为:

$$D = \log O = \log \frac{1}{T} \tag{10-5}$$

D 称为影像的灰度。当光通量仅透过百分之一,即不透过率是 100 时,影像的灰度是 2。实际的航空底片的灰度一般在 $0.3 \sim 1.8$ 范围之内。

影像灰度的量化是把采样点上的灰度数值转换成为某一种等距的灰度级。灰度级的级数 i 一般选用 2 的指数 M 如下:

$$i = 2^M \quad (M = 1, 2, \cdots, 8) \tag{10-6}$$

当 $M = 1$ 时灰度只有黑白两级。当 $M = 8$ 时,则得 256 个灰度级,其级数是介于 0 与 255 之间的一个整数,0 为黑,255 为白。由于这种分级正好可用存储器中一个字节(8 个比特)表示,所以它对数字处理特别有利。

影像量化误差与凑整误差一样,其概率密度函数是在 ± 0.5 之间的均匀分布,即

$$p(x) = \begin{cases} 1, \text{当} -0.5 \leqslant x \leqslant 0.5 \\ 0, \text{其他} \end{cases}$$

其均值为 $\mu = 0$,其方差为:

$$\sigma_x^2 = \int_{-\infty}^{\infty} (x - \mu)^2 p(x) \mathrm{d}x = \int_{-0.5}^{0.5} x^2 \mathrm{d}x = \frac{1}{12} \tag{10-7}$$

设当影像灰度的级数为 256 时,则峰值信号与均方噪声之比为:

$$256 \Big/ \sqrt{\frac{1}{12}} = 887$$

第五节 频域分析

如前所述,数字影像一般总是表达为空间的灰度函数 $g(m,n)$,构成为矩阵形式的阵列。这种表达方式是与其真实影像相似的。这相同的信息也可以通过变换,使形成为另一种方式的表达,其中最主要的是通过傅里叶变换(第十一章),把影像的表达由"空间域"变换到"频域"中。在空间域内系表达像点不同位置 (x,y) 处(或用 (m,n) 表达)的灰度值,而在频域内则表达在不同频率中(像片上每毫米的线对数,即周期数)的振幅谱(傅里叶谱)。频域的表达对数字影像处理是很重要的。因为变换后矩阵中元素的数目与原象中的相同,但其中许多是零值或数值很小。这就意味着通过变换,数据信息可以被压缩,使得能更有效地存储和传递;其次是影像分辨率的分析以及许多影像处理过程,例如过滤、卷积以及在有些情况下的相关运算,在频域内可以更为有利地进行。其中所利用的一条重要关系,是在空间域内的一个卷积相等于在频域内其卷积函数的相乘,反之亦然。在摄影测量中所使用的影像其傅里叶谱可以有很大的变化。例如在任何一张航摄像片上总可找到有些地方只包含有很低的频率信息,而有些地方则主要包含高频,偶然的有些地区主要是有一个狭窄范围的频率。航摄像片有代表性的傅里叶谱示如图 10-2。

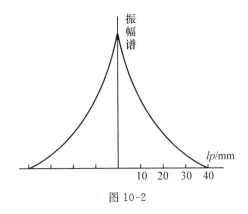

图 10-2

第十一章 傅里叶级数及傅里叶变换

由于傅里叶级数和傅里叶变换在数字处理技术中的重要性,本章总列其中的一些基本关系公式。在所有以下的式子里,习惯上 t 是代表时间变量的,而在引用于空间域时,则用以代表空间的坐标变量。

第一节 傅里叶级数

凡是能够满足一定条件的周期函数 $x(t)$(一般在工程应用中是没有很多限制的),总可以展开成无限个正弦和余弦谐波分量之和,可写成如下形式:

$$\begin{aligned} x(t) &= \frac{a_0}{2} + \sum_{k=1}^{\infty} A_k(k\omega_0 t + \varphi_k) \\ &= \frac{a_0}{2} \sum_{k=1}^{\infty} (a_k \cos k\omega_0 t + b_k \sin k\omega_0 t) \end{aligned} \quad (11\text{-}1)$$

式中

$$a_k = \frac{2}{T} \int_{-\frac{T}{2}}^{\frac{T}{2}} x(t) \cos k\omega_0 t \, dt$$

$$b_k = \frac{2}{T} \int_{-\frac{T}{2}}^{\frac{T}{2}} x(t) \sin k\omega_0 t \, dt$$

式中各名词符号定义如下:

$\omega_0 = \dfrac{2\pi}{T} = 2\pi f_0$ 为基波角频率;

T 为波形的周期;

$f_0 = \dfrac{1}{T}$ 为基波频率;

k 为定义谐波次数的整数;

$$a_k = A_k\cos\varphi_k ; b_k = -A_k\sin\varphi_k$$

$$A_k = \sqrt{a_k^2 + b_k^2} ; \varphi_k = \arctan\left(\frac{-b_k}{a_k}\right)$$

在许多实际分析和理论概念的发展中,引用指数形式的傅里叶级数将更为有力,这种形式是:

$$x(t) = \sum_{k=-\infty}^{\infty} c_k e^{jk\omega_0 t} \tag{11-2}$$

式中

$$c_k = \frac{1}{T}\int_{-\frac{T}{2}}^{\frac{T}{2}} x(t) e^{-jk\omega_0 t} dt$$

c_k 一般是复数,可以写为:

$$c_k = |c_k| e^{j\varphi_k} \tag{11-3}$$

$$|c_k| = \sqrt{a_k^2 + b_k^2} ; \varphi_k = \arctan\left(\frac{-b_k}{a_k}\right)$$

第二节 傅里叶变换

对非周期信号可以这样设想,即当周期信号的周期无限增长时,就变成为非周期信号。根据这个设想,相邻谱线间的频差 f_0 或 ω_0 将随周期的增加而减少。在极限情况下,相邻谱线间的频差趋近于零,就变为频率的连续函数。这样就得到如下的傅里叶变换,它给出了时间域与频率域间的联系。

$$X(\omega) = \int_{-\infty}^{\infty} x(t) e^{-j\omega t} dt$$

$$x(t) = \frac{1}{2\pi}\int_{-\infty}^{\infty} X(\omega) e^{j\omega t} d\omega \tag{11-4}$$

在有些资料中把式(11-4)第二式中的 $\frac{1}{2\pi}$ 放在第一式积分的前面。还有的为了对称性,而在其第一及第二式的积分号前面分别引进常数因子为 $\frac{1}{\sqrt{2\pi}}$。这是因为这项常数的选用有一定的任意性。或用 $\omega = 2\pi f$ 的关系代入,则得:

$$X(f) = \int_{-\infty}^{\infty} x(t) e^{-j2\pi ft} dt$$

$$x(t) = \int_{-\infty}^{\infty} X(f) e^{j2\pi ft} df \tag{11-5}$$

通常傅里叶变换是频率变量 f 的一个复函数：

$$X(f) = R(f) + jI(f) = |X(f)| e^{j\theta(f)} \tag{11-6}$$

这里 $R(f)$ 是傅里叶变换的实部；

$I(f)$ 是傅里叶变换的虚部；

$|X(f)|$ 是 $x(t)$ 的振幅谱或傅里叶谱，它由 $\sqrt{R^2(f) + I^2(f)}$ 给出；

$\theta(f)$ 是傅里叶变换的相角，它由 $\arctan[I(f)/R(f)]$ 给出。

以下列出有关傅里叶变换的一些定理。(符号 $\Leftrightarrow$ 表示傅里叶变换对)

1. 线性

$$a_1 x_1(t) + a_2 x_2(t) \Leftrightarrow a_1 X_1(f) + a_2 X_2(f) \tag{a}$$

式中：$x_1(t)$ 和 $x_2(t)$ 的傅里叶变换分别为 $X_1(f)$ 和 $X_2(f)$；a_1 和 a_2 为任意常数。

2. 对称性

设 $x(t)$ 的傅里叶变换为 $X(f)$，则

$$X(t) \Leftrightarrow x(-f) \tag{b}$$

3. 时标定理

$$x(at) \Leftrightarrow \frac{1}{|a|} X\left(\frac{f}{a}\right) \tag{c}$$

a 为除零外的任意常数。

4. 时移定理(在空间域则为位移)

$$x(t - t_0) \Leftrightarrow X(f) e^{-j2\pi ft_0} \tag{d}$$

5. 频移定理

$$x(t) e^{j2\pi f_0 t} \Leftrightarrow X(f - f_0) \tag{e}$$

对实函数 $x(t)$ 而言，可以证明其傅里叶变换的实部 $R(f)$ 是 f 的偶函数，虚部 $I(f)$ 是 f 的奇函数，即 $R(f) = R(-f)$，$I(f) = -I(-f)$

所以 $X(-f) = R(-f) + jI(-f) = R(f) - jI(f) = X^*(f)$ （g）

$X^*(f)$ 代表 $X(f)$ 的共轭值。

第三节 离散傅里叶变换

式(11-4)或式(11-5)对解析方式所表示的式子可以直接进行运算。但是我们实际处理的信息往往是离散的观测数据或实验数据，因此必须采用离散的计算公式。另一方面，即使是具备有连续的观测曲线或实验曲线，在多数情况下也无法给出其曲线的表达式，用电子计算机运算时，也需要把这种资料离散化。因此在实际的傅里叶变换计算中都是采用离散计算公式。但在作若干理论问题的分析时却往往需要对信号的连续波形 $x(t)$ 进行。

令离散数字序列为 $x(k\Delta t)$，其中 Δt 为采样步长，$k = 0, 1, 2, \cdots, N-1$，共有 N 个数据。则相应于式(11-5)的离散的傅里叶变换公式为：

$$X(l\Delta f) = \sum_{k=0}^{N-1} x(k\Delta t) e^{-j2\pi kl\Delta f\Delta t} \Delta t \qquad (11\text{-}7)$$

其中 $l = 0, 1, 2, \cdots, N-1, \Delta f = \dfrac{1}{T}$，$T$ 为采样长度，满足

$$T = \frac{1}{\Delta f} = N\Delta t \qquad (11\text{-}8)$$

相应于式(11-5)第二式的离散的傅里叶变换公式为：

$$x(k\Delta t) = \sum_{l=0}^{N-1} X(l\Delta f) e^{j2\pi kl\Delta f\Delta t} \Delta f \qquad (11\text{-}9)$$

其中 $k = 0, 1, 2, \cdots, N-1$。

考虑到式(11-8)的关系以及式(11-7)和(11-9)中总和符号前面引进常数的任意性，一种习用的离散数字序列的傅里叶变换对为：

$$X(l) = \sum_{k=0}^{N-1} x(k) e^{-j2\pi \frac{kl}{N}} \qquad (11\text{-}10)$$

$$x(k) = \frac{1}{N} \sum_{l=0}^{N-1} X(l) e^{j2\pi \frac{kl}{N}}$$

式中 $X(l\Delta f), x(k\Delta t)$ 分别简写成 $X(l)$ 和 $x(k)$。

显然式(11-10)的两式是互为逆变换的,把第一式代入第二式则得:

$$x(k) = \frac{1}{N}\sum_{l=0}^{N-1}\left(\sum_{r=0}^{N-1}x(r)e^{-j2\pi\frac{rl}{N}}\right)e^{j2\pi\frac{kl}{N}}$$

$$= \frac{1}{N}\sum_{r=0}^{N-1}x(r)\sum_{l=0}^{N-1}e^{j2\pi l(k-r)/N} = \begin{cases} x(k) & (k=r) \\ 0 & (k\neq r) \end{cases}$$

其中利用了 $\sum_{l=0}^{N-1}e^{j2\pi lp/N} = \begin{cases} N & (p=0) \\ 0 & (p\neq 0) \end{cases}$ 这个等式。

离散的傅里叶变换和它的反变换具有周期为 N 的周期性。那就是

$$X(l) = X(l+N) \tag{11-11}$$

把变量 $l+N$ 直接代入式(11-10)中可以证明这个性质的有效性。

作为式(11-10)运算的一个实例,设有一函数在 $k = 0, 1, 2, \cdots, 7$ 处采样(采样间隔为 Δt),得函数值列如表 11-1。

表 11-1

自变量 k	0	1	2	3	4	5	6	7
函数值 $x(k)$	2	3	4	4	5	5	3	1

按式(11-10)可以计算其频域内各 l 值(相当于 $l\Delta f$)的傅里叶变换值 $X(l\Delta f)$。

例如当 $l = 0$ 时,则

$$X(0) = \sum_{k=0}^{8}x(k)\exp[0] = [2+3+4+4+5+5+3+1] = 27$$

其傅里叶谱为

$$|X(0)| = 27$$

又如当 $l = 1$ 时,则

$$X(1) = \sum_{k=0}^{8}x(k)\exp\left[-j2\pi\frac{k}{8}\right] = 2e^0 + 3e^{-j\frac{\pi}{4}} + 4e^{-j\frac{\pi}{2}} + 4e^{-j\frac{3}{4}\pi}$$
$$+ 5e^{-j\pi} + 5e^{-j\frac{5}{4}\pi} + 3e^{-j\frac{3}{2}\pi} + e^{-j\frac{7}{4}\pi} = -6.54 - 1.71j$$

其傅里叶谱为：
$$|X(1)| = [(6.54)^2 + (1.71)^2]^{\frac{1}{2}} = 6.76$$

对其他 l 值作相应的计算，结果示于表 11-2 及图 11-1。

表 11-2

l	0	1	2	3	4	5	6	7
$X(l)$	27	$-6.54-1.71j$	$-3j$	$0.54+0.29j$	1	$0.54-0.29j$	$3j$	$-6.54+1.71j$

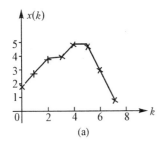

(a)

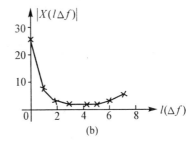

(b)

图 11-1

第四节 二维离散傅里叶变换

在两个变量的场合下，离散傅里叶变换由下式给出：

$$X(l_1, l_2) = \sum_{k_1=0}^{N_1-1} \sum_{k_2=0}^{N_2-1} x(k_1, k_2) \exp\left[-j2\pi\left(\frac{k_1 l_1}{N_1} + \frac{k_2 l_2}{N_2}\right)\right] \tag{11-12}$$

$$l_1 = 0, 1, 2, \cdots, N_1-1; l_2 = 0, 1, 2, \cdots, N_2-1$$

而
$$x(k_1, k_2) = \frac{1}{N_1 N_2} \sum_{l_1=0}^{N_1-1} \sum_{l_2=0}^{N_2-1} X(l_1, l_2) \exp\left[j2\pi\left(\frac{k_1 l_1}{N_1} + \frac{k_2 l_2}{N_2}\right)\right] \tag{11-13}$$

$$k_1 = 0, 1, 2, \cdots, N_1-1; k_2 = 0, 1, 2, \cdots, N_2-1$$

当图像采样成一个方形阵列时,则 $N_1 = N_2 = N$,且可改变一下常数倍乘项,使两个表达式有对称性。因此上式可写成为:

$$X(l_1, l_2) = \frac{1}{N} \sum_{k_1=0}^{N-1} \sum_{k_2=0}^{N-1} x(k_1, k_2) \exp[-j2\pi(k_1 l_1 + k_2 l_2)/N]$$

(11-14)

$$l_1, l_2 = 0, 1, 2, \cdots, N-1$$

$$x(k_1, k_2) = \frac{1}{N} \sum_{l_1=0}^{N-1} \sum_{l_2=0}^{N-1} X(l_1, l_2) \exp[j2\pi(k_1 l_1 + k_2 l_2)/N]$$

(11-15)

$$k_1, k_2 = 0, 1, 2, \cdots, N-1$$

以上各傅里叶变换可表示成如下的分离形式:

$$X(l_1, l_2) = \frac{1}{N} \sum_{k_1=0}^{N-1} \exp[-j2\pi k_1 l_1/N] \times \sum_{k_2=0}^{N-1} x(k_1, k_2) \exp[-j2\pi k_2 l_2/N]$$

(11-16)

式中 $\qquad l_1, l_2 = 0, 1, \cdots, N-1$

而

$$x(k_1, k_2) = \frac{1}{N} \sum_{l_1=0}^{N-1} \exp[j2\pi k_1 l_1/N] \times \sum_{l_2=0}^{N-1} X(l_1, l_2)$$
$$\exp[j2\pi k_2 l_2/N] \qquad (11-17)$$

式中 $\qquad k_1, k_2 = 0, 1, 2, \cdots, N-1$

可分离性的主要优点是可以由连续应用一维傅里叶变换或其反变换的办法分两步求得 $X(l_1, l_2)$ 或 $x(k_1, k_2)$。如果式(11-16)表达成如下的形式,就变成显而易见了。

$$X(l_1, l_2) = \frac{1}{N} \sum_{k_1=0}^{N-1} X(k_1, l_2) \exp[-j2\pi k_1 l_1/N] \qquad (11-18)$$

其中 $\quad X(k_1, l_2) = N \left[\frac{1}{N} \sum_{k_2=0}^{N-1} x(k_1, k_2) \exp[-j2\pi k_2 l_2/N] \right] \qquad (11-19)$

对于每一个 k_1 值而言,式(11-19)中括号内的表达式是一个具有频率值 $l_2 = 0, 1, \cdots, N-1$ 的一维变换。因此沿着 $x(k_1, k_2)$ 的每一行取变换,并将其结果乘以 N 就得到了二维函数 $X(k_1, l_2)$。如式(11-18)指出的那样,沿着 $X(k_1, l_2)$ 的每一列取变换,就得到所需的结果

$X(l_1, l_2)$。这个步骤归纳于图 11-2 中。自然也可以仿上述原则改用先列后行的变换方式。

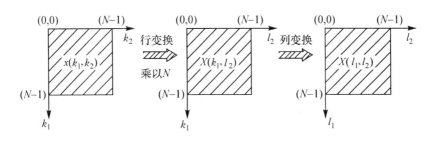

图 11-2

第五节 快速傅里叶变换(FFT)

式(11-10)所要求的复数乘法和加法的次数与 N^2 成正比。适当地对式(11-10)加以分解,可以做到使乘法和加法的运算次数与 $N\log_2 N$ 成正比。分解的程序称为快速傅里叶变换(FFT)。特别是当 N 相当大的时候,快速傅里叶变换提供了极大的计算效益。例如当 $N = 8192$ 时,则计算的效益为 $N/\log_2 N = 630$,即计算速度可提高 600 余倍。

快速傅里叶变换是以所谓的"逐次加倍"法为基础。它是逐次利用了两个 $\dfrac{N}{2}$ 长的离散傅里叶变换表示一个 N 长的变换的特点。

由式(11-10)出发,写成

$$X(l) = \sum_{k=0}^{N-1} x(k) W_N^{kl} \tag{11-20}$$

其中

$$W_N = \exp[-j2\pi/N] \tag{11-21}$$

现把包含 N 个数的序列 $\{x(k)\}$ 分为两个序列:

$$g_u = x(2u), \quad h_u = x(2u+1) \tag{11-22}$$

其中 $$u = 0, 1, 2, \cdots, \frac{N}{2} - 1$$

它们分别由 $\{x(k)\}$ 的偶数点和奇数点组成，并且假定 N 满足公式

$$N = 2^n \tag{11-23}$$

其中 n 是正整数。此时这两个序列的离散傅里叶变换分别为：

$$\left.\begin{aligned}
\text{对偶数}: G(l) &= \sum_{u=0}^{\frac{N}{2}-1} g_u W_N^{2ul} \\
\text{对奇数}: H(l) &= \sum_{u=0}^{\frac{N}{2}-1} h_u W_N^{2ul} \\
l &= 0, 1, 2, \cdots, \frac{N}{2} - 1
\end{aligned}\right\} \tag{11-24}$$

$G(l)$ 和 $H(l)$ 都是以 $\frac{N}{2}$ 为周期的周期函数。现用 $G(l)$ 和 $H(l)$ 表示 $X(l)$：

$$\begin{aligned}
X(l) &= \sum_{k=0}^{N-1} x(k) W_N^{kl} = \sum_{u=0}^{\frac{N}{2}-1} \left[g_u W_N^{2ul} + h_u W_N^{(2u+1)l} \right] \\
&= G(l) + H(l) W_N^l
\end{aligned}$$

利用 $G(l)$ 和 $H(l)$ 的周期性有：

$$X(l) = \left\{\begin{aligned}
&G(l) + H(l) W_N^l && \left(0 \leqslant l \leqslant \frac{N}{2} - 1\right) \\
&G\left(l - \frac{N}{2}\right) + H\left(l - \frac{N}{2}\right) W_N^l && \left(\frac{N}{2} \leqslant l \leqslant N - 1\right)
\end{aligned}\right\}$$
$$\tag{11-25}$$

由此可知，N 点变换可以分解成为式(11-25)表示的两个部分的计算，共为两个 $N/2$ 点变换。所需的运算量为 $2 \times \left(\frac{N}{2}\right)^2 + N$，这比 N^2 次运算要少得多。

现仍取用第三节内的算例，则其偶、奇的数据录自表 11-1 分别列于表 11-3 和表 11-4：

表 11-3

$x_0 = g_0, x_2 = g_1, x_4 = g_2, x_6 = g_3$			
2	4	5	3

表 11-4

$x_1 = h_0, x_3 = h_1, x_5 = h_2, x_7 = h_3$			
3	4	5	1

此时 $N = 8, W_8 = e^{-j\frac{\pi}{4}}, \quad u = 0, 1, 2, 3$

由式(11-24),当 $l = 0$ 时,则

$$G(0) = 2 + 4 + 5 + 3 = 14$$
$$H(0) = 3 + 4 + 5 + 1 = 13$$

由式(11-25)得出:

$$X(0) = G(0) + W_8^0 H(0) = 14 + 13 = 27$$

同时获得 $X(4) = G(0) + W_8^4 H(0) = 14 - 13 = 1$

当 $l = 1$ 时,则:$W_8^l = e^{-j\frac{\pi}{4}}$

$$G(l) = \sum_{u=0}^{8} g_u e^{-j\frac{u\pi}{2}} = 2e^0 + 4e^{-j\frac{\pi}{2}} + 5e^{-j\pi} + 3e^{-j\frac{3}{2}\pi} = -3 - j$$

$$H(l) = \sum_{u=0}^{8} h_u e^{-j\frac{u\pi}{2}} = 3e^0 + 4e^{-j\frac{\pi}{2}} + 5e^{-j\pi} + e^{-j\frac{3}{2}\pi} = -2 - 3j$$

由式(11-25)得出:

$$X(1) = G(1) + W_8^1 H(1) = (-3 - j) - (2 + 3j)\left(\cos\frac{\pi}{4} - j\sin\frac{\pi}{4}\right)$$
$$= -6.54 - 1.71j$$

$$X(5) = G(1) + W_8^5 H(1) = (-3 - j) - (2 + 3j)\left(\cos\frac{5}{4}\pi - j\sin\frac{5}{4}\pi\right)$$
$$= 0.54 - 0.29j$$

依此类推,可以算得 $X(2), X(6), X(3), X(7)$,结果与本章第三节内所得的数值相同。

按照同样办法把计算 $G(l)$ 和 $H(l)$ 的序列再各分为两部,每个长度为 $N/4$,计算工作量又可进一步减小。

现仍以上述的 $N = 2^3$ 为例,详细说明上面介绍的分解过程。原始数字序列为 $\{x_k\}, k = 0, 1, 2, \cdots, 7$。第一步按偶、奇序号分为 $\{g_u\}$ 和 $\{h_u\}$,每组各 4 个数据;第二步再把 $\{g_u\}$ 和 $\{h_u\}$ 按偶、奇序号再分为 $\{e_u\}, \{f_u\}, \{s_u\}, \{t_u\}$,这时每组只包含两个原始数据:

$$\{x_k\} = \begin{cases} \begin{cases} \begin{bmatrix} x_0 = g_0 = 2 \\ x_2 = g_1 = 4 \\ x_4 = g_2 = 5 \\ x_6 = g_3 = 3 \end{bmatrix} = \{g_u\} \begin{cases} \begin{bmatrix} g_0 = e_0(= x_0 = 2) \\ g_2 = e_1(= x_4 = 5) \end{bmatrix} = \{e_u\} \\ \begin{bmatrix} g_1 = f_0(= x_2 = 4) \\ g_3 = f_1(= x_6 = 3) \end{bmatrix} = \{f_u\} \end{cases} \\ \begin{bmatrix} x_1 = h_0 = 3 \\ x_3 = h_1 = 4 \\ x_5 = h_2 = 5 \\ x_7 = h_3 = 1 \end{bmatrix} = \{h_u\} \begin{cases} \begin{bmatrix} h_0 = s_0(= x_1 = 3) \\ h_2 = s_1(= x_5 = 5) \end{bmatrix} = \{s_u\} \\ \begin{bmatrix} h_1 = t_0(= x_3 = 4) \\ h_3 = t_1(= x_7 = 1) \end{bmatrix} = \{t_u\} \end{cases} \end{cases} \end{cases}$$

(11-26)

由 $\{e_u\}, \{f_u\}, \{s_u\}, \{t_u\}$ 计算 $X(l)$ 共分三步：

第一步计算 $E(l), F(l), S(l), T(l)$，计算公式仍仿式(11-24) 为：

$$N = 4, \qquad W_4 = \mathrm{e}^{-\frac{1}{2}\pi} = W_8^2$$

$$E(l) = \sum_{u=0}^{1} e_u W_4^{2ul} = x_0 + x_4 W_8^{4l}$$

$$\begin{cases} E(0) = x_0 + x_4 W_8^0 = x_0 + x_4 = 2 + 5 = 7 \\ E(1) = x_0 + x_4 W_8^4 = x_0 - x_4 = 2 - 5 = -3 \end{cases}$$

$$F(l) = \sum_{u=0}^{1} f_u W_4^{2ul} = x_2 + x_6 W_8^{4l}$$

$$\begin{cases} F(0) = x_2 + x_6 W_8^0 = x_2 + x_6 = 4 + 3 = 7 \\ F(1) = x_2 + x_6 W_8^4 = x_2 - x_6 = 4 - 3 = 1 \end{cases}$$

同理得
$$\begin{cases} S(0) = x_1 + x_5 = 3 + 5 = 8 \\ S(1) = x_1 - x_5 = 3 - 5 = -2 \end{cases}$$

$$\begin{cases} T(0) = x_3 + x_7 = 4 + 1 = 5 \\ T(1) = x_3 - x_7 = 4 - 1 = 3 \end{cases}$$

第二步计算 $G(l)$ 和 $H(l)$，利用与式(11-25) 相仿的公式，得出：

$$G(l) = \begin{cases} E(l) + W_8^{2l} F(l); \text{其中 } l = 0,1 \\ E(l-2) + W_8^{2l} F(l-2); \text{其中 } l = 2,3 \end{cases}$$

从而得出
$$\begin{cases} G(0) = E(0) + F(0) W_8^0 = 7 + 7 = 14 \\ G(1) = E(1) + F(1) W_8^2 = -3 - j \\ G(2) = E(0) + F(0) W_8^4 = 7 - 7 \\ G(3) = E(1) + F(1) W_8^6 = 3 + j \end{cases}$$

$$H(l) = \begin{cases} S(l) + W_8^{2l}T(l); \text{其中} l = 0,1 \\ S(l-2) + W_8^{2l}T(l-2); \text{其中} j = 2,3 \end{cases}$$

从而得出

$H(0) = S(0) + T(0)W_8^0 = 8 + 5 = 13$

$H(1) = S(1) + T(1)W_8^2 = -2 - 3j$

$H(2) = S(0) + T(0)W_8^4 = 8 - 5$

$H(3) = S(1) + T(1)W_8^6 = -2 + 3j$

第三步由 $G(l)$ 和 $H(l)$ 计算 $X(l)$，利用式(11-25)：

当 $l = 0, X(0) = G(0) + H(0)W_8^0 = 14 + 13 = 27$

$l = 1, X(1) = G(1) + H(1)W_8^1 = (-3-j) - (2+3j)$

$$\left(\cos\frac{\pi}{4} - j\sin\frac{\pi}{4}\right)$$

$= -6.54 - 1.71j$

$l = 2, \quad X(2) = G(2) + H(2)W_8^2 = 0 - 3j$

依此类推，获得与前面相同的结果。

上述的运算过程可以用图 11-3 的方式表示。图中每个结点表示一个加法，每个箭头表示一个乘法，乘上箭头旁边的数值。由图 11-3 可以看出原始八个数输入后，经过乘加运算后得到八个新的数。而后用这八个新数进行乘加运算得到另外八个数，这样依此类推，得到最后结果。

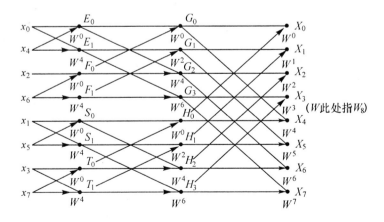

图 11-3

这个特点对计算机进行计算很有利。因为存储原始数据的单元也可用做存储结果的单元,从而节省了内存。

由图11-3可以看出,输出的结果 $X(l)$ 是按序号排列的,而输入的原始数据 $\{x_k\}$ 的顺序似乎是"混乱"的。仔细分析后,可发现其中还是有规律的。假如我们把原始数据的下标用二进制表示,则为:

$$000,001,010,011,100,101,110,111$$

而此时输入数据的下标二进制表示为:

$$000,100,010,110,001,101,011,111$$

正好是其相对应数的"反序"数。也就是把原始数据下标的二进制表示式中的数互相对称地换位置。这个规格对更多数据也是成立的。

第六节　傅里叶反变换

把傅里叶反变换公式(11-10)求复共轭并用 N 乘两边,即由

$$x(k) = \frac{1}{N}\sum_{l=0}^{N-1}X(l)e^{j2\pi\frac{kl}{N}}$$

得到

$$Nx^*(k) = \sum_{l=0}^{N-1}X^*(l)e^{-j2\pi\frac{kl}{N}} \tag{11-27}$$

把这个结果同正变换公式(11-10)相比较,可以看出式(11-27)的右端在形式上就是傅里叶正变换。因此我们如果将 $X^*(l)$ 输入到计算正变换的算法,结果将是 $Nx^*(k)$。取它的复共轭并用 N 除,即得到所要算求的变换 $x(k)$。

第十二章　重要的傅里叶分析

一般说来信号的形式比较复杂,直接对它本身进行分析和处理都比较困难。为了克服这种困难,行之有效的办法是把一般的复杂信号展开成各种类型的基本信号之和或积分。这种基本信号或者实现起来简单,或者分析起来简单,或者二者兼而有之。常被采用的有正弦型函数,δ 函数,sinc 函数以及 Walsh 函数和 Z 函数等。

第一节　矩形脉冲和 sinc 函数

矩形脉冲是在实际中经常遇到的一种重要的典型信号。它的重要性是多方面的。它不仅具有简单的形状,因而可以把它作为组成其他复杂信号的基本信号。同时,它的两种极限形式也都是极为有用而且重要的信号。将矩形脉冲的宽度无限地变小,在宽度趋于零的极限情况下就得到一个脉冲信号(单位脉冲函数或 δ 函数),而将宽度无限地变大的另一种极限情况下,便得到一个直流信号。

振幅为 a,宽度为 T 的位于原点的矩形脉冲,可用符号 $a \cdot \text{rect}\left(\dfrac{t}{T}\right)$ 表示,其表达公式为(图 12-1(a)):

$$S(t) = a \cdot \text{rect}\left(\frac{t}{T}\right) = \begin{cases} a, & -\dfrac{T}{2} \leqslant t \leqslant \dfrac{T}{2} \\ 0, & \text{其他} \end{cases} \tag{12-1}$$

这种信号的频谱为(图 12-1(b)):

$$S(f) = a \int_{-\frac{T}{2}}^{\frac{T}{2}} e^{-j2\pi ft} dt = \frac{a}{\pi f} \frac{e^{j\pi fT} - e^{-j\pi fT}}{2j}$$

$$= aT \frac{\sin \pi fT}{\pi fT} = aT \operatorname{sinc}(fT) \tag{12-2}$$

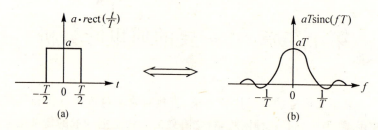

图 12-1

其中
$$\operatorname{sinc}(fT) = \frac{\sin \pi fT}{\pi fT} \tag{12-3}$$

称之为 sinc 函数。因此,用傅里叶变换对的符号表示则为:

$$a \cdot \operatorname{rect}\left(\frac{t}{T}\right) \Leftrightarrow aT \operatorname{sinc}(fT) \tag{12-4}$$

第二节 脉冲函数

将上述的矩形脉冲的宽度 T 无限地变小,则在 T 趋于零的极限条件下所得到的就是脉冲函数。它是傅里叶变换分析中十分重要的数学工具,利用它可以简化许多推导。

信号的面积(aT)叫做脉冲函数的强度。强度为 1 的脉冲函数叫做单位脉冲函数,即 δ 函数。其表示式为:

$$\delta(t) = \begin{cases} \infty, & \text{当 } t = 0 \text{ 时} \\ 0, & \text{其他} \end{cases} \tag{12-5}$$

其强度为:
$$\int_{-\infty}^{\infty} \delta(t) \mathrm{d}t = 1 \tag{12-6}$$

这就是说,$\delta(t)$ 在它出现时取不定值。在其他时候为零,而它下面的面积为一。

具有时移 t_0 的 δ 函数记作:

$$\delta(t-t_0) = \begin{cases} \infty, & t = t_0 \\ 0, & \text{其他} \end{cases} \tag{12-7}$$

且
$$\int_{-\infty}^{\infty} \delta(t-t_0) dt = 1 \tag{12-8}$$

δ 函数具有许多重要特性。例如,当它和另外一个信号 $x(t)$ 相乘时,乘积函数只在 δ 函数出现的时刻 t_0 上有值,而其他地方均为零,即

$$x(t)\delta(t-t_0) = x(t_0)\delta(t-t_0) \tag{12-9}$$

其结果是强度为 $x(t_0)$ 的 δ 函数。将函数积分,得

$$\int_{-\infty}^{\infty} x(t)\delta(t-t_0) dt = x(t_0)\int_{-\infty}^{\infty} \delta(t-t_0) dt = x(t_0) \tag{12-10}$$

δ 函数的频谱为

$$\int_{-\infty}^{\infty} \delta(t) e^{-j2\pi ft} dt = \int_{-\infty}^{\infty} \delta(t) dt = 1 \tag{12-11}$$

现在再试求式(12-11)的反演,即求函数为常数 1 时的傅里叶逆变换。按尤拉(Euler)公式: $e^{jwi} = \cos\omega t + j\sin\omega t$,可知:

$$\int_{-\infty}^{\infty} 1 \cdot e^{j2\pi ft} df = \int_{-\infty}^{\infty} \cos(2\pi ft) df + j\int_{-\infty}^{\infty} \sin(2\pi ft) df \tag{12-12}$$

因为第二个积分的被积函数是奇函数,故积分为零。对第一个积分要使用广义函数的概念才能算出,否则是没有意义的。使用广义函数概念的推论成果可以得出为:

$$\int_{-\infty}^{\infty} \cos(2\pi ft) df = \delta(t) \tag{12-13}$$

式(12-12)可写成:

$$\int_{-\infty}^{\infty} e^{j2\pi ft} df = \int_{-\infty}^{\infty} \cos(2\pi ft) df = \delta(t) \tag{12-14}$$

亦即傅里叶变换为
$$\delta(t) \Leftrightarrow 1 \tag{12-15}$$

第三节 正弦型函数

这里我们把余弦信号和正弦信号统称为正弦型信号,而把它们的复数形式的信号称为复正弦型信号。

简单的余弦函数可以表示为:

$$\delta(t) = A\cos(2\pi f_0 t) \tag{12-16}$$

其中 A, f_0 分别是余弦函数的振幅和频率,并且

$$T_0 = \frac{1}{f_0} = \frac{2\pi}{\omega_0} \quad (12\text{-}17)$$

其中 T_0, ω_0 分别为该信号的周期和角频率。

它的傅里叶变换为:

$$S(f) = \int_{-\infty}^{\infty} A\cos(2\pi f_0 t) e^{-j2\pi ft} dt = \frac{A}{2}\int_{-\infty}^{\infty}[e^{j2\pi f_0 t} + e^{-j2\pi f_0 t}]$$

$$\times e^{-j2\pi ft} dt = \frac{A}{2}\int_{-\infty}^{\infty}[e^{-j2\pi t(f-f_0)} + e^{-j2\pi t(f_0+f)}]dt$$

参考式(12-14)的推导,可知

$$S(f) = \frac{A}{2}\delta(f-f_0) + \frac{A}{2}\delta(f+f_0) \quad (12\text{-}18)$$

因此傅里叶变换对为:

$$\left.\begin{array}{l} A\cos(2\pi f_0 t) \Leftrightarrow \dfrac{A}{2}\delta(f-f_0) + \dfrac{A}{2}\delta(f+f_0) \\ A\sin(2\pi f_0 t) \Leftrightarrow j\dfrac{A}{2}\delta(f+f_0) - j\dfrac{A}{2}\delta(f-f_0) \end{array}\right\} \quad (12\text{-}19)$$

图 12-2 所示式(12-19) 的第一式:

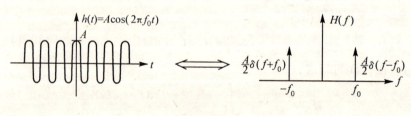

图 12-2

第四节 线性系统分析

当一个随机信号 $x(t)$ 通过某一个系统,结果变成了 $y(t)$,则 $x(t)$ 称为系统的输入,$y(t)$ 称为系统的输出或响应。所谓"系统"其含义十分广泛。它可以是某一个具体的装置,例如无线电中的滤波器,摄影中

的摄影机等。它也可以是一个数字的运算,也可以是能够影响输出信号 $y(t)$ 的所有因素,如航空摄影中的大气朦雾、飞行振动、航摄机、摄影材料等都可以包括在整个摄影系统之内。

线性系统遵从叠加原理,也就是说线性系统对多个信号之和的响应等于对各个信号响应之和。例如输入信号分别为 $x_1(t)$ 和 $x_2(t)$,其输出分别为 $y_1(t)$ 和 $y_2(t)$。则对线性系统而言,对于输入 $ax_1(t) + bx_2(t)$(a,b 为任意常数)恒有输出 $ay_1(t) + by_2(t)$。

如果线性系统对其输入信号 $x(t)$ 的时延(在空间域内的相应延迟称为"位延")$x(t-\tau)$ 的输出,等于它对原输入信号输出 $y(t)$ 的时延 $y(t-\tau)$,则称该线性系统具有"时不变"特性(在空间域内相应的为"位不变"特性)。

根据上述的叠加原理,如果能够求出某一线性系统对某一基本信号的响应,则系统对任意输入信号的响应,可以通过信号的展开式求得。在线性系统的分析中最常用的两种基本信号是 δ 函数和复正弦型信号。

设某线性系统对单位脉冲函数 $\delta(t)$ 的输出为 $h(t)$,则 $h(t)$ 被称为该系统的脉冲响应函数。该系统对任意时延 τ(在空间时指位移)的输入 $\delta(t-\tau)$ 的响应,在一般情况下是 t 和 τ 的函数,用 $h(t,\tau)$ 表示。在有"时不变"特性的系统中则可表示为 $h(t-\tau)$。

任意输入信号 $x(t)$,按式(12-10)同时又考虑到 δ 函数的对称性,即 $\delta(t-t_0) = \delta(t_0-t)$ 可以展成:

$$x(t) = \int_{-\infty}^{\infty} x(\tau)\delta(t-\tau)d\tau \tag{12-20}$$

由于时不变线性系统对强度为 $x(\tau)$ 的 $\delta(t-\tau)$ 函数的响应为 $x(\tau)h(t-\tau)$,所以利用叠加原理,线性系统对任意输入信号 $x(t)$ 的响应为:

$$y(t) = \int_{-\infty}^{\infty} x(\tau)h(t-\tau)d\tau \tag{12-21}$$

当采用复正弦型函数(简谐波)$e^{j\omega t}$ 作为基本信号时,时不变系统对 $e^{j\omega t}$ 的输出为:

$$y(t) = \int_{-\infty}^{\infty} e^{j\omega\tau} h(t-\tau) d\tau$$

将线性系统对 $e^{j\omega t}$ 的输出响应与输入信号之比定义为：

$$H(\omega) = \frac{y(t)}{e^{j\omega t}} = \int_{-\infty}^{\infty} e^{-j\omega(t-\tau)} h(t-\tau) d\tau$$

即

$$H(\omega) = \int_{-\infty}^{\infty} h(t) e^{-j\omega t} dt$$

$H(\omega)$ 称为系统的"频率响应"，有时也称为"传递函数"。

故知在时不变系统的情况下：

$$h(t) \Leftrightarrow H(\omega) \tag{12-22}$$

第五节 卷 积

一、定义

卷积是研究傅里叶变换中重要的一种基本性质。卷积积分表示为：

$$y(t) = \int_{-\infty}^{\infty} x(\tau) h(t-\tau) d\tau = x(t) * h(t) \tag{12-23}$$

其中 τ 是积分伪变量。这个公式的应用之一见上节中的式(12-21)。

式(12-23)也可以等效地写成：

$$y(t) = \int_{-\infty}^{\infty} h(\tau) x(t-\tau) d\tau = h(t) * x(t) \tag{12-24}$$

二、算例

现用图解法说明求卷积积分值的规则。

例一 设有函数

$$x(t) = \begin{cases} 1, & x \geq 0 \\ 0, & x < 0 \end{cases}$$

$$h(t) = e^{-t}$$

则

$$y(t) = x(t) * h(t) = \int_{-\infty}^{\infty} x(\tau) h(t-\tau) d\tau$$

$$= \int_0^t (1) \mathrm{e}^{-(t-\tau)} \mathrm{d}\tau = \mathrm{e}^{-t}(\mathrm{e}^\tau /_0^t)$$
$$= \mathrm{e}^{-t}[\mathrm{e}^t - 1] = 1 - \mathrm{e}^{-t}$$

图 12-3 之(a)和(b)分别表示两个给出的函数。首先将 $h(\tau)$ 折叠得图 12-3(c) 的 $h(-\tau)$。其次把 $h(-\tau)$ 位移一个 t 值得图 12-3(d)。然后将 $h(t-\tau)$ 乘以 $x(\tau)$ 得图 12-3(e)。最后进行积分便得图 12-3(e) 中斜线部分,亦即在图 12-3(f) 中时刻 t' 处的卷积值。

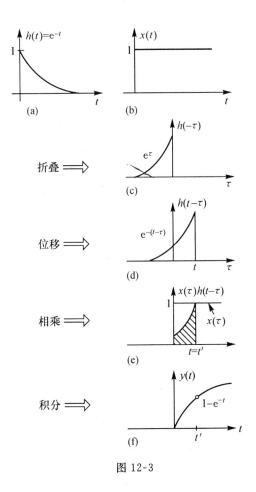

图 12-3

例二 设欲将图 12-4(a) 中的函数 $x(t)$ 与图 12-4(b) 中的函数:

$$h(t) = \delta(t+T) + \delta(t) + \delta(t-T)$$

作卷积。将 $h(t)$ 折叠,使它滑过 $x(t)$ 并相乘就得到图 12-4(c) 所示的结果。其数学关系为:

$$y(t) = h(t) * x(t) = \int_{-\infty}^{\infty} h(\tau) x(t-\tau) d\tau$$
$$= \int_{-\infty}^{\infty} [\delta(\tau+T) + \delta(\tau) + \delta(\tau-T)] x(t-\tau) d\tau$$

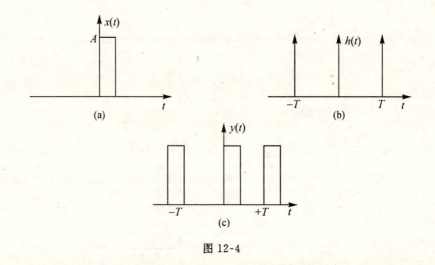

图 12-4

按式(12-10) 得出:

$$y(t) = x(t+T) + x(t) + x(t-T) \quad (12\text{-}25)$$

在这种情况下的卷积总量仅只是 $x(t)$ 在每个冲击位置上的"复制"。

三、离散卷积

假定代替连续变量,把 $h(t)$ 和 $x(t)$ 离散化成大小为 A 和 B 的采样数组,分别有 $\{h(0), h(1), h(2), \cdots, h(A-1)\}$ 和 $\{x(0), x(1), x(2), \cdots, x(B-1)\}$。离散傅里叶变换和它的逆变换是周期函数(见

第十一章第三节）。为了使离散卷积定理与这个周期性质一致起来，我们可以假定离散函数 $h(t)$ 和 $x(t)$ 都具有某个周期 M 的周期函数。从而卷积也是具有同样周期的周期函数。可以证明，除非我们选择：

$$M \geqslant A + B - 1 \tag{12-26}$$

否则卷积的各个周期将会重叠。这种重叠一般称为交叠误差。因为假定的周期必须比 A 或 B 中任何一个都大，所以采样序列的长度必须增加，使二者都为长度 M。为此，应向给定的采样序列中补加零值以形成下述的延伸序列。

$$h_e(t) = \begin{cases} h(t), & 0 \leqslant t \leqslant A-1 \\ 0, & A \leqslant t \leqslant M-1 \end{cases}$$

和

$$x_e(t) = \begin{cases} x(t), & 0 \leqslant t \leqslant B-1 \\ 0, & B \leqslant t \leqslant M-1 \end{cases}$$

在这个基础上，我们可以把用积分形式的卷积公式：

$$y(t) = \int_{-\infty}^{\infty} h(\tau) x(t-\tau) d\tau$$

改化成为离散求和公式如下：

$$y(t) = h_e(t) * x_e(t) = \sum_{\tau=0}^{M-1} h_e(\tau) x_e(t-\tau) \tag{12-27}$$

对 $t = 0, 1, 2, \cdots, M-1$ 定义为 $h_e(x)$ 和 $x_e(t)$ 的离散卷积。这个卷积函数是离散的，长度为 M 的周期阵列。它用 $t = 0, 1, 2, \cdots, M-1$ 处的值描述 $h_e(t) * x_e(t)$ 的一个整周期。

离散卷积的离散求和公式，按式(12-27)也可写成：

$$y(n\Delta t) = \sum_{p=0}^{M-1} h(p\Delta \tau) x(n\Delta t - p\Delta \tau) \Delta \tau \tag{12-28}$$

式中：Δt 为被滤波信号的采样间隔；

n 为被滤波信号的采样顺序号；

$\Delta \tau$ 为滤波因子（即时间特性函数）的采样间隔，可以取等于 Δt 或 Δt 的整数倍；

p 为滤波因子采样顺序号。

第六节 卷积定理

卷积公式(12-23)或(12-24)和它的傅里叶变换之间的关系是当代科学分析中极重要和有力的工具。这个关系被称为卷积定理。它使我们能够完全自由地用简单的频域相乘代替时域(或空间域)中直接进行卷积。也就是说，如果 $h(t)$ 和 $x(t)$ 分别有傅里叶变换 $H(f)$ 和 $X(f)$，那么卷积 $h(t)*x(t)$ 的傅里叶变换为：$H(f)X(f)$，即：

$$h(t)*x(t) \Leftrightarrow H(f)X(f) \tag{12-29}$$

为了建立这个结果，首先对卷积公式(12-23)两边进行傅里叶变换如下：

$$\int_{-\infty}^{\infty} y(t) e^{-j2\pi ft} dt = \int_{-\infty}^{\infty} \left[\int_{-\infty}^{\infty} x(\tau) h(t-\tau) d\tau \right] e^{-j2\pi ft} dt$$

即

$$Y(f) = \int_{-\infty}^{\infty} x(\tau) \left[\int_{-\infty}^{\infty} h(t-\tau) e^{-j2\pi ft} dt \right] d\tau \tag{12-30}$$

令 $\sigma = t - \tau$，则方括号中的项变为：

$$\int_{-\infty}^{\infty} h(\sigma) e^{-j2\pi f(\sigma+\tau)} d\sigma = e^{-j2\pi f\tau} \int_{-\infty}^{\infty} h(\sigma) e^{-j2\pi f\sigma} d\sigma = e^{-j2\pi f\tau} H(f)$$

所以式(12-30)可改写为：

$$Y(f) = \int_{-\infty}^{\infty} x(\tau) e^{-j2\pi f\tau} H(f) d\tau = H(f) X(f)$$

反过来也可证明：

$$h(t)x(t) \Leftrightarrow H(f)*X(f) \tag{12-31}$$

第七节 二维卷积

二维卷积在形式上与式(12-23)相类似。对两个函数 $f(x,y)$ 和 $h(x,y)$ 而言，其卷积为(为了便于二维的表达，此处改用了一些字符符号)：

$$f(x,y)*h(x,y) = \int_{-\infty}^{\infty}\int f(\alpha,\beta) h(x-\alpha, y-\beta) d\alpha d\beta \tag{12-32}$$

因此,在二维中卷积定理为:
$$f(x,y) * h(x,y) \Leftrightarrow F(u,v)H(u,v) \quad (12\text{-}33)$$

在离散二维卷积情况下,设 $f(x,y)$ 和 $h(x,y)$ 是大小分别为 $A\times B$ 和 $C\times D$ 的离散数组,形成了二维的离散卷积,则必须假定这些数组在 x 和 y 方向上为某个周期为 M 和 N 的周期函数,并选用:
$$\begin{aligned} M &\geqslant A+C-1 \\ N &\geqslant B+D-1 \end{aligned} \quad (12\text{-}34)$$

而据以把 $f(x,y)$ 和 $h(x,y)$ 扩充为如下的周期序列:
$$f_e(x,y) = \begin{cases} f(x,y), & 0\leqslant x\leqslant A-1; \quad 0\leqslant y\leqslant B-1 \\ 0, & A\leqslant x\leqslant M-1; \quad B\leqslant y\leqslant N-1 \end{cases}$$
$$h_e(x,y) = \begin{cases} h(x,y), 0\leqslant x\leqslant C-1; \quad 0\leqslant y\leqslant D-1 \\ 0, \quad\quad C\leqslant x\leqslant M-1; \quad D\leqslant y\leqslant N-1 \end{cases}$$

二维卷积的关系式为:
$$f_e(x,y) * h_e(x,y) = \sum_{m=0}^{M-1}\sum_{n=0}^{N-1} f_e(m,n)h_e(x-M,y-N)$$
$$(12\text{-}35)$$

第十三章 影像采样及重采样理论

第一节 影像采样理论

影像采样通常是等间隔进行的。如何确定一个适当的采样区间,可以对影像平面在空间域内和在频域内用卷积和乘法的过程进行分析。

现在就一维的情况说明其原理。

假设有图 13-1(a) 所示的代表影像灰度变化的函数 $f(x)$ 从 $-\infty$ 延伸到 $+\infty$。$f(x)$ 的傅里叶变换为:

$$F(u) = \int_{-\infty}^{+\infty} f(x) e^{-j2\pi u x} dx \qquad (13-1)$$

假设当频率 u 值超出区间 $[-W, W]$ 之外时等于零,其变换后的结果如图 13-1(b) 所示。一个函数如果它的变换对任何有限的 W 值有这种性质,则称之为有限带宽函数。

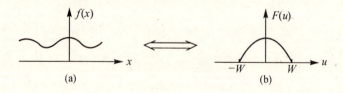

图 13-1

为了得到 $f(x)$ 的采样,我们用间隔为 Δx 的脉冲串组成的采样函数(图 13-2(a)):

$$s(x) = \sum_{k=-\infty}^{\infty} \delta(x - k\Delta x) = \text{comb}_{\Delta x}(x) \tag{13-2}$$

乘这个函数。采样函数的傅里叶变换间隔为 $\Delta u = 1/\Delta x$ 的脉冲串组成的函数,示如图 13-2(b) 为:

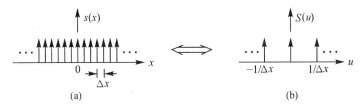

图 13-2

$$S(u) = \Delta u \sum_{k=-\infty}^{\infty} \delta(u - k\Delta u) \tag{13-3}$$

即在 $\pm 1/\Delta x, \pm 2/\Delta x, \pm 3/\Delta x, \cdots$ 处有值。

在空间域中采样函数 $s(x)$ 与原函数 $f(x)$ 相乘得到采样后的函数,示如图 13-3(a) 为:

$$s(x)f(x) = f(x)\sum_{k=-\infty}^{\infty} \delta(x - k\Delta x) = \sum_{k=-\infty}^{\infty} f(k\Delta x)\delta(x - k\Delta x)$$

$$\tag{13-4}$$

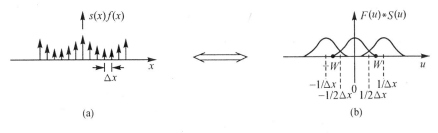

图 13-3

与此相对应,在频域中则应为经过变换后的两个相应函数的卷积,成为

在 $1/\Delta x, 2/\Delta x, \cdots$ 处每一处的影像谱形的复制品（见第十二章第五节），示如图 13-3(b)，这也就是 $s(x)f(x)$ 的傅里叶变换。

如果量 $1/2\Delta x$ 小于其频率限值 W 时（示如图 13-3(b)），则产生输出周期谱形间的重叠，通常称为混淆现象，使信号变形。为了避免这个问题，选取采样间隔 Δx 时应使满足：$1/2\Delta x \geqslant W$，或即：

$$\Delta x \leqslant \frac{1}{2W} \qquad (13-5)$$

这就是 Shannon 采样定理，即当采样间隔能使在函数 $f(x)$ 中存在的最高频率中每周期取有两个样本时，则根据采样数据可以完全恢复原函数 $f(x)$。此时称 W 为截止频率或奈奎斯特（Nyquist）频率。

减少 Δx 显然会把各周期分隔开来，不会出现重叠，示如图 13-4。此时如果再使用图 13-4 中由虚线表示的矩形窗口形函数的相乘，就有可能完全地把 $F(u)$ 孤立起来，获得如图 13-1(b) 所示的频谱。自然可以通过傅里叶反变换得到原始的连续函数 $f(x)$。矩形窗口函数为：

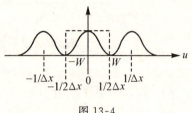

图 13-4

$$G(u) = \begin{cases} 1, & -W \leqslant u \leqslant W \\ 0, & \text{其他} \end{cases}$$

其反傅里叶变换为 sinc 函数（见第十二章第一节），即：

$$\frac{\sin 2\pi W \cdot x}{2\pi W \cdot x} \qquad (13-6)$$

经此复原的连续函数可用离散值表示为式(13-4)及窗口函数在空间域内函数式(13-6)的卷积为：

$$f(x) = \sum_{k=-\infty}^{\infty} f(k\Delta x) \cdot \delta(x - k\Delta x) * \frac{\sin 2\pi W x}{2\pi W x}$$

$$= \sum_{k=-\infty}^{\infty} f(k\Delta x) \frac{\sin 2\pi W(x - k\Delta x)}{2\pi W(x - k\Delta x)} \qquad (13-7)$$

故知欲完全恢复原始图像对采样点之间的函数值，严格地说，须要通过式(13-7)进行内插,亦即 sinc 函数的内插。

上述 Shannon 采样间隔乃是理论上能够完全恢复原函数的最大间隔。实际上由于原来的影像中有噪音以及采样光点不可能是一个理想的光点,都还会产生有混淆和其他的复杂现象。因此噪音部分应在采样以前滤掉,并且采样间隔最好是在原函数 $f(x)$ 中存在的最高频率中每周期至少取有三个样本。

第二节　影像重采样理论

当欲知不位于矩阵(采样)点上的原始函数 $f(x,y)$(在上节中用的是一维为 $f(x)$)的数值时就需进行内插,此时称为重采样(resampling),意即在原采样的基础上再一次采样。每当对数字影像进行几何改变时总会产生这项问题,其典型的例子为影像的旋转,核线排队,或数字纠正等。显然在数字影像处理的摄影测量应用中会常常遇到一种或多种这样的几何变换,因此重采样技术对摄影测量学是很重要的。

根据上节的采样理论可知,当采样间隔 Δx 等于或小于 $\frac{1}{2W}$,而影像中大于 W 的频谱成分为零时,则地面的原始影像 $f(x)$ 可以由式(13-7)计算恢复。式(13-7)可以理解为原始影像与 sinc 函数的卷积,取用了 sinc 函数作为卷积核。但是这种运算比较复杂,所以常用一些简单的函数代替那种 sinc 函数。以下介绍三种实际上常用的重采样方法。

一、双线性插值法

双线性插值法的卷积核是一个三角形函数(见第六章第二节),表达式为:

$$W(x) = 1-(x), \quad 0 \leqslant |x| \leqslant 1 \tag{13-8}$$

可以证明,利用式(13-8)作卷积对任一点进行重采样与用 sinc 函数有一定的近似性。此时需要该点 P 邻近的四个原始像元素参加计算,如图 13-5 所示。图 13-5(b) 表示式(13-8)的卷积核图形在沿 x 方向进行重采样时所应放的位置。

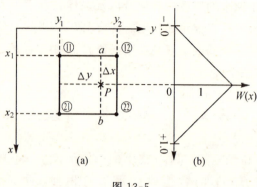

图 13-5

计算可沿 x 方向和 y 方向分别进行。即先沿 y 方向分别对点 a，b 的灰度值重采样，再利用该两点沿 x 方向对 P 点重采样。在任一方向作重采样计算时，可使卷积核的零点与 P 点对齐，以读取其各原始像元素处的相应数值。实际上可以把两个方向的计算合为一个，即按上述运算过程，经整理归纳以后直接计算出四个原始点对点 P 所作贡献的"权"值，以构成一个 2×2 的二维卷积核 W（权矩阵），把它与四个原始像元灰度值构成的 2×2 点阵 I 作哈达马（Hadamard）积①运算得出一个新的矩阵。然后把这些新的矩阵元素相加，即可得到重采样点的灰度值 $I(P)$ 为：

$$I(P) = \sum_{i=1}^{2}\sum_{j=1}^{2} I(i,j) * W(i,j) \qquad (13\text{-}9)$$

其中

$$\boldsymbol{I} = \begin{bmatrix} I_{11} & I_{12} \\ I_{21} & I_{22} \end{bmatrix}; \quad \boldsymbol{W} = \begin{bmatrix} W_{11} & W_{12} \\ W_{21} & W_{22} \end{bmatrix}$$

---

① 两个矩阵 $A = \{a_{ij}\}$，$B = \{b_{ij}\}$ 的哈达马（Hadamard）积定义为该两个矩阵中各对应元素值的乘积 $a_{ij}\times b_{ij}$ 所构成的矩阵。即（此处用 $*$ 表示哈达马积）：
$$A * B = \{a_{ij}b_{ij}\}$$

$$W_{11} = W(x_1) \cdot W(y_1); \quad W_{12} = W(x_1)W(y_2);$$
$$W_{21} = W(x_2) \cdot W(y_1); \quad W_{22} = W(x_2)W(y_2)$$

而此时按式(13-8)及图13-5为：
$$W(x_1) = 1 - \Delta x; \quad W(x_2) = \Delta x;$$
$$W(y_1) = 1 - \Delta y; \quad W(y_2) = \Delta y$$
$$\Delta x = x - 整数(x)$$
$$\Delta y = y - 整数(y)$$

点 P 的灰度重采样值为：
$$I(P) = W_{11}I_{11} + W_{12}I_{12} + W_{21}I_{21} + W_{22}I_{22} = (1-\Delta x)(1-\Delta y)I_{11}$$
$$+ (1-\Delta x)\Delta y I_{12} + \Delta x(1-\Delta y)I_{21} + \Delta x \Delta y I_{22} \qquad (13\text{-}10)$$

二、双三次卷积法

卷积核也可以利用第六章第三节中所示的三次样条函数。

Rifman 提出的下列式(13-11)的三次样条函数更接近于 sinc 函数。其函数值为：

$$\left.\begin{array}{ll} W_1(x) = 1 - 2x^2 + |x|^3, & (0 \leqslant |x| \leqslant 1) \\ W_2(x) = 4 - 8|x| + 5x^2 - |x|^3, & (1 \leqslant |x| \leqslant 2) \\ W_3(x) = 0, & (2 \leqslant |x|) \end{array}\right\} \quad (13\text{-}11)$$

利用式(13-11)作卷积核对任一点进行重采样时，需要该点四周十六个原始像元参加计算，示如图13-6。图13-6(b)表示式(13-11)的卷积核图形，在沿 x 方向进行重采样时所应放的位置。计算可沿 x, y 两个方向分别运算，也可以一次求得十六个邻近点对重采样点 P 的贡献的"权"值。此时：

$$I(P) = \sum_{i=1}^{4} \sum_{j=1}^{4} I(i,j) * W(i,j) \qquad (13\text{-}12)$$

$$\boldsymbol{I} = \begin{pmatrix} I_{11} & I_{12} & I_{13} & I_{14} \\ I_{21} & I_{22} & I_{23} & I_{24} \\ I_{31} & I_{32} & I_{33} & I_{34} \\ I_{41} & I_{42} & I_{43} & I_{44} \end{pmatrix}; \quad \boldsymbol{W} = \begin{pmatrix} W_{11} & W_{12} & W_{13} & W_{14} \\ W_{21} & W_{22} & W_{23} & W_{24} \\ W_{31} & W_{32} & W_{33} & W_{34} \\ W_{41} & W_{42} & W_{43} & W_{44} \end{pmatrix}$$

其中：
$$W_{11} = W(x_1)W(y_1)$$
$$W_{42} = W(x_4)W(y_2)$$
$$\cdots\cdots$$

即
$$W_{ij} = W(x_i)W(y_j)$$

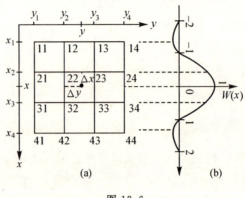

图 13-6

而按式(13-11)及图 13-6 的关系为：

x 方向 $\begin{cases} W(x_1) = W(1+\Delta x) = -\Delta x + 2\Delta x^2 - \Delta x^3 \\ W(x_2) = W(\Delta x) = 1 - 2\Delta x^2 + \Delta x^3 \\ W(x_3) = W(1-\Delta x) = \Delta x + \Delta x^2 - \Delta x^3 \\ W(x_4) = W(2-\Delta x) = -\Delta x^2 + \Delta x^3 \end{cases}$

y 方向 $\begin{cases} W(y_1) = W(1+\Delta y) = -\Delta y + 2\Delta y^2 - \Delta y^3 \\ W(y_2) = W(\Delta y) = 1 - 2\Delta y^2 + \Delta y^3 \\ W(y_3) = W(1-\Delta y) = \Delta y + \Delta y^2 - \Delta y^3 \\ W(y_4) = W(2-\Delta y) = -\Delta y^2 + \Delta y^3 \end{cases}$

$$\Delta x = x - 整数(x)$$
$$\Delta y = y - 整数(y)$$

利用上述三次样条函数重采样的中误差约为双线性内插法的 1/3，但计算工作量增大。

三、最邻近像元法

直接取与 $P(x,y)$ 点位置最近像元 N 的灰度值为该点的灰度作为采样值,即:

$$I(P) = I(N)$$

N 为最近点,其影像坐标值为:

$$x_N = \text{Int}(x+0.5)$$
$$y_N = \text{Int}(y+0.5) \tag{13-13}$$

Int 表示取整。

以上三种重采样方法以最邻近像元法最简单,计算速度快且能不破坏原始影像的灰度信息。但其几何精度较差,最大可达 ± 0.5 像元。前两种方法几何精度较好,但计算时间较长,特别是双三次卷积法较费时,在一般情况下用双线性插值法较宜。

第十四章 数字影像相关

数字影像相关的基本知识见《摄影测量原理》第二十一章第六节及第七节。本章较为深入地讨论一些数字相关的理论及实践问题。

数字影像相关是研究全数字化自动测图系统的基本运算过程。也可用在空中三角测量中和在遥感技术的多光谱影像间匹配时同名点间的自动辨认等方面。

第一节 相 关 函 数

两个随机信号 $x(t)$ 和 $y(t)$ 相关函数的定义为：

$$R_{xy}(\tau) = \int_{-\infty}^{\infty} x(t)y(t+\tau)\mathrm{d}t \tag{14-1}$$

或写成其均值形式为：

$$R_{xy}(\tau) = \lim_{T \to \infty} \frac{1}{T}\int_{0}^{T} x(t)y(t+\tau)\mathrm{d}t \tag{14-2}$$

相关函数从理论上的定理要具有无限长的数据，即 T 应当是无限的。显然，在实际测量中不可能这样进行，需要变成有效长度的数据。亦即要 T 大到合理，使其构成的统计方差小到可以接受。实用的式子可写成：

$$R_{xy}(\tau) = \frac{1}{T}\int_{0}^{T} x(t)y(t+\tau)\mathrm{d}t \tag{14-3}$$

以上的相关函数都是互相关函数。当两个随机信号相同时，亦即 $x(t) = y(t)$ 时，则上式变为：

$$R_{xx}(\tau) = \frac{1}{T}\int_{0}^{T} x(t)x(t+\tau)\mathrm{d}t \tag{14-4}$$

称为自相关函数。

在摄影测量的数字相关中所处理的问题是两张像片上的同名点线问题。所讨论的相关总是指的互相关。但由于同名点线位在影像共轭核线上的数据曲线彼此相似,所以通过自相关函数的研究,也可以提供数字影像相关系统中合理化设计的基础。利用它可以对其采样间隔、扫描孔大小以及相关函数的锐度等问题作出估计。

例如有一个正弦函数

$$f(t) = A\sin\omega t \tag{14-5}$$

则其自相关函数 $R(\tau)$ 是一个相同周期的余弦函数,即:

$$\begin{aligned}R(\tau) &= \lim_{T\to\infty}\frac{1}{T}\int_0^T f(t)f(t+\tau)\mathrm{d}t = \lim_{T\to\infty}\frac{1}{T}\int_0^T \{A\sin\omega t\}\{A\sin\omega(t+\tau)\}\mathrm{d}t \\ &= \lim_{T\to\infty}\frac{A^2}{2T}\int_0^T \{\cos\omega\tau - \cos[\omega(2t+\tau)]\}\mathrm{d}t \\ &= \frac{A^2}{2}\cos\omega\tau \end{aligned} \tag{14-6}$$

同理一个余弦函数的自相关函数也是一个余弦函数,仅只是振幅不同。假如在航空像片上具有接近于正弦型单频率的灰度波动的一个区域,那么根据上面的推论可知,用以作相关运算时,就会获得多峰值的相关函数,其中只有一个是正确的。此时当移动影像以其输入波动周期的四分之一时,则可导致相关值由 1 降到 0。这就表明相关函数是十分敏感的,其"拉入"的范围很短。这对相关系统的设计有重要的意义。这里"拉入"是指在相关函数为多峰值的情况下,把相关的搜索从盲目状态引导到其正确峰值附近的措施。

对一个摄影测量相关的所有输入函数都可以扩展成为一个傅里叶级数如下:

$$f(t) = \sum_{n=1}^{\infty} A_n \cos(n\omega t + \varphi_n) \tag{14-7}$$

其相应的相关函数仍是一个三角函数级数为:

$$R(\tau) = \sum_{n=1}^{\infty} \frac{A_n^2}{2}\cos n\omega\tau \tag{14-8}$$

所以输入函数所有的周期都会重现在其自相关函数之中,可是相位信

息 φ_n 却被去除。此时所有的部分都是位在等相位,而 $R(\tau)$ 值在 $\tau = 0$ 时等于输入函数振幅平方的总和。这就是自相关函数可能取得的最大值。即:

$$R(-\tau) \leqslant R(0) \geqslant R(+\tau) \tag{14-9}$$

自相关函数 $R_{xx}(\tau)$ 是实的偶函数,即:

$$R_{xx}(\tau) = R_{xx}(-\tau) \tag{14-10}$$

现在说明如下:

$$R_{xx}(\tau) = \int_{-\infty}^{\infty} x(t)x(t+\tau)\mathrm{d}t$$

令 $t + \tau = u$ 则有

$$R_{xx}(\tau) = \int_{-\infty}^{\infty} x(u-\tau)x(u)\mathrm{d}u$$

比较上列两式可得式(14-10) 的结论。

第二节 相关函数与功率谱

由于摄影影像的灰度类型不是一个简单的函数,因此对一个大的面积而言,不可能用任何一种解析的函数描述其摄影灰度的类型。对它的相关函数很难预估。

维纳-辛钦(Wiener-Khintchine)定理提供了一种估计相关函数的方法。该定理指出功率谱 $S(f)$ 与相关函数 $R(\tau)$ 构成如下的一对傅里叶变换:

$$\begin{aligned} R(\tau) &= \int_{-\infty}^{\infty} S(f) \mathrm{e}^{j2\pi f\tau} \mathrm{d}f \\ S(f) &= \int_{-\infty}^{\infty} R(\tau) \mathrm{e}^{-j2\pi f\tau} \mathrm{d}\tau \end{aligned} \tag{14-11}$$

或用角频率 ω 表达为:

$$\begin{aligned} R(\tau) &= \frac{1}{2\pi} \int_{-\infty}^{\infty} S(\omega) \mathrm{e}^{j\omega\tau} \mathrm{d}\omega \\ S(\omega) &= \int_{-\infty}^{\infty} R(\tau) \mathrm{e}^{-j\omega\tau} \mathrm{d}\tau \end{aligned} \tag{14-12}$$

功率谱用以描述一个随机函数的每一频率处信号的功率水平,可借以指出哪一些频率及按什么关系在信号的结构中占优先地位。

现在讨论功率谱的另一种表达形式。假定在互相关的情况下，按式(14-11) 互相关功率谱 $S_{x,y}(f)$ 为：

$$S_{x,y}(f) = \int_{-\infty}^{\infty} R_{x,y}(\tau) e^{-j2\pi f t} d\tau = \int_{-\infty}^{\infty} \left[\int_{-\infty}^{\infty} x(t) y(t+\tau) dt \right] e^{-j2\pi f t} d\tau$$

$$= \int_{-\infty}^{\infty} x(t) \left[\int_{-\infty}^{\infty} y(t+\tau) e^{-j2\pi f t} d\tau \right] dt$$

令 $\sigma = t + \tau$，则上式方程括号中的内容可写为：

$$\int_{-\infty}^{\infty} y(\sigma) e^{-j2\pi f(\sigma - t)} d\sigma = e^{j2\pi f t} \int_{-\infty}^{\infty} y(\sigma) e^{-j2\pi f \sigma} d\sigma = e^{j2\pi f t} \cdot Y(f)$$

这里 $Y(f)$ 为 $y(t)$ 的傅里叶变换。因此

$$S(f) = \int_{-\infty}^{\infty} x(t) e^{j2\pi f t} Y(f) dt$$

$$= Y(f) \int_{-\infty}^{\infty} x(t) e^{-j2\pi(-f)t} dt = Y(f) \cdot X(-f)$$

$$= X^*(f) \cdot Y(f) \tag{14-13}$$

式中 $X(f), Y(f)$ 分别称为信号 $x(t), y(t)$ 的频谱，即各该信号的傅里叶变换，$X^*(f)$ 为 $X(f)$ 的复共轭。式(14-13)的关系提供了计算相关函数的一种途径。即先将 x,y 信号作傅里叶变换得到其频谱。作 $X^*(f)$ 与 $Y(f)$ 的乘积，求得互功率谱，再作傅里叶反变换即得互相关函数。在这个过程中由于傅里叶正反变换可以用快速算法(FFT)，因此当信号序列比较长时，这种频域算法比在时域(空间域)中直接相关计算要快。

当 $f(x), f(y)$ 为同一信号时，则式(14-13)为自功率谱 $S_{x,x}(f)$：

$$S_{xx}(f) = X^*(f) \cdot X(f) = |X(f)|^2 \tag{14-14}$$

对一些代表性的影像用实验手段量测其功率谱，曾经获得如图 14-1 中虚线所示范围内曲线，曲线呈指数状。由于指数状功率谱便于进行解析分析，同时所得结论也具有一般性，为此这里假定典型的影像功率谱为：

$$S(f) = e^{-a|f|}, a = 0.2 \tag{14-15}$$

如图 14-1 中用实线表示的曲线。

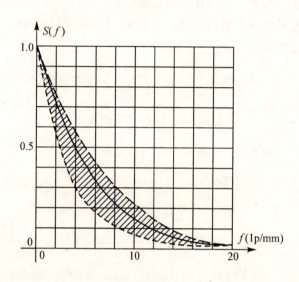

图 14-1

由式(14-15)按维纳-辛钦定理,得其相应的相关函数为:

$$R(\tau) = \int_{-\infty}^{0} e^{af} e^{j2\pi f\tau} df + \int_{0}^{\infty} e^{-af} e^{j2\pi f\tau} df$$

$$= \int_{0}^{\infty} e^{-(af+j2\pi f\tau)} df + \int_{0}^{\infty} e^{-(af-j2\pi f\tau)} df$$

$$= \left[\frac{-1}{a+j2\pi\tau} e^{-(af+j2\pi f\tau)} - \frac{1}{a-j2\pi\tau} e^{-(af-j2\pi f\tau)} \right]_{0}^{\infty}$$

$$= \left(\frac{1}{a+j2\pi\tau} + \frac{1}{a-j2\pi\tau} \right) = \frac{2a}{a^2 + 4\pi\tau^2}$$

将它规格化,使其 $\tau = 0$ 处为 1,则得相关函数为:

$$R(\tau) = \frac{1}{1 + 4\pi^2 \left(\frac{\tau}{a} \right)^2} \quad a = 0.2 \quad (14\text{-}16)$$

曲线形状示如图 14-2。

由图 14-1 可看出频率高于 20lp/mm 时,实际上已经没有有用的功率。图 14-2 示出相关函数的变化,在 $\tau < 10\mu m$ 和 $\tau > 60\mu m$ 时是相对缓慢的。

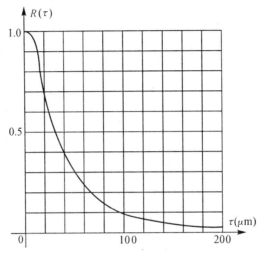

图 14-2

以上所讨论的结果是基于较大的像片范围($1 \sim 10\text{mm}^2$)以内的功率谱规律。实际上,相关运算必须在相当小的范围内(例如 $0.3 \times 0.3\text{mm}^2$)进行。此时其处的功率谱在低频处不能全有,而在高频处也可能由于缺乏哪种信息而有限制。在其实际所具有的频谱带内功率的分布与图 14-1 所表示的理想情况有极大的差别。往往会出现多峰值图形,使"拉入"范围很小,造成相关判断的困难。

第三节 互相关函数的最大值

在摄影测量中两个相关影像的灰度分布有不同程度的不相似,从而所进行的相关总是属于互相关。

相关影像灰度值间不完全相似的主要原因,在灰度差别方面是由于物体发生的辐射,与其位在空间的方向有关;大气和摄影系统所产生的退化;软片处理过程的差别;测微灰度计上量测中可能的差别等。在几何差别方面的原因有:摄影机定向元素的差别,地形起伏的影像位移,不同的影像畸变等。对高精度的影像相关而言,这些因素应事先以足够的程度加以抵偿。

两个信号 $X_1(t)$ 与 $X_2(t)$ 的互相关函数 $R_{12}(\tau)$ 的互功率谱参照式(14-13)为:

$$S_{12}(\omega) = x_1(\omega) X_2^*(\omega) = |X_1(\omega)| \cdot |X_2(\omega)| e^{j(\theta_1(\omega)-\theta_2(\omega))}$$
(14-17)

再由维纳 - 辛钦定理反算其互相关函数为:

$$R_{12}(\tau) = \frac{1}{2\pi}\int_{-\infty}^{\infty} S_{12}(\omega) e^{j\omega\tau} d\omega = \frac{1}{2\pi}\int_{-\infty}^{\infty} |X_1(\omega)| \cdot |X_2(\omega)| \times e^{j(\theta_1(\omega)-\theta_2(\omega)+\omega\tau)} d\omega$$
(14-18)

当 $\tau = 0$ 时,各频率的分量的相位为:

$$\theta_1(\omega) - \theta_2(\omega) \neq 0$$

这说明各频率的分量在 $\tau=0$ 时不一定能同时取得最大值。因此总和的结果,使得互相关函数 $R_{12}(\tau)$ 在 $\tau=0$ 处不一定能取得最大值。这时互相关函数的峰值位置常常由功率最强的信号所确定。假定频率为 ω_1 的信号具有最大的功率,则互相关函数的峰值就可能出现在 τ_1 处为:

$$\theta_1(\omega_1) - \theta_2(\omega_1) + \omega_1\tau_1 = 0 \qquad (14\text{-}19)$$

即

$$\tau_1 = \frac{1}{\omega_1}(\theta_2(\omega_1) - \theta_1(\omega_1))$$

即在 $\tau = \tau_1$ 处出现假峰,导致相关错误。

在自相关的情况下由于 $\theta_1(\omega) = \theta_2(\omega)$。因此当 $\tau = 0$ 时,所有频率的信号分量均取得最大值(参考式(14-9))。

为了说明上述现象,假设地面上有两个点 A 和 B 在左(x_1)、右(x_2)像片上的构像为 A_1B_1 和 A_2B_2(图 14-3)。由于像片倾斜等特别是地面坡度的影响,使得线段长 $A_1B_1 \neq A_2B_2$。如果这是单纯由地面坡度的影响时,这项差别即是像片对内的左右视差 Δp。

现在拟根据左像的像点 A_1 用一维数字相关(参考《摄影测量原理》第二十一章第七节)的过程寻求其右像上的共轭点 A_2。首先取用一个目标区 mn(图 14-3),即在一张像片内对称地环绕着某一特定点(此时

为 A_1）的灰度阵列，寻求其在另一张像片上一段搜索区中的共轭灰度阵列。显然按图 14-3 所示的相对位置乃是所寻求对地面点 A 的正确相关位置，此时 $\tau = 0$，并且产生峰值。其相关函数值按式(14-3) 应为：

$$R_{xy}(\tau = 0) = a^2$$

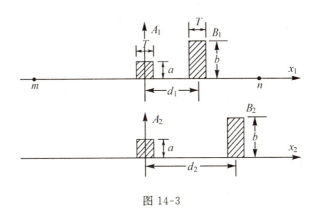

图 14-3

但在寻求相关位置的过程中，当目标区继续向右移动直到影像 B_1 与 B_2 相重合时，又会得到另一个峰值为：

$$R_{xy}(\tau = d_2 - d_1) = b^2$$

由于 B 点信号较强（此时假设 $b > a$），遂被错认为此后者代表 A 点的相关位置，产生相关误差值为 $d_2 - d_1$。但如目标区小于 $2d_1$ 时，则像点 B_1 已被排除在外，自然能获得正确的相关成果。可是当目标区过小时，则样本内的容量很少，从而求得的相关系数的可靠性亦降低。

第四节　核线相关

通过摄影基线所做的任一个与像片面相交的平面，与像片对相交，就会在左、右像片上获得一对同名核线。由核线的几何关系确定了同名点必然位于同名核线上。这样利用核线的概念就能将沿着 x, y 方向搜索同名点的二维相关问题，改为沿同名核线的一维相关问题，能够大量节省搜索同名点的计算工作量。它的缺点是相关运算时信息量较少,可靠性差。在实际工作中常常仍以核线为基础,但构成为二维形式的目标区。亦即以待相关的核线为中心,上下各取若干条相邻的核线,组成一个矩形目标区,进行运算(见本章第五节)。

一、核线的基本几何关系

设图 14-4 代表通过摄影基线 $SS' = B$ 和某一个摄影射线 SA 所构成的平面,亦即通过像点 a 的核平面。图中 P 代表位在左方的航摄像片,t 代表其相对于摄影基线的正直摄影(理想摄影)。a_t 为在此正直摄影中的相应像点。

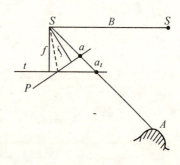

图 14-4

按解析摄影测量原理,像点 a 的空间坐标 u, v, w 为(见《摄影测量原理》式(1-6)):

$$\begin{bmatrix} u \\ v \\ w \end{bmatrix} = \begin{bmatrix} a_1 & a_2 & a_3 \\ b_1 & b_2 & b_3 \\ c_1 & c_2 & c_3 \end{bmatrix} \begin{bmatrix} x \\ y \\ -f \end{bmatrix} \tag{14-20}$$

其中 $a_1, a_2, \cdots, c_3$ 代表各轴线间的夹角余弦,为这张像片相对于摄影基线的方位元素的函数;x, y 为像点在实际像片 P 上的像点坐标;f 为摄影焦距。

现在欲求的是在正直摄影 t 中相应像点 a_t 的像点坐标 (u_t, v_t)。按图 14-4 应为:

$$u_t = u\left(\frac{-f}{w}\right) = -f \frac{a_1 x + a_2 y - a_3 f}{c_1 x + c_2 y - c_3 f}$$

$$v_t = v\left(\frac{-f}{w}\right) = -f \frac{b_1 x + b_2 y - b_3 f}{c_1 x + c_2 y - c_3 f} \tag{14-21}$$

或者反算公式为:

$$x = -f \frac{a_1 u_t + b_1 v_t - c_1 f}{a_3 u_t + b_3 v_t - c_3 f}$$

第十四章 数字影像相关

$$y = -f\frac{a_2 u_t + b_2 v_t - c_2 f}{a_3 u_t + b_3 v_t - c_3 f} \quad (14\text{-}22)$$

显然在 P 平面内核线呈交向,而在 t 平面内则核线相互平行,且平行于像片的 x 坐标,分别示如图 14-5(a) 及 (b)。

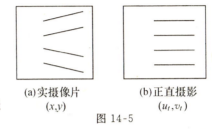

(a)实摄像片 (x,y)　　(b)正直摄影 (u_t,v_t)

图 14-5

二、像片坐标与扫描坐标

在所有理论上的讨论中均取用像片坐标系中的像点坐标值。由于在像片扫描的数字化过程中,其扫描坐标系一般不与像片坐标系平行,所以同一像点的像片坐标 x,y 与其扫描坐标 $\bar{x},\bar{y}$ 不相等,需要加以换算。为此可采用下列的仿射变换公式进行:

$$\begin{aligned}x &= h_0 + h_1 \bar{x} + h_2 \bar{y}\\ y &= k_0 + k_1 \bar{x} + k_2 \bar{y}\end{aligned} \quad (14\text{-}23)$$

式中各参数值 $h_0, h_1, h_2, k_0, k_1, k_2$ 可利用像片上框标(或其他标识点)已知的像片坐标和相应的扫描坐标组成误差方程式,用平差运算求得。

三、同名核线中的像点坐标

把像片上像元素的灰度按核线方向排列的一个基本问题,就是由像片上某任意一个像点(例如图 14-6 左像片上的点 a)出发,求出其左像核线上的另一个像点 b 和其右像片同名核线上两个点 a' 和 b' 在像片上的位置。

由三线 SS', Sa, Sb 的共面条件(《摄影测量原理》23 页):

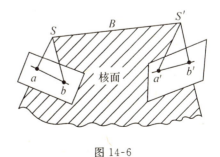

图 14-6

$$SS' \cdot (Sa \times Sb) = 0$$

得出
$$\begin{vmatrix} B & 0 & 0 \\ u_a & v_a & w_a \\ u_b & v_b & w_b \end{vmatrix} = B \begin{bmatrix} v_a & w_a \\ v_b & w_b \end{bmatrix} = 0 \qquad (14\text{-}24)$$

上式中像点空间坐标 u,v,w 按式(14-20)得自其像片坐标 x,y；而像片坐标又可按式(14-23)的反演得自其扫描坐标 $\bar{x},\bar{y}$。那就是说通过式(14-24)及其他关系式，可以在已知任意像点 a 的扫描坐标 $\bar{x}_a,\bar{y}_a$ 的条件下，合理地假定像点 b 任意的一个 $\bar{x}_b$ 坐标，例如 $\bar{x}_b = 100$mm，从而求得其相应的 $\bar{y}_b$ 值。

同理，若假定右方像片上同名核线上两点 a' 及 b' 的扫描 $\bar{x}$ 坐标的任意值，例如 $\overline{x'_a}=0, \overline{x'_b}=100$mm，也可以用与上述相仿的原理，利用右像的定向元素，求得该两点的另一坐标 $\overline{y'_a}$ 及 $\overline{y'_b}$。

四、间接法提取核线

间接法系根据拟求的核线坐标系中的坐标值 u_t, v_t 反算其在原始像片上的像点坐标 x,y，此时应利用式(14-22)。对每一条核线而言，v_t 为常数，所以式(14-22)总可以表达成相比关系式为(参考《摄影测量原理》附录一，式(9))：

$$x = \frac{m_1 u_t + n_1}{l u_t + 1}$$

$$y = \frac{m_2 u_t + n_2}{l u_t + 1} \qquad (14\text{-}25)$$

式中的各参数值 m_1, m_2, n_1, n_2, l 可由式(14-22),(14-25)的比较得出。

由这样求得的像点坐标值 x,y，还需要求其扫描坐标系中的相应值 $\bar{x},\bar{y}$，利用式(14-23)的反演式。该新像元的灰度值可由其附近像元的已知灰度值内插(重采样)而得。

五、地面坡度的比例尺改正

当在正直摄影条件下地面为水平面时，则地面上某一线段 S 在左右像片上将构成等长的影像线段，其同名构像点的 x 视差 p_x 到处都是一个常数。实际情况总不会严格如此的。在近似正直摄影(一般的竖直摄影)条件下，主要的视差的差值产生于地面起伏。现在在局部小地区内则只考虑地面的坡度,示如图 14-7。例如当地面的坡度角为 β 时,地面上一条线段 S 在左像上假设构成为由 7 个像元组成的影像 S_A,而在右像上构成为例如由 5 个像元组成的影像 S_B。

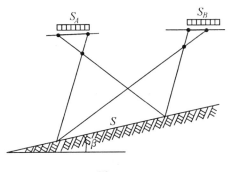

图 14-7

由于相关运算的计算程序总是取用左右核线上等长的影像段(像元素数目相等)进行的。因此实际上相关元素的内容并不完全是来自同一线段 S,其程序与地面坡度的符号及大小有关,会影响相关成果的质量。

为了改正由于地面坡度对相关成果的影响,可以引入一个比例尺系数。例如图 14-8 所示意的例子,其比例系数右像相对于左像为 $\dfrac{5}{7}$,则

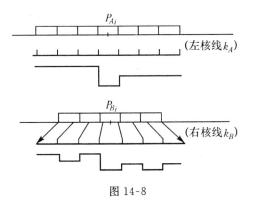

图 14-8

可将右像相应核线段取用其长度为 $\frac{5}{7}S_A$。为了使相关运算中左右核线上像元数目相等,此时可将右核线上的每 5 个像元按 7 个像元存储,并用内插取其各新像元应具有的灰度值,示意如图 14-8。

六、相关成果的改善

按照相关运算的过程是根据左像片上取用作为目标区的一排像元素与右像片搜索区内相对应的等长的一排像元素相比较,求得相关系数,代表各该排像元素中央点处的相关关系。对搜索区内所有的取作为中央点的像元素依次进行这种相同的过程,就会获得一系列相关系数值,示如图 14-9。其中最大相关系数所在的搜索区那排像元素中央点的地址,例如图中的点 i,就认为是所要寻求的共轭点(同名点)。为了把这个同名点位求得确切一些,可以把 i 点左右若干点处(设取左右各两个点)所求得的相关系数值用一个平差函数连起来,从而求其函数的最大值 k 处作为寻求的同名点将会更好一些。

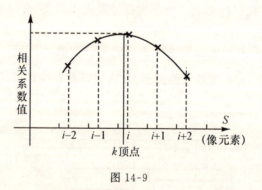

图 14-9

如图 14-9 所示,例如有相邻像元素处的五个相关系数,用一个二次抛物线方程式拟合。取用抛物线方程式的一般式为:

$$f(S) = A + B \cdot S + C \cdot S^2 \qquad (14\text{-}26)$$

式中的参数 A, B, C 用间接观测平差法求得。此时抛物线顶点 k 处的地址应为:

$$k = i - \frac{B}{2C} \tag{14-27}$$

七、频带多级相关

根据维纳－辛钦定理可以推知,当信号中高频成分越少,则相关函数的曲线越平缓,如图 14-10 中曲线(a)所示。反之,当高频成分较多时,曲线变陡,如图 14-10 中曲线(b)所示,其相关量的变化对于位置的变化极敏感。前者宜用于进行概略相关,因为它具有较大的"拉入"范围;后者则宜用于进行精确相关。

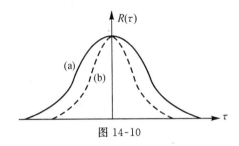

图 14-10

综合两方面的考虑,只有先通过低频滤波进行初相关,找到同名点的粗略位置。然后逐渐加入较高的频率成分(最后用原始信号),并在逐渐变小的搜索区内进行相关,以得到最好的精度。这就是分频道相关方法的设想。

为了改变原始信号的频谱成分,可预先对信号进行滤波。最简单的低通滤波方法是取两像元平均值法。例如原始的采样间隔为 0.025mm 的灰度数据作为第一频道(图 14-11),则把每相邻两像元素灰度值取

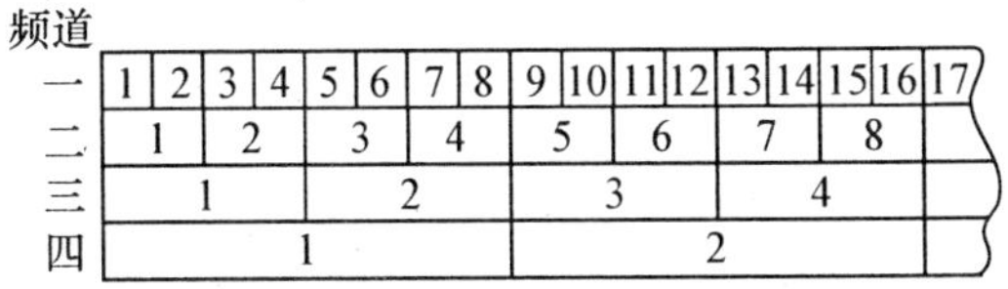

频道																	
一	1	2	3	4	5	6	7	8	9	10	11	12	13	14	15	16	17
二		1		2		3		4		5		6		7		8	
三			1				2				3				4		
四					1							2					

图 14-11

平均值法后构成为相应于采样间隔为 0.050mm 的灰度数据作为第二频道，其频率低于前者的一倍。依此类推，可以构成为第三、第四频道。

在这种方式中，低频道的每一像元灰度是由次高频道两相邻像元平均而得。这就相当于用一个双倍边长的矩形光孔作重新采样，因此有低通滤波的效果。相关运算从最低的信号频道开始逐步转入高频，最后相关至频道一。由于在处理时，较高频道的信号始终利用前一个低频道相关结果作为搜索的初值，从而缩小了搜索范围，提高了可靠性，且又保证了相关的精度。

一般在进行数字相关运算时，在目标区内所取的点数对于各频道都相等。由于各频道的像元素大小不等，所以各频道目标区的长度也不相等。

例如取用目标区中各频道的点数都是 21 个点。当采样间隔为 0.05mm 时，则其第一、二、三、四个频道的长度分别为 1.05mm，2.10mm，4.20mm，8.40mm，而其相应的像元素大小（即采样间隔）分别为 0.05mm，0.10mm，0.20mm，0.40mm。由于相关是从第四频道开始。它的搜索区范围决定于最大的左右视差较 $(\Delta p)\max$，所以第四频道上搜索区的大小可取为（以像元素为单位）：

$$N_4 = \left[\frac{(\Delta p)\max}{0.40}\right] + 21$$

在低频道中相关的基础之上再进行高一级频道的搜索时，考虑到低频道搜索同名点的精度可能具有左右各一个点位的误差，因此高一级频道的搜索范围可限制在低一级频道的三个点范围之内。

八、在核线上数字相关的过程

数字相关的运算方式有多种已在《摄影测量原理》第二十一章第六节中介绍过。实际使用比较普遍的还是直接数字相关的方式，使用相关系数 ρ 为（《摄影测量原理》式(21-17)）：

$$\rho = \frac{\sigma_{xy}}{\sqrt{\sigma_{xx}\sigma_{yy}}} = \frac{\sum_{i=1}^{n} x_i y_i - \frac{1}{n}\left(\sum_{i=1}^{n} x_i\right)\left(\sum_{i=1}^{n} y_i\right)}{\sqrt{\left[\sum_{i=1}^{n} x_i^2 - \frac{1}{n}\left(\sum_{i=1}^{n} x_i\right)^2\right]\left[\sum_{i=1}^{n} y_i^2 - \frac{1}{n}\left(\sum_{i=1}^{n} y_i\right)^2\right]}}$$

(14-28)

这是一个标准化了的相关系数,其值介于-1与$+1$之间。当$\rho=1$时,表示两个随机变量x和y具有确定的函数关系。ρ越接近于0则两个变量的关系越弱,直至$\rho=0$时两者不相关。

在这些式子(式 14-28 或其他种)的运算中,输入数据是像元素的灰度值。但也可以是灰度值的某种导出量。例如荷兰 Makarovic 建议使用的导出量是二次差分值,即对像点P_i处的灰度值d_i代之以其相应的二次差分值δ_i为:

$$\delta_i = d_{i-1} - 2d_i + d_{i+1}$$

其中d_{i-1}及d_{i+1}分别为其左右邻近点P_{i-1}及P_{i+1}的灰度值(参考第十六章第五节之二)。

由于数字相关运算每个单一算法在理论上的不完善性,因此也可以考虑同时使用两种或多种算法,相互比较验证,以减少识别同名点的差错。

在同名核线上的灰度序列存在着各种变形的影响。为了增加相关成果的可靠性,一般总是采用上节所介绍的频带多级相关的办法并且进行迭代。即首先进行初步相关,求得该核线中所有需要进行相关的并在左像片上(目标区)相隔某一定距离Δx的点子的同名点。在这初步相关以后,再根据所获取的相关成果对右方核线的点子进行比例尺改正(本节之五)。对该核线上某点P_n的局部比例尺改正系数可估计为:

$$\mu = \frac{x_{n+1} - x_{n-1}}{2\Delta x} \tag{14-29}$$

式中x_{n+1}, x_{n-1}为P_n的左右邻近点在右像上所求得的x坐标,Δx为目标区内相关点间的x方向间隔。经这样改正其右像核线上的点位以后,可重复进行第二次相关。然后根据情况可再重复进行第三次相关,以获得更精确的成果。

相关结果表示出各同名像点间左右视差的变化,这反映了地面上坡度及坡度的变化。由于地面坡度及坡度的变化是有一定限制的,因此可据以对视差结果的正确性进行判断,并作必要的平滑处理。这类检查应贯穿在整个相关的过程之中。

上述这种相关过程比较繁琐。对一个像片对重叠面内最初进行相关的若干条同名核线需要这样做。但在其后大量同名核线的相关中,由于其所需要进行的坡度改正信息,可以近似地从其前一条或几条核线相关的成果中获取,因此可以缩小搜索范围,节省一些逐步迭代的过程。

由于最初几条核线的相关结果将用作以后各条核线相关的依据,因此应选用在整个像对内影像细部比较丰富,高差较小的部分。最大搜索长度以及分频带多级相关的等级数也都由这几条核线中可能出现的最大左右视差较值确定。

第五节 美军工程测量研究室(ETL)的相关方案

美国陆军工程测量研究室数字相关方案是按"相关像元块"作为目标区和搜索区进行的。其相关运算使用二维的数据,但是实际是沿着像元块中央的一条共轭核线上进行一维相关(即仅只确定 x 方向的视差)。现简述该方法的要点如下:

一、相关过程总述

如图 14-12 所示,设在左方影像 A 上设定一些沿数字化扫描方向

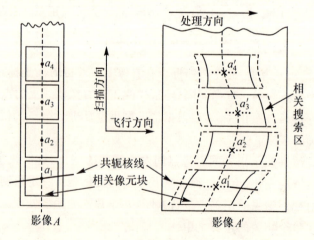

图 14-12

规则分布的格网点,例如 $a_1, a_2, a_3, \cdots$。对每一个节点要在右方影像 A' 上寻找其共轭点 $a'_1, a'_2, a'_3, \cdots$。此时使用的是影像 A 上一个节点例如点 a_1 四周附近一组像元(构成为像元块)与影像 A' 上一系列像元块的相关,前者为目标区,后者形成为搜索区。

数字扫描线是位在与飞行方向相垂直的方向上。相关的处理顺序是从左到右,也就是在影像 A 上 x 坐标的增长方向上。在同一列上的各目标区的中心 $a_1, a_2, \cdots$ 系位在同一个数字化扫描线上,具有相同 x 坐标。首先把这第一个列上的所有像元块都进行相关处理以前,再依次移到下一个列。

由图 14-12 可知,影像 A 上一个扫描直线在影像 A' 上的相应线是非线性的,这主要是由于地形起伏的缘故。这条影像 A' 上的相应线会切割多条其数字化扫描线。其像元块的大小、形状和方位可能与其影像 A 上的相应长方形像元块大不相同。

寻求一个同名点的步骤如下:

(1) 使用核线的几何关系,计算影像 A 上通过待匹配点例如点 a_1 处的核线方程式;

(2) 计算在影像 A' 上相应的核线方程式;

(3) 在影像 A' 上利用前几个相邻近的已经匹配点子的位置沿着核线预估其相应匹配点的点位;

(4) 在右方核线上在预估点位的两边,明确其进行相关的地点;

(5) 利用先前的和预估的匹配点信息对影像 A' 上的像元块和其搜索区,使用预估的信息进行整形,以便使影像 A' 上的像元块所包含的地形信息与其影像 A 上相应像元块中的信息尽可能相符合;

(6) 对预估的匹配点位和对每一个搜索点计算其相关系数;

(7) 根据求得的匹配点及其两旁各两个点的相关系数列出一个光滑的二次函数作为相关函数,以确定其最大值的点位,精确到一个像元的几分之一;

(8) 按照一组可靠性的指标计算匹配点的可靠性系数;

(9) 假如可靠性特别差时,则在匹配点上加入改正;

(10) 根据这新的匹配点及其可靠性,修正相关历程的数据和预估的机能。

二、匹配点点位的预估

在自动相关系统中,预估在于根据已求得的匹配点比较精确地估求下一个匹配点的位置,用以作为一个搜索区的中心点。

这里寻求匹配点近似位置的办法可参考图 14-13。其中小圆圈代表已经求得的相关好的匹配点,"×"符号代表下一个需要进行相关运算的点子$(i+1,j+1)$。相关的顺序是按照影像 A 上规则格网点从点 i,j,经由 $i,j+1$,到 $i,j+2$ 等一直到完成这条扫描线为止。然后对第 $i+1$ 列上的点子继续进行相关。

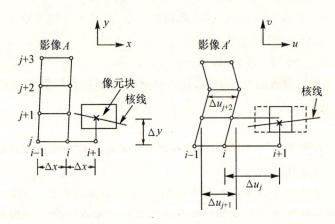

图 14-13

使用影像 A 上像元块中心 $i+1,j+1$ 的像点坐标和影像 A' 相对于影像 A 的相对定向元素,就可以确定通过该点,即影像 A 的点 $i+1$, $j+1$,以及通过影像 A' 上共轭点(匹配点)的核线。在影像 A' 上核线的位置基本上确定了搜索区中匹配点的 v 坐标(图 14-13)而无需再在 v 方向作相关的寻找。此时所需要的只是沿此核线上对 u 坐标的精确估计。

估计 u 坐标的办法是根据影像 A' 上 u 坐标相对于影像 A 上 x 坐标

的变化速度的比值 $\Delta u/\Delta x$。其中 Δx 是影像 A 上规则间隔的已知值,而 Δu 则根据新的匹配点计算。例如对图 14-13,则:

$$\text{在 } j \text{ 行中} \quad \left[\frac{\Delta u}{\Delta x}\right]_j = \frac{u_{i+1} - u_i}{\Delta x}$$

$$\text{在 } j+1 \text{ 行中} \quad \left[\frac{\Delta u}{\Delta x}\right]_{j+1} = \frac{u_i - u_{i-1}}{\Delta x}$$

为了估计待匹配点 $(i+1, j+1)$ 的 u 坐标,可以综合利用其邻近的各 $\Delta u/\Delta x$ 值。对图上所标的点子,根据经验,使用下式是很成功的。

$$\hat{u}_{i+1,j+1} = u_{i,j+1} + \left(0.6\left[\frac{\Delta u}{\Delta x}\right]_j + 0.4\left[\frac{\Delta u}{\Delta x}\right]_{j+1}\right)\Delta x \quad (14\text{-}30)$$

这个估计值 $\hat{u}_{i+1,j+1}$ 是要通过其后的相关运算加以修正的。修正之后则 $\left[\frac{\Delta u}{\Delta x}\right]_{j+1}$ 值也获得修正,供用于对下一个待匹配点 $(i+1, j+2)$ 点位坐标 u 的估计。

式(14-30)是经验公式的一种,也可以按下式考虑其他的方案,例如:

$$\hat{u}_{i+1,j+1} = u_{i,j+1} + \left[W_1\left[\frac{\Delta u}{\Delta x}\right]_j + W_2\left[\frac{\Delta u}{\Delta x}\right]_{j+1} + W_3\left[\frac{\Delta u}{\Delta x}\right]_{j+2}\right]\Delta x$$

$$(14\text{-}31)$$

其中 $\quad W_1 + W_2 + W_3 = 1$

权值 W_1, W_2, W_3 作为可调整的参数。选取的原则是使最靠近预估点处的 $\frac{\Delta u}{\Delta x}$ 给予最大的权值。

$\frac{\Delta u}{\Delta x}$ 值与地面坡度有关。其解析的关系为(见图 14-14):

$$\frac{\Delta u}{\Delta x} = 1 - \frac{B\frac{\Delta h}{\Delta X}}{H + X_1\frac{\Delta h}{\Delta X}}$$

$$\frac{\Delta h}{\Delta X} = \frac{H\left(1 - \frac{\Delta u}{\Delta x}\right)}{B - X_1\left(1 - \frac{\Delta u}{\Delta x}\right)} \quad (14\text{-}32)$$

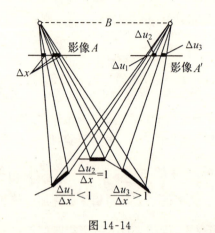

图 14-14

其中 B 为摄影基线；H 为相对航高；X_1 为在立体模型中从影像 A 的底点到某个模型点的距离；ΔX 为影像相距 Δx 两点在模型中的距离。这是简化了的关系，没有考虑到摄影倾斜的影响。当摄影基线与航高的比约为 0.6 而地面坡度不超过 $\pm 45°$，则其比值为：

$$0.5 \leqslant \frac{\Delta u}{\Delta x} \leqslant 1.5 \qquad (14\text{-}33)$$

三、可靠性系数

为了能对匹配点的成果进行判断及改正，需要在计算过程中备有一种可靠性因子，使算法本身和操作者有一个参考数字，能及时地指出相关成果的质量。

在这个方案中取用了五种判断指标，示如图 14-15。

① ② ③ ④ ⑤
| 1 | 1 | 0 | 1 | 1 |

图 14-15

图中：

① 为相关系数的数值；

② 为影像 A 及 A' 中像元块内灰度的标准偏差；

③ 为最大相关值处与预估处的间距；

④ 为预估函数的范围极限,亦即这个点的 $\frac{\Delta u}{\Delta x}$ 值是否超出其允许值;

⑤ 为相关函数的坡度。

可靠性的表达是利用了这五个数位,每位是 1 或 0,代表了其每一个相应的可靠性指标(如图 14-15 所示)。当每一种指标不符合其预定的标准时则写入 1 字,否则为 0。在每次相关运算完成之后,就会自动打印出一个可靠性总结,表达出其中每一项指标完全可靠点子的百分比。

这种可靠性因子可以用于以后改进相关的方法以及评价匹配点的质量,借以在相关作业的过程中及时地发现并处理那些不可靠的匹配点。例如当一个匹配点的相关系数太小和灰度标准偏差太小,那么就需要对这个点重新用一个大一些的像元块进行重新相关;又如当一个匹配点的相关系数太小并且其最大相关处距其预估点很远或其预估函数超过其极限,则应进行重新预估点位并再对像元块整形,然后进行重新相关等。

第六节　高精度数字影像相关的一种方案

联邦德国 Stuttgart 大学 Ackermann 与 Pertl 利用相关影像灰度差的均方根值为最小的原理,实验成功数字影像相关的新方法,获得了极高的相关精度。

这种方法的特点是在相关运算中引入了一些变换参数作为待定值,直接纳入到最小二乘法解算之中。变换参数的数目要能足以用于抵偿其两个相关区窗口的辐射及几何的差别。此时对影像相关本身最好使用灰度值差为最小的原理而不用例常使用的相关系数为最大的原理。根据试验成果的分析,利用这种相关方法求共轭点,其精度可达 $1\mu m$ 的等级(1/50 到 1/100 像元素的大小)。

一、方法的原理(一维情况)

现在首先用一维相关的情况说明其原理及过程。假设左右像片上各有一条进行数字相关运算的灰度函数 $g_1(x)$ 和 $g_2(x)$。在理想情况下其函数相同,仅相互有位移 x_0,且其噪音分别为 $n_1(x)$ 和 $n_2(x)$。此时可得出观测函数为(下标 i 代表像元 i 处的相应值):

$$\overline{g_1}(x_i) = g_1(x_i) + n_1(x_i)$$

$$\overline{g_2}(x_i) = g_2(x_i) + n_2(x_i)$$

$$= g_1(x_i - x_0) + n_2(x_i) \tag{14-34}$$

$$\Delta g(x_i) = \overline{g_2}(x_i) - \overline{g_1}(x_i) = \overline{g_1}(x_i - x_0)$$

$$- g_1(x_i) + n_2(x_i) - n_1(x_i) \tag{14-35}$$

现对 $g_1(x_i - x_0)$ 线性化。由 $x_0 = 0$ 起展开,在假设 x_0 为小值的条件下,则取一次项为:

$$g_1(x_i - x_0) = g_1(x_i) - \left(\frac{dg_1(x_i)}{dx_i}\right)x_0 = g_1(x_i) - \dot{g}_1(x_i)x_0$$

$$\tag{14-36}$$

式(14-35)可写为:

$$\Delta g(x_i) + v(x_i) = -\dot{g}_1(x_i) \cdot x_0 \tag{14-37}$$

其中
$$v(x_i) = n_1(x_i) - n_2(x_i)$$

实即为线性化了的误差方程。观测值为灰度值差 $\Delta g(x_i)$,待定未知数为 x_0,$g_1(x_i)$ 的坡度 $\dot{g}_1(x_i)$ 可近似地用 $\overline{g_1}(x_i)$ 的坡度值。利用最小二乘法取:

$$\sum v^2(x_i) = \sum (n_1(x_i) - n_2(x_i))^2 = 最小 \tag{14-38}$$

即可解得 x_0 值。由于每一对像元素即可构成为一个误差方程,因此对 x_0 的解算,其多余观测值的数量是极多的。由于式(14-37)中存在线性化问题,因此解算需要进行迭代。第一次迭代时 $g_1(x_i) = g_2(x_i)$。在每次迭代以后,需重新线性化。这里面包含有在改变了的坐标系中灰度值的内插问题(重采样见第十三章第二节)。

二、二维情况

设有观测的离散的灰度值函数分别为 $\overline{g_1}(x_i y_i)$ 和 $\overline{g_2}(x_i y_i)$,其中 $\overline{g_1}$ 和 $\overline{g_2}$ 代表其实际的灰度值 g_1 和 g_2 分别加上噪音 $n_1(x_i y_i)$ 和 $n_2(x_i y_i)$。$\overline{g_2}$ 与 $\overline{g_1}$ 的关系假设有以下三类:

(1) 一种几何变换 T_G　例如仿射变换：

$$\begin{bmatrix} x'_i \\ y'_i \end{bmatrix} = \begin{bmatrix} a_0 & a_1 \\ a_2 & a_3 \end{bmatrix} \begin{bmatrix} x_i \\ y_i \end{bmatrix} + \begin{bmatrix} a_4 \\ a_5 \end{bmatrix}$$

其参数为 $a_m (m = 0, 1, 2, \cdots)$

(2) 一种辐射变换 T_R　例如一种线性变换为：

$$g' = T_R(g, h_k) = gh_1 + h_0$$

(h_k 为参数，$k = 0, 1$)

(3) 噪音　现在使用一种简化了的表达式：

$$g_1(x_i, y_i) = g_1(Z_i)$$
$$g_2(x_i, y_i) = g_2(Z_i)$$

首先考虑到其几何的变换 T_G 时为：

$$Z'_i = T_G(Z_i, a_m); \quad m = 1, 2, \cdots, m$$

则得出

$$g'_1(Z_i, a_m) = g_1(T_G(Z_i, a_m)) \quad (14\text{-}39)$$

然后再经辐射变换 T_R 为：

$$\begin{aligned} g''_1(Z_i, a_m, h_k) &= T_R(g'_1(Z_i, a_m), h_k) \\ &= T_R(g_1(T_G(Z_i, a_m)), h_k); \\ & k = 1, 2, \cdots, k \end{aligned} \quad (14\text{-}40)$$

根据基本假定，g''_1 是应与 g_2 相同的，即：

$$g''_1(Z_i, a_m, h_k) = g_2(Z_i) \quad (14\text{-}41)$$

再加以噪音的影响，则可列出观测函数的灰度值差 Δg 为：

$$\begin{aligned} \Delta g &= \overline{g_2(Z_i)} - \overline{g_1(Z_i)} = g_2(Z_i) - g_1(Z_i) + n_2(Z_i) - n_1(Z_i) \\ &= g''_1(Z_1, a_m, h_k) - g_1(Z_i) - v(Z_i) \\ &= T_R(g_1(T_G(Z_i, a_m)), h_k) - g_1(Z_i) - v(Z_i) \end{aligned} \quad (14\text{-}42)$$

其中包括待定的变换参数 a_m, h_k。把上式按一次项展开，从 a_m^0 和 h_k^0 开始，则得：

$$\begin{aligned} \Delta g(Z_i) + v(Z_i) = & g''_1(Z_i, a_m^0, h_k^0) - g_1(Z_i) + \sum_m \left(\frac{\partial g''_1}{\partial a_m}\right)_0 \cdot da_m \\ & + \sum_k \left(\frac{\partial g''_1}{\partial h_k}\right)_0 \cdot dh_k \end{aligned} \quad (14\text{-}43)$$

由于起始值总是由零开始,则
$$g_1''(Z_i, a_m^0, h_k^0) = g_1(Z_i)$$
所以上式简化为:

$$\boxed{\Delta g(Z_i) + v(Z_i) = \sum_m \left(\frac{\partial g_1''}{\partial a_m}\right)_0 \cdot da_m + \sum_k \left(\frac{\partial g_1''}{\partial h_k}\right)_0 \cdot dh_k} \quad (14\text{-}44)$$

此即对每对像元素 i 的线性化观测方程式,可由最小二乘法解出各变换参数的增量值。法方程式的阶为 $m+k$,一般其多余观测值数目是很大的。

实际上运用上述原理解算时并不直接使用 $\Delta g = \overline{g_2} - \overline{g_1}$,而用 $\Delta g = \overline{g_2} - \overline{g_1''}$。其中 $\overline{g_1''}$ 系用近似变换参数 a_m^0 和 h_k^0 初步变换的成果,即 $g_1''(Z_i, a_m^0, h_k^0) = T_R(\overline{g_1}, (T_G(Z_i, a_m^0)), h_k^0)$。因此在迭代时每次使用新的经 T_R, T_G 变换后的 g_1(即 $\overline{g_1''}$)与不变的 $\overline{g_2}$ 求 Δg,作为新的一次迭代的观测值,代入式(14-44)计算。此时仍包含有重采样的问题,一般根据其新点位邻近的四个点进行双线性内插即可。

上述影像相关实际上是一个窗口面积的相关。当为了转刺点的需要须确定某点的共轭点时,可取用该局部影像面内的一个中心点。为此可用下列的加权平均值求中心点的坐标 x_s, y_s 为:

$$x_s = \frac{\sum_{i=1}^{N} x_i \cdot (\dot{g}(Z_i))^2}{\sum_{i=1}^{N} (\dot{g}(Z_i))^2}, \quad y_s = \frac{\sum_{i=1}^{N} y_i \cdot (\dot{g}(Z_i))^2}{\sum_{i=1}^{N} (\dot{g}(Z_i))^2} \quad (14\text{-}45)$$

三、精度估计

利用本节所述的相关原理进行最小二乘法平差,可以对成果作出如下的精度估计。

由式(14-37)出发:
$$v(x) = -\dot{g}(x) \cdot x_0 - \Delta g(x)$$
$$v(x) = n_1(x) - n_2(x)$$
$$\Delta g(x) = \overline{g_2}(x) - \overline{g_1}(x)$$
$$\dot{g}(x) = \frac{dg(x)}{dx}$$

假设等权观测的灰度值 $\overline{g_1(x)}$ 和 $\overline{g_2(x)}$ 系位在区间 $[O,L]$ 内分布均匀的 N 个点 x_i 上。并且假设 $n(x)$ 为正态分布的白噪音,其均值为零。则可得出法方程式为:

$$Bx_0 = C \qquad (14\text{-}46)$$

其中
$$B = \sum_{i=1}^{N} \dot{g}^2(x_i); \quad C = \sum_{i=1}^{N} \dot{g}(x_i) \cdot \Delta g(x_i) \qquad (14\text{-}47)$$

当观测值相当密集时,则式(14-47)中的总和可代以如下的积分为:

$$\begin{aligned} B &= \frac{N}{L} \int_0^L \dot{g}^2(x)\,\mathrm{d}x = N\sigma_{\dot{g}}^2 \\ C &= \frac{N}{L} \int_0^L \dot{g}(x)\Delta g(x)\,\mathrm{d}x = N\sigma_{\dot{g}\cdot\Delta g} \end{aligned} \qquad (14\text{-}48)$$

其中 $\sigma_{\dot{g}}^2$ 为 $g(x)$ 坡度的方差。

解算法方程式,得出位移 x_0 的估值为:

$$\hat{x}_0 = \frac{\sum_{i=1}^{N} \dot{g}(x_i)\Delta g(x_i)}{\sum_{i=1}^{N} \dot{g}^2(x_i)} \quad \text{或} \quad \hat{x}_0 = \frac{\sigma_{\dot{g}\Delta g}}{\sigma_{\dot{g}}^2} \qquad (14\text{-}49)$$

其方差的估值为:

$$\hat{\sigma}_x^2 = \frac{\frac{1}{N-u}\sum_{i=1}^{N} v^2(x_i)}{\sum_{i=1}^{N} \dot{g}^2(x_i)} \quad \text{或} \quad \hat{\sigma}_x^2 = \frac{\frac{1}{N-u}\frac{N}{L}\int_0^L v^2(x)\,\mathrm{d}x}{N\sigma_{\dot{g}}^2} = \frac{1}{N-u}\frac{\sigma_v^2}{\sigma_{\dot{g}}^2} \qquad (14\text{-}50)$$

u 为未知数的数目,此处等于1。

当噪音 $n(x)$ 或其信噪比 $(SNR) = \sigma_g/\sigma_n$ 为已知时,则其理论精度,即 $\hat{\sigma}_y^2$ 的期望值为:

$$\sigma_x^2 = \frac{2\sigma_n^2}{N\sigma_{\dot{g}}^2} = \frac{2}{N(SNR)^2} \cdot \frac{\sigma_g^2}{\sigma_{\dot{g}}^2} \qquad (14\text{-}51)$$

在以上表达 $\hat{x}_0$ 方差的所有公式中都有 $\sigma_{\dot{g}}^2$ 一项,说明它是与影像的纹理有关的。

式(14-49)及式(14-50)可用于实际的相关运算过程,而式

(14-51)可用于规划的目的,特别是当影像的功率谱 $S_g(f)$ 为已知的时候。(f 代表用 1p/mm 表达的频率)。这时确定 σ_g^2 值可以利用如下的 Parseval 等式:

$$\sigma_g^2 = \int g^2(x)\mathrm{d}x = \int S_g(f)\mathrm{d}f \qquad (14\text{-}52)$$

四、方法的应用

本节所述的数字相关系统已经纳入联邦德国蔡司工厂解析测图仪 PlanicompC/100 的在线操作中。为此在解析测图仪上安设有两个视频摄像机,每个具有 244×320MOS(金属氧化物半导体晶体管)元件。在像幅面上采样的每个像元素大小为 20μm×20μm,其有效窗口大小为 6.4mm×4.9mm,目前尚只限用于获取像片对上的像点视差值,其直接的应用有下列四个方面:

(1) 为了进行相对定向自动量测 y- 视差。

(2) 自动量测 x- 视差并将其转换成高程。

(3) 用于变形量测。用此法可以快速地进行不同时期的像片间密集点网的相关转点,借以估计某种变形的位移。其优点是相对精度极高且可无需要求点的标志。这在大地构造变形以及矿区沉陷估计等应用中是很有利的。

(4) 空中三角测量转点。使用此法不但能够获得极高的转点精度,而且可以避免同一张像片与其所有相邻重叠像片相关时的多重量测。此时只需存储有数字化的影像窗口,即可在重复应用中随时取用。

第十五章 影像的数字几何处理

第一节 概 述

在航空摄影测量中经常使用框幅式摄影机,用摄影底片获取地形信息,而在遥感技术中则除使用摄影底片外更多的是利用其他方式的传感器,直接获取以数字形式表达的信息。

框幅式航空摄影能够在整个框幅中产生一种几何关系足够稳定的影像,这是因为它是一个面的传感器同时作二维的构像。这种影像属于静态摄影。其几何关系已经在摄影测量学的有关资料中充分地加以讨论。在当前的发展中,对航摄底片逐渐倾向于采用数字化方式的处理,其有关的原理已部分地列于本书第十章至第十四章内。其数字几何处理部分则列于本章。当利用其他传感器所获取的信息是数字形式时,则数字几何处理技术的应用就更直接了。

每当航空摄影所需要的摄影条件不能满足时,则其他的传感器在降低分辨率的情况下也适用于获取地形信息。例如有云时则使用雷达,夜间使用红外,水下使用声呐等。这些其他的传感器还有在补充信息方面的一种重要作用。例如利用红外信息获取辐射的温差,利用雷达信息获取其宏观的地质结构的差别等。至于利用航天影像测图,虽然有其精度方面的局限性,但它也具有航空影像所不能比拟的一些优点,见本书第十九章。

上述的许多传感系统都只能在一个时间瞬间取得一条线或一个点的构像,属于动态摄影。像侧视雷达或电荷耦合器件的推扫式线性阵列器,其飞行方向的扫描构像是靠传感器连同其运载平台的飞行,属于列扫描。像全景摄影或多光谱扫描装置，其旁向的扫描构像则分别依靠其缝隙快门或扫描反射镜的运动进行，属于行扫描。

对各种传感器的构像可各自用做判读的观察。但对这些信息最佳的利用，乃是对同一地区的多光谱影像的分析，或多时相影像（即不同时间摄取的影像）的比较。对这些资料的相关考察往往需要把它们归化到同一个几何基础之上，才有此可能。这是需要进行影像几何处理的一个方面。至于利用遥感影像对已有的地图进行更新，或直接用于地图或专题地图的测制，则几何处理更为重要。

第二节　构像方程式

一、框幅式摄影

代表框幅式摄影中心投影的构像方程式，亦即共线方程式的各种表达形式为（以下各式可参阅《摄影测量原理》式(26-2)，(1-10)，(1-8)）：

$$\begin{bmatrix} x \\ y \\ -f \end{bmatrix} = \lambda \mathbf{R}^{\mathrm{T}} \begin{bmatrix} X - X_S \\ Y - Y_S \\ Z - Z_S \end{bmatrix} = \lambda \begin{bmatrix} a_1 & b_1 & c_1 \\ a_2 & b_2 & c_2 \\ a_3 & b_3 & c_3 \end{bmatrix} \begin{bmatrix} X - X_S \\ Y - Y_S \\ Z - Z_S \end{bmatrix} \quad (15\text{-}1)$$

或

$$\begin{bmatrix} X \\ Y \\ Z \end{bmatrix} = \begin{bmatrix} X_S \\ Y_S \\ Z_S \end{bmatrix} + \frac{1}{\lambda} \mathbf{R} \begin{bmatrix} x \\ y \\ z \end{bmatrix} \quad (15\text{-}2)$$

由以上两式可得：

$$\begin{aligned} x &= -f \frac{a_1(X - X_S) + b_1(Y - Y_S) + c_1(Z - Z_S)}{a_3(X - X_S) + b_3(Y - Y_S) + c_3(Z - Z_S)} \\ y &= -f \frac{a_2(X - X_S) + b_2(Y - Y_S) + c_2(Z - Z_S)}{a_3(X - X_S) + b_3(Y - Y_S) + c_3(Z - Z_S)} \end{aligned} \quad (15\text{-}3)$$

及其反算式：

$$\begin{aligned} \frac{X - X_S}{Z - Z_S} &= \frac{a_1 x + a_2 y - a_3 f}{c_1 x + c_2 y - c_3 f} \\ \frac{Y - Y_S}{Z - Z_S} &= \frac{b_1 x + b_2 y - b_3 f}{c_1 x + c_2 y - c_3 f} \end{aligned} \quad (15\text{-}4)$$

其中当取摄影姿态角偏角 φ 的转轴 Y 作为主轴时,旋转矩阵 $\boldsymbol{R}$ 中的各元素值为(《摄影测量原理》式(1-18),(1—19)):

$$a_1 = \cos\varphi\cos\kappa - \sin\varphi\sin\omega\sin\kappa$$
$$b_1 = \cos\omega\sin\kappa$$
$$c_1 = \sin\varphi\cos\kappa + \cos\varphi\sin\omega\sin\kappa$$
$$a_2 = -\cos\varphi\sin\kappa - \sin\varphi\sin\omega\cos\kappa$$
$$b_2 = \cos\omega\cos\kappa$$
$$c_2 = -\sin\varphi\sin\kappa + \cos\varphi\sin\omega\cos\kappa$$
$$a_3 = -\sin\varphi\cos\omega$$
$$b_3 = -\sin\omega$$
$$c_3 = \cos\varphi\cos\omega$$

$$\boldsymbol{R} = \begin{bmatrix} a_1 & a_2 & a_3 \\ b_1 & b_2 & b_3 \\ c_1 & c_2 & c_3 \end{bmatrix} \tag{15-5}$$

当前发展中的矩阵摄影机(见第十九章第六节图 19-6),其构像方程式与上述的一般框幅摄影机完全相同。

二、缝隙连续摄影

摄影机的像框上有一个固定的缝隙快门(图 15-1),其缝隙方向垂直于飞行方向。底片的曝光受控于缝隙的宽度和软片在像框中的移动。软片移动速度 v 与飞行速度 V 和相对航高 H 有关,其软片移动速度为:

$$v = V\frac{f}{H} = V\frac{f}{Z-Z_s} \tag{15-6}$$

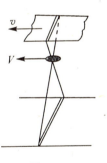

图 15-1

此时 $x = 0$ 系一维构像,故其构像方程式为:

$$\begin{bmatrix} 0 \\ y \\ -f \end{bmatrix} = \lambda \boldsymbol{R}^{\mathrm{T}} \begin{bmatrix} X - X_s \\ Y - Y_s \\ Z - Z_s \end{bmatrix} \tag{15-7}$$

或写成：

$$0 = -f\frac{a_1(X-X_S)+b_1(Y-Y_S)+c_1(Z-Z_S)}{a_3(X-X_S)+b_3(Y-Y_S)+c_3(Z-Z_S)}$$
$$y = -f\frac{a_2(X-X_S)+b_2(Y-Y_S)+c_2(Z-Z_S)}{a_3(X-X_S)+b_3(Y-Y_S)+c_3(Z-Z_S)}$$
(15-8)

及其反算式：

$$\frac{X-X_S}{Z-Z_S} = \frac{a_2 y - a_3 f}{c_2 y - c_3 f}$$
$$\frac{Y-Y_S}{Z-Z_S} = \frac{b_2 y - b_3 f}{c_2 y - c_3 f}$$
(15-9)

式中各方位元素 $X_S, Y_S, Z_S, \varphi, \omega, \kappa$ 均应指在某时刻 t_j 的相应数值，像片上根据某起始时刻 t_0 起算的像点坐标 x_j 用以计算 t_j 值，其理论关系为：

$$x_j = (t_j - t_0)v \quad (15\text{-}10)$$

三、线性阵列传感器

线性阵列传感器系由一排垂直于轨道方向排列的电荷耦合（CCD）阵列组成，每阵列可包含数千个像元，而以飞行器运行的速度实现航向方向的扫描。在竖直摄影情况下示意如图15-2。法国空间研究中心在1986年发射的SPOT卫星（见第十九章第五节）就是使用了这种传感器。

由于此时构像的几何关系与上述缝隙连续摄影的情况（图15-1）相同，因此式(15-7)至式(15-9)的数学关系可以直接使用。

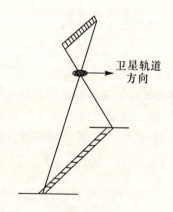

图 15-2

当传感器阵列以其卫星轨道方向为轴向两旁倾斜 Ω_0 角以取得另一航带上的影像时(法国 SPOT 卫星的情况,如图 15-3),则构像方程式等号的左方可得自式(15-7)的左方乘以相应的旋转矩阵为:

$$\begin{bmatrix} 1 & 0 & 0 \\ 0 & \cos\Omega_0 & -\sin\Omega_0 \\ 0 & \sin\Omega_0 & \cos\Omega_0 \end{bmatrix} \begin{bmatrix} 0 \\ y \\ -f \end{bmatrix} = \begin{bmatrix} 0 \\ y\cos\Omega_0 + f\sin\Omega_0 \\ y\sin\Omega_0 - f\cos\Omega_0 \end{bmatrix} \quad (15\text{-}11)$$

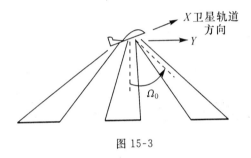

图 15-3

相应的共线方程式为:

$$0 = -f\frac{a_1(X-X_S) + b_1(Y-Y_S) + c_1(Z-Z_S)}{a_3(X-X_S) + b_3(Y-Y_S) + c_3(Z-Z_S)}$$

$$f\frac{y\cos\Omega_0 + f\sin\Omega_0}{f\cos\Omega_0 - y\sin\Omega_0} = -f\frac{a_2(X-X_S) + b_2(Y-Y_S) + c_2(Z-Z_S)}{a_3(X-X_S) + b_3(Y-Y_S) + c_3(Z-Z_S)}$$

$$(15\text{-}12)$$

及其反算式为:

$$\frac{X-X_S}{Z-Z_S} = \frac{a_2(y\cos\Omega_0 + f\sin\Omega_0) - a_3(f\cos\Omega_0 - y\sin\Omega_0)}{c_2(y\cos\Omega_0 + f\sin\Omega_0) - c_3(f\cos\Omega_0 - y\sin\Omega_0)}$$

$$\frac{Y-Y_S}{Z-Z_S} = \frac{b_2(y\cos\Omega_0 + f\sin\Omega_0) - b_3(f\cos\Omega_0 - y\sin\Omega_0)}{c_2(y\cos\Omega_0 + f\sin\Omega_0) - c_3(f\cos\Omega_0 - y\sin\Omega_0)}$$

$$(15\text{-}13)$$

当传感器阵列在其卫星轨道方向内向前或向后倾斜角 Φ_0 时(美国

测图卫星 MAPSAT,见第十九章第五节,如图 15-4),则其构像方程式的左方可在式(15-7)的左方乘以相应的旋转矩阵为:

$$\begin{bmatrix} \cos\Phi_0 & 0 & -\sin\Phi_0 \\ 0 & 1 & 0 \\ \sin\Phi_0 & 0 & \cos\Phi_0 \end{bmatrix} \begin{bmatrix} 0 \\ y \\ -f \end{bmatrix} = \begin{bmatrix} f\sin\Phi_0 \\ y \\ -f\cos\Phi_0 \end{bmatrix} \quad (15\text{-}14)$$

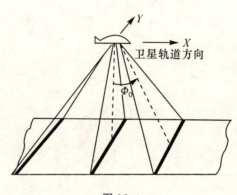

图 15-4

相应的共线方程式为:

$$f\tan\Phi_0 = -f\frac{a_1(X-X_S)+b_1(Y-Y_S)+c_1(Z-Z_S)}{a_3(X-X_S)+b_3(Y-Y_S)+c_3(Z-Z_S)}$$

$$y/\cos\Phi_0 = -f\frac{a_2(X-X_S)+b_2(Y-Y_S)+c_2(Z-Z_S)}{a_3(X-X_S)+b_3(Y-Y_S)+c_3(Z-Z_S)}$$

$$(15\text{-}15)$$

此时上式中等号左边的数值为改化为框幅式摄影时的等效像点坐标,即$(x) = f\tan\Phi_0, (y) = y/\cos\Phi_0$。

其反算式为:

$$\frac{X-X_S}{Z-Z_S} = \frac{a_1 f\sin\Phi_0 + a_2 y - a_3 f\cos\Phi_0}{c_1 f\sin\Phi_0 + c_2 y - c_3 f\cos\Phi_0}$$

$$\frac{Y-Y_S}{Z-Z_S} = \frac{b_1 f\sin\Phi_0 + b_2 y - b_3 f\cos\Phi_0}{c_1 f\sin\Phi_0 + c_2 y - c_3 f\cos\Phi_0} \quad (15\text{-}16)$$

四、全景摄影

摄影时平行于飞行方向的缝隙以常速绕平行于飞行方向的轴旋转（图 15-5）。因此对摄影时刻 t 引用式 (15-1) 的关系为（《摄影测量原理》式 (26-8)）：

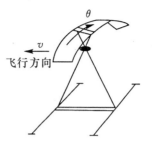

图 15-5

$$\begin{bmatrix} x \\ y \\ -f \end{bmatrix} = \lambda \boldsymbol{R}_\theta^{\mathrm{T}} \boldsymbol{R}^{\mathrm{T}} \begin{bmatrix} X - X_S \\ Y - Y_S \\ Z - Z_S \end{bmatrix} \tag{15-17}$$

其中

$$\boldsymbol{R}_\theta = \begin{bmatrix} 1 & 0 & 0 \\ 0 & \cos\theta & -\sin\theta \\ 0 & \sin\theta & \cos\theta \end{bmatrix}, \quad \boldsymbol{R} = \begin{bmatrix} a_1 & a_2 & a_3 \\ b_1 & b_2 & b_3 \\ c_1 & c_2 & c_3 \end{bmatrix} \tag{15-18}$$

此时 $y = 0$，经改化得为（《摄影测量原理》式 (26-12),(26-13)）：

$$\begin{bmatrix} x \\ f\sin\theta \\ -f\cos\theta \end{bmatrix} = \lambda \boldsymbol{R}^{\mathrm{T}} \begin{bmatrix} X - X_S \\ Y - Y_S \\ Z - Z_S \end{bmatrix} \tag{15-19}$$

或

$$\begin{bmatrix} x/\cos\theta \\ f\tan\theta \\ -f \end{bmatrix} = \frac{\lambda}{\cos\theta} \boldsymbol{R}^{\mathrm{T}} \begin{bmatrix} X - X_S \\ Y - Y_S \\ Z - Z_S \end{bmatrix} \tag{15-20}$$

或表达为：

$$x/\cos\theta = -f\frac{a_1(X-X_S) + b_1(Y-Y_S) + c_1(Z-Z_S)}{a_3(X-X_S) + b_3(Y-Y_S) + c_3(Z-Z_S)}$$

$$f\tan\theta = -f\frac{a_2(X-X_S) + b_2(Y-Y_S) + c_2(Z-Z_S)}{a_3(X-X_S) + b_3(Y-Y_S) + c_3(Z-Z_S)}$$

$$\tag{15-21}$$

及其反算式：

$$\frac{X-X_S}{Z-Z_S} = \frac{a_1 x + a_2 f\sin\theta \cdot y - a_3 f\cos\theta}{c_1 x + c_2 f\sin\theta \cdot y - c_3 f\cos\theta}$$

$$\frac{Y-Y_S}{Z-Z_S} = \frac{b_1 x + b_2 f \cdot \sin\theta \cdot y - b_3 f \cdot \cos\theta}{c_1 x + c_2 f \cdot \sin\theta \cdot y - c_3 f \cdot \cos\theta}$$
(15-22)

缝隙在一幅影像中的 y_j 坐标用以计算摄影时刻 t_j，其关系为：

$$\theta = \frac{y_j}{f}; \quad t_j = t_0 + \frac{\theta}{\dot\theta}$$
(15-23)

其中 t_0 为当 $y_j = 0$ 时的摄影时刻，而 $\dot\theta$ 代表影像缝隙旋转的角速度。

像点在一幅影像中的 x_j 坐标为：

$$x_j = x + \delta x$$
(15-24)

其中 δx 为影像在 x 方向的位移抵偿值。其值为：

$$\delta x = \int_0^\theta v\mathrm{d}t = \int_0^\theta v\frac{\mathrm{d}\theta}{\dot\theta} = \int_0^\theta V\frac{f}{H}\cos\theta\frac{\mathrm{d}\theta}{\dot\theta} = \frac{Vf}{H\dot\theta}\sin\theta$$
(15-25)

v 和 V 分别为影像位移速度和地面上的航速。时间的确定往往通过在胶片上的精确的记录标志来实现。

五、行扫描仪（光学机械扫描仪）

红外和多光谱扫描构像一般都使用行扫描仪，对地面景物靠扫描镜在与卫星轨道相垂直方向的摆动或旋转依次向下扫描，响应像元素上每个瞬时的平均照度。其航向扫描则以飞行器运行的速度实现。

多光谱扫描仪与红外扫描仪的基本结构相似。多光谱扫描用以获得同一瞬间的多个波段的像素。美国陆地卫星（LANDSAT）内使用的 MSS 扫描仪（见本章第三节）就是其中的一种。

上述系属行扫描仪，其构像方式在几何上等效于全景投影关系（图15-6）。但此时在扫描时每个探测器的瞬时视场不是用一条缝隙线的方式而是相应于地面 79m 见方地区的一个像元素。在形成构像方程式时，应取每个像元素的瞬时位置为像片坐标原点。因此像点坐标 x 和 y 恒为零值，而按式（15-17）此时为：

$$\begin{bmatrix} 0 \\ 0 \\ -f \end{bmatrix} = \lambda \boldsymbol{R}_\theta^\mathrm{T} \boldsymbol{R}^\mathrm{T} \begin{bmatrix} X-X_S \\ Y-Y_S \\ Z-Z_S \end{bmatrix}$$
(15-26)

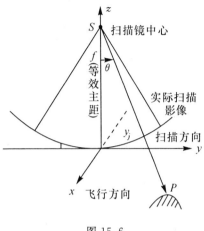

图 15-6

或写成

$$\boldsymbol{R}_\theta \begin{bmatrix} 0 \\ 0 \\ -f \end{bmatrix} = \begin{bmatrix} 1 & 0 & 0 \\ 0 & \cos\theta & -\sin\theta \\ 0 & \sin\theta & \cos\theta \end{bmatrix} \begin{bmatrix} 0 \\ 0 \\ -f \end{bmatrix} = \lambda \boldsymbol{R}^\mathrm{T} \begin{bmatrix} X - X_S \\ Y - Y_S \\ Z - Z_S \end{bmatrix} \quad (15\text{-}27)$$

$$\begin{bmatrix} 0 \\ f\sin\theta \\ -f\cos\theta \end{bmatrix} = \lambda \boldsymbol{R}^\mathrm{T} \begin{bmatrix} X - X_S \\ Y - Y_S \\ Z - Z_S \end{bmatrix} \quad (15\text{-}28)$$

或

$$\begin{bmatrix} 0 \\ f\tan\theta \\ -f \end{bmatrix} = \frac{\lambda}{\cos\theta} \begin{bmatrix} a_1 & b_1 & c_1 \\ a_2 & b_2 & c_2 \\ a_3 & b_3 & c_3 \end{bmatrix} \begin{bmatrix} X - X_S \\ Y - Y_S \\ Z - Z_S \end{bmatrix}$$

得出在这种条件下的共线方程式为：

$$\begin{aligned} 0 &= -f\frac{a_1(X-X_S)+b_1(Y-Y_S)+c_1(Z-Z_S)}{a_3(X-X_S)+b_3(Y-Y_S)+c_3(Z-Z_S)} \\ f\tan\theta &= -f\frac{a_2(X-X_S)+b_2(Y-Y_S)+c_2(Z-Z_S)}{a_3(X-X_S)+b_3(Y-Y_S)+c_3(Z-Z_S)} \end{aligned} \quad (15\text{-}29)$$

其反向的关系为：

$$X - X_S = (Z - Z_S) \frac{a_2 \sin\theta - a_3 \cos\theta}{c_2 \sin\theta - c_3 \cos\theta}$$

$$Y - Y_S = (Z - Z_S) \frac{b_2 \sin\theta - b_3 \cos\theta}{c_2 \sin\theta - c_3 \cos\theta} \quad (15\text{-}30)$$

某像元素在整幅影像上的坐标位置系用 x_j 和 y_j 来表达,它是时间的函数,可以从参考时刻 t_0 起算,其值为:

$$x_j = (t_j - t_0)v = (t_j - t_0)\frac{f}{H}V$$

$$y_j = f\theta = f(t_j - t_0)\dot\theta \quad (15\text{-}31)$$

t_0 为对应于坐标原点的扫描时间,对应于 $\theta = 0$;其他符号意义与前面相同。

以上各式可用于解析的定向和测图。假如传感器的定向元素 $\varphi, \omega, \kappa, X_S, Y_S, Z_S$ 作为时间 t_j 的函数为已知时,则地面某点的坐标在已知其高程 Z 值时,可按式(15-30) 计算其 X, Y 值。当 Z 为未知时,则需利用在 Y 方向重叠的两个影像(两个平行航带间)产生下列的两个方程式(用 ′ 及 ″ 分别代表左右影像上的相应值):

$$Y - Y'_S = (Z - Z'_S) \frac{a'_2 \sin\theta' - a'_3 \cos\theta'}{c'_2 \sin\theta' - c'_3 \cos\theta'}$$

$$Y - Y''_S = (Z - Z''_S) \frac{a''_2 \sin\theta'' - a''_3 \cos\theta''}{c''_2 \sin\theta'' - c''_3 \cos\theta''} \quad (15\text{-}32)$$

借以联立地解算该地面点的 Y 及 Z 坐标值。

当在这种行扫描情况下,设其扫描平面与飞行方向不相垂直而与其垂直平面倾斜角 Φ 时,则其构像方程式可在式(15-26)中引入 $\boldsymbol{R}_\Phi$ 项为:

$$\begin{bmatrix} 0 \\ 0 \\ -f \end{bmatrix} = \lambda \boldsymbol{R}_\theta^T \boldsymbol{R}_\Phi^T \boldsymbol{R}^T \begin{bmatrix} X - X_S \\ Y - Y_S \\ Z - Z_S \end{bmatrix} \quad (15\text{-}33)$$

其中

$$\boldsymbol{R}_\Phi = \begin{bmatrix} \cos\Phi & 0 & -\sin\Phi \\ 0 & 1 & 0 \\ \sin\Phi & 0 & \cos\Phi \end{bmatrix}$$

六、构像方程式总列

对以上所述各种量测摄影机和遥感传感器的构像方程式,当归化成相应的框幅式条件下的关系,即当方程式等号右方均为:

$$\lambda \begin{bmatrix} a_1 & b_1 & c_1 \\ a_2 & b_2 & c_2 \\ a_3 & b_3 & c_3 \end{bmatrix} \begin{bmatrix} X - X_S \\ Y - Y_S \\ Z - Z_S \end{bmatrix}$$

时,其等号左方如表 15-1 所示。

表 15-1

量测摄影机		遥感传感器	
框幅式摄影机(式(15-1))	$\begin{bmatrix} x \\ y \\ -f \end{bmatrix}$	矩阵摄影机(第十九章图 19-6)	$\begin{bmatrix} x \\ y \\ -f \end{bmatrix}$
缝隙连续摄影机(式(15-7))	$\begin{bmatrix} 0 \\ y \\ -f \end{bmatrix}$	线性阵列传感器(图 15-2)	$\begin{bmatrix} 0 \\ y \\ -f \end{bmatrix}$
全景摄影机(式(15-19))	$\begin{bmatrix} x \\ f\sin\theta \\ -f\cos\theta \end{bmatrix}$	行扫描仪(光学机械扫描仪)(式(15-28))	$\begin{bmatrix} 0 \\ f\sin\theta \\ -f\cos\theta \end{bmatrix}$

七、侧视雷达

(1) 真实孔径侧视雷达(SLR)

侧视雷达所确定的是由天线 S 到目标 P 间电波往返的斜距 $SP = D$,示如图 15-7。假设在图上用一条横虚线 S_p 象征着雷达仪阴极射线管上的影像面,则当光点沿某量测起点 p_0 沿扫描方向到达 p 点时,由地面 P 点反射的光点出现在 p 处,其出现的时间取决于雷达发出微波到接收回波之间的时间间隔。由于微波传播速度 c 是固定的,所以影像线段实为传感器到地物间斜距 D 的投影,如图 15-7 中的虚线所示。投影成像的比例尺 λ_y 取决于微波的空间传播速度 c 和阴极射线管上亮点的掠拂速度 v 即:

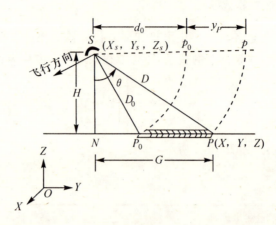

图 15-7

$$\lambda_y = \frac{2v}{c} \tag{15-34}$$

其中因子 2 是考虑到微波在空间中来回传播了二倍斜距而引入的。

雷达影像沿扫描方向的坐标 y_P 通常以 p_0 为量测起点，p_0 的地面对应点 P_0 所对应的斜距 D_0 称为拂掠延迟斜距，它在影像系统中的投影，称为拂掠延迟 d_0，即

$$\lambda_y D_0 = d_0 \tag{15-35}$$

由图可知：

$$\lambda_y D = (y_P + d_0) \tag{15-36}$$

参照式(15-7)可以写出侧视雷达的构像方程式为：

$$\begin{bmatrix} 0 \\ D\sin\theta \\ -D\cos\theta \end{bmatrix} = \mathbf{R}^\mathrm{T} \begin{bmatrix} X - X_S \\ Y - Y_S \\ Z - Z_S \end{bmatrix} \tag{15-37}$$

另一方面

$$\begin{bmatrix} 0 \\ D\sin\theta \\ -D\cos\theta \end{bmatrix} = \begin{bmatrix} 0 \\ G \\ -H \end{bmatrix} = \begin{bmatrix} 0 \\ \sqrt{D^2 - H^2} \\ -H \end{bmatrix} = \frac{1}{\lambda_y} \begin{bmatrix} 0 \\ \sqrt{(y_P + d_0)^2 - f^2} \\ -f \end{bmatrix}$$

$$\tag{15-38}$$

其中 $f = H\lambda_y$，称为等效主距。

比较式(15-37)与式(15-38)得出：

$$\begin{bmatrix} 0 \\ \sqrt{(y_P + d_0)^2 - f^2} \\ -f \end{bmatrix} = \lambda_y \boldsymbol{R}^\mathrm{T} \begin{bmatrix} X - X_S \\ Y - Y_S \\ Z - Z_S \end{bmatrix} \quad (15\text{-}39)$$

$\boldsymbol{R}^\mathrm{T}$ 是真实天线的姿态角 φ,ω,κ 的函数，仍可直接取用式(15-5)所表达的关系。

(2) 合成孔径侧视雷达(SAR)

由于真实孔径侧视雷达沿着飞行方向的地面分辨率(称为方位分辨率)与其天线的长度成正比，因此需要极长的天线。并且分辨率又随物点到天线间距离的增大而降低。使用合成孔径雷达就可以改善这种情况，它是通过信号处理的合成，可以用较短的天线得到很高的角分辨率。

合成孔径雷达的构像方程式仍可使用式(15-37)或式(15-39)。但此处转角矩阵 $\boldsymbol{R}$ 内的各元素是传感器 S 的位置坐标 $\boldsymbol{s}(X_S, Y_S, Z_S)$ 以及航速 $\boldsymbol{V}(V_X, V_Y, V_Z)$ 的函数。这是因为合成孔径雷达的成像过程的特点所致。成像过程首先是按电磁波相干的原理获得一维衍射条纹信号影像，它是一种"一维全息图"。即相干光的"天线"，所以也叫做"合成天线"，示如图 15-8(b)。由于天线与物体(如图 15-8(a) 中的点 A) 间距离的变化在 S_1 处比在 S_2 处要快。因此，在一维全息图的两端点较之其中央点要短一些。同理，线元素对近点 B 比远点 A 一般要短一些。这种雷达记录的信号相当于一个菲涅耳(Fresnel)波带板的一个断面，可再借助一种光学相关器，使相干光通过该信号影像，并会聚成实际的数据影像。衍射条纹虚线的线画长短及其间隔直接影响被恢复影像点的位置，而它们又是取决于地物点的位置和运动速度的。所以这时传感器的姿态角 φ,ω,κ 的作用为 $\boldsymbol{s}$ 和 $\boldsymbol{V}$ 所代替。旋转矩阵 $\boldsymbol{R}^\mathrm{T}$ 此时可按以下过程确定：

$$\begin{aligned} \boldsymbol{i} &= \frac{\boldsymbol{V}}{|\boldsymbol{V}|} & \sim (i_x \quad i_y \quad i_z) \\ \boldsymbol{j} &= \boldsymbol{s} \times \boldsymbol{i} / |\boldsymbol{s} \times \boldsymbol{i}| \sim (j_x \quad j_y \quad j_z) \\ \boldsymbol{k} &= \boldsymbol{i} \times \boldsymbol{j} / |\boldsymbol{i} \times \boldsymbol{j}| \sim (k_x \quad k_y \quad k_z) \end{aligned} \quad (15\text{-}40)$$

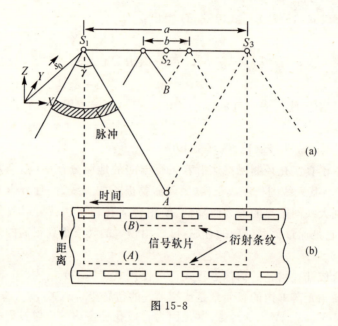

图 15-8

因此

$$R = \begin{bmatrix} i & j & k \end{bmatrix} = \begin{bmatrix} i_x & j_x & k_x \\ i_y & j_y & k_y \\ i_z & j_z & k_z \end{bmatrix} \quad (15\text{-}41)$$

其中

$$i = \begin{bmatrix} i_x \\ i_y \\ i_z \end{bmatrix}, \quad j = \begin{bmatrix} j_x \\ y_y \\ j_z \end{bmatrix}, k = \begin{bmatrix} k_x \\ k_y \\ k_z \end{bmatrix}$$

分别代表其在物方坐标系统(X,Y,Z)中描述传感器坐标系统姿态的单位矢量。

第三节 陆地卫星多光谱扫描影像的几何特征

美国陆地卫星(LANDSAT)多光谱扫描(MSS)影像是迄今为止具体应用中最主要的一种遥感资料。本节对其主要的几何关系加以

第十五章 影像的数字几何处理

简介。

一、多光谱扫描仪(MSS)

多光谱扫描仪在同一瞬间以几个波段来获取瞬时视场内地物的平均辐射量,在其探测器前加一个分光棱镜,将像元分成若干个波段的像素,分别用响应相应波段的探测器进行检波。美国陆地卫星(LANDSAT)1,2,3号上使用的多光谱扫描仪(MSS)的扫描反射镜在垂直于卫星轨迹方向对地面进行横向扫描时(图15-9),星下视场角为$11.56°$,被扫描的地面条带宽度约为185km。在摆动周期内,星下地面点相对移动了约474m。为了能使扫描连续进行,并保持一定的分辨率,MSS扫描仪每个探测器瞬时现场设计成从标称轨道上对地面为79m见方的地区(0.086毫弧度),共用六组探测器排成一列。列长相应地面的长度约为474m,示如图15-9。这样,第一条横向扫描线经过一个周期回到起点进行下一次横向扫描时,正好与上一次横向扫描的第六条横向扫描线相连接,形成连续对地面的扫描。即在进行横向扫描的同时,利用卫星的运行速度,实现纵向扫描。陆地卫星单张画面的格式示如图15-10。

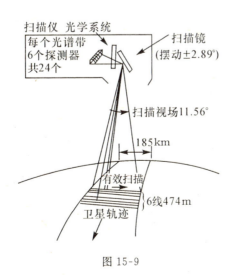

图 15-9

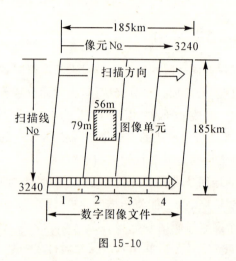

图 15-10

陆地卫星 MSS 成像是用数字直接记录在磁带上的。其像元分辨率在地面为 $79m \times 79m$ 的正方形。但是实际沿扫描行抽样的间隔相当于地面上的 $56m$，所以实际每个像元素所代表的地面尺寸为 $79m \times 56m$。

二、卫星轨道

人造卫星轨道由六个元素所确定，称之为尤拉（Euler）元素。其中长半径 a 和偏心率 e 确定轨道的形状；轨道倾角 i，升交点赤经 Ω 和近地点角距 ω（图 15-11）确定轨道的定向，而卫星经过近地点的时刻为 T。

在人造卫星摄影的情况下，由人造卫星轨道元素可以获得摄影站点的位置，作为时间的函数。

陆地卫星（LANDSAT）位于近极轨道上，卫星轨道面与地球极轴的倾角约为 $9°$。现在设想有一个静止地球，这样便确定了一条与地方子午线在赤

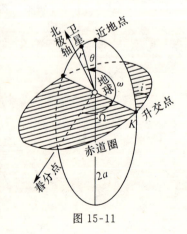

图 15-11

道处成 9° 角的子轨迹(图 15-12 中的角 β_0),此角随着相对于赤道的北纬或南纬的增大而增大,即由 β_0 增至 β_n。

在图 15-12 中,设卫星 S 的地心纬度为 Φ,则在 S 处人造卫星轨迹与该地经线间的夹角 β_n(称之为航偏角)可由直角球面三角形 SKB 得出为:

$$\sin\beta_n = \frac{\beta_0}{\cos\Phi} \quad (15\text{-}42)$$

当 MSS 传感器记录地面 185km(图 15-9)的扫描带宽的数据时,卫星已在轨道上前进了 200m 左右。因此,需要对上面确定的子轨迹和扫描方向之间的角度进行少量改正。

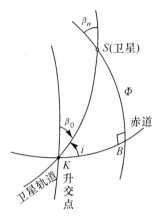

图 15-12

三、地球自转的影响

实际上,卫星下面的地球并不是静止不动而是自转的。也就是说,由于地球的自转,当卫星由北向南(下行)在轨道上运行时,就可获得西部渐远处各点的图像。自转地球上的子轨迹提供了陆地卫星的另一坐标轴,此轴与扫描线不垂直,得出的待改正的图像呈平行四边形(图 15-13)。按图 15-13,影像西移的数值 ΔY_E 应等于:

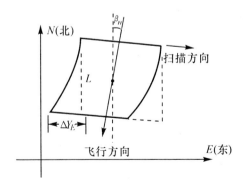

图 15-13

$$\Delta Y_E = t_S \cdot V_E \qquad (15\text{-}43)$$

其中：t_S 为卫星从图幅北端到南端运行的时间，

$$t_S = \frac{L}{R \cdot \omega_S};$$

L 为像幅地面长度 185km；

R 为地球半径 6378km；

ω_S 为卫星沿轨道运行的平均角速度；

V_E 为纬度为 φ 时地面点随地球向东旋转的线速度，$V_E = (R \cdot \cos\varphi)\omega_E$；

ω_E 为地球旋转角速度。

在赤道附近 $\qquad \Delta Y_E \approx 13\text{km}$。

四、陆地卫星 MSS 影像的粗处理

陆地卫星 MSS 影像是动态传感的结果。它在 x 方向(沿轨道方向)属正射投影，而在 y 方向为中心投影。MSS 原始数据影像有拷贝在透明片上的光学影像和记录在计算机兼容磁带上的数字影像两种。美国所提供的这些资料一般都是已经由美国宇航局(NASA)粗处理过的。所谓粗处理，即利用扫描影像成像过程中可以预测的一些几何参数来直接构成纠正公式进行处理。该过程主要改正由于地球旋转，像元素在 x 和 y 方向尺寸不等，以及卫星轨道偏角等因素所引起的影像偏扭。至于影像的精处理，则系利用地面(或地图)控制点作为纠正的依据，使用一种多项式或共线方程等数学模型进行纠正，其原理见以下各节内容。

第四节　数字微分纠正

一、遥感影像的几何误差

在遥感传感器获取信息的过程中，因受各种因素的影响，除在上节

所述属于其粗处理所纠正的一些几何关系外,还存在其他的几何畸变。其中有的可以根据需要估计其数值,预先加以改正,例如地形起伏的投影差,地球曲率引起的畸变,大气折光的影响等。这些一般可引用摄影测量中的常用公式进行,并顾及扫描影像的特点。例如对 MSS 这种类型的行扫描影像,这些误差在航行方向的 x 坐标中并不存在,而仅需改正其横向的 y 坐标。

地形起伏 h 的影响应保持不大于半个像元素。地面高差与一个像元素间的几何关系示如图 15-14,其数据示例见表 15-2。

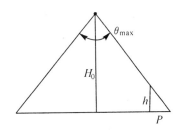

图 15-14

表 15-2

传感器	航高 H_0(km)	θ_{max}（最大扫描角）	像元素 (m)	高差 h(m)
陆地卫星 1—3MSS	920	11.5°	80	780
专题测图传感器（第十九章第四节）	705	15°	30	230
SPOT 卫星	822	4.3°	10	266

经过粗处理的陆地卫星 MSS 像片仍包含如下误差:卫星姿态测定和改正误差所引起的像点位移;地形起伏和轨道测定误差所引起的像点位移;扫描仪内部结构和资料处理过程中所产生的非线性移位。其中传感器轨道位置和姿态误差是主要的。

对框幅式等静态摄影传感器而言,其轨道位置变化 dX_S、dY_S、dZ_S 和姿态角变化 $d\varphi, d\omega, d\kappa$ 所引起的地面点坐标的变化 dx, dy(图

15-15),可引用下列公式(《摄影测量原理》式(2-11)):

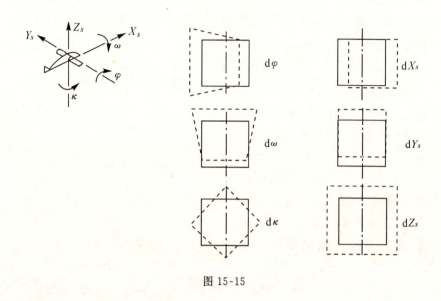

图 15-15

$$dx = -\frac{f}{H}dX_S - \frac{x}{H}dZ_S - f\left(1 + \frac{x^2}{f^2}\right)d\varphi - \frac{xy}{f}d\omega + yd\kappa$$

$$dy = -\frac{f}{H}dY_S - \frac{y}{H}dZ_S - \frac{xy}{f}d\varphi - f\left(1 + \frac{y^2}{f^2}\right)d\omega - xd\kappa$$

(15-44)

对于其他类型传感器应把其相应的等效框幅摄影坐标值代入。例如,对于多光谱扫描(MSS)影像,则 $x = 0$ 及 $y = f \cdot \tan\theta$,其误差方程式为:

$$dx = -\frac{f}{H}dX_S - fd\varphi + f\tan\theta \cdot d\kappa$$

$$dy = -\frac{f}{H}dY_S - \frac{f}{H}\tan\theta \cdot dZ_S - f(1 + \tan^2\theta)d\omega$$

(15-45)

一般 φ,ω 为小角。但 κ 角由于卫星航向偏角的影响一般不能作为小角看待。从式(15-29)所列的多光谱扫描影像的共线方程式出发,便可列得:

$$\mathrm{d}x = -\frac{f}{H}\cos\kappa \cdot \Delta X_S - \frac{f}{H}\sin\kappa \cdot \Delta Y_S - f \cdot \cos\kappa \cdot \Delta\varphi$$
$$- f \cdot \sin\Delta\omega + f \cdot \tan\theta \cdot \Delta\kappa$$
$$\mathrm{d}y = -\frac{f}{H}\sin\kappa \cdot \Delta X_S - \frac{f}{H}\cos\kappa \cdot \Delta Y_S - \frac{f}{H}\tan\theta \cdot \Delta Z_S$$
$$- f(1+\tan^2\theta)\sin\kappa \cdot \Delta\varphi - f(1+\tan^2\theta)\cos\kappa \cdot \Delta\omega$$

(15-46)

二、光学纠正与数字纠正

利用光学方法纠正图像是摄影测量中的常用方法。例如应用纠正仪（见《摄影测量原理》第十六章）将航摄像片纠正成为像片图，或是利用正射投影装置（见《摄影测量原理》第二十章）以更严格的方式处理由于地形起伏所引起的影像变形，从而制成为正射影像地图。但这些经典的光学纠正仪器在数学关系上受到很大的限制。特别是近代遥感技术中许多新的传感器——多光谱扫描仪、侧视雷达、线性阵列式传感器等出现，产生了不同于经典的框幅式航摄像片的图像，此时如使用光学纠正方法，可以适当地使用数控正射投影装置，例如威特厂的Avioplan OR-1型或联邦德国蔡司厂的Orthocomp Z2型，或者要求有特别研制的纠正装置。

使用数字影像处理技术，不仅便于影像增强，改变反差（见第十六章），并且可以非常灵活地应用到图像几何变换中，形成为数字微分纠正技术。

三、数字纠正原理

若给出时间变化参数，且具备地面数字模型（即根据地面上平面点坐标 X_i, Y_i 可以求出其点的 Z_i 值），则可以利用其相应的构像方程式处理各种遥感图像。定向参数最好利用航行数据和惯性数据记录求得。但实际上传感器的制造者既不能够也不想使用所需的精度记录定向数据。因此遥感图像几何处理的实际办法是按一定的数学模型用控制点解算。这种过程就是图像微分纠正的过程，因主要使用数字方式，故叫做数字微分纠正。

在进行数字微发纠正以前，图像应先根据不同情况经过必要的构像变换，例如改正其扫描镜旋转速度不均匀的误差改正、地球曲率、大气折光和地形起伏的误差以及地球旋转引起的图像扭曲改正等，对美国陆地卫星多光谱扫描 MSS 的图像而言，这些统称为图像的粗处理（本章第三节之四）。

在数字影像的几何纠正过程中，首先要确定原始影像和纠正后影像之间的几何关系。设任意像元素 p 在原始图像和纠正后图像中的坐标分别为(x_p, y_p)和(X_p, Y_p)，则有两种互逆的数字表达式：

$$X_p = F_x(x_p, y_p), \qquad Y_p = F_y(x_p, y_p) \qquad (15\text{-}47)$$
$$x_p = f_x(X_p, Y_p), \qquad y_p = f_y(X_p, Y_p) \qquad (15\text{-}48)$$

前者是正解法变换公式，或称为直接法；后者是反解法变换公式，或称为间接法。

由于在航天遥感条件下地面起伏的影响很小，所以变换函数 F_x, F_y, f_x, f_y 基本上是两个平面间的变换。最简单的函数是使用一种多项式。但在航空遥感的条件下，或当精度要求较高的影像纠正时，其地面起伏的影响不能忽略。此时进行数字微分纠正除必须已知摄影的各方位元素而外，尚须知地面点的高程（即具备数字地面高程），而使用相应的构像方程式（一般是共线方程式），对原始图像的像点坐标(x_p, y_p)与其纠正图像的坐标 X_p, Y_p 和其点的高程 Z_p 进行换算。由于这种方式的计算工作量很大，一般系对一个地区的数字微分纠正分小区进行。在每个小区的四个角点处使用较为严格的构像方程式的运算方法，而对其小区内部的大量点子，则使用简单的多项式进行变换的运算。

四、正解法（直接法）数字纠正

使用式(15-47)的正解法变换运算过程如图 15-16 所示。它的优点是可以直接使用磁带上并存储在一组存储地址内的像元素。但其缺点是它输出的纠正后的像点，不再保持为等距离间隔的点子。此外，对于这样所取点的高程 Z_p 必须用一种办法获得，一般是通过在规则点位的数字地面模型中内插而得。由于 Z_p 是 X_p 和 Y_p 的函数，所以此时需要逐渐趋近。正算法中换算的理论公式分别为：

第十五章 影像的数字几何处理

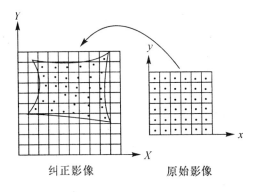

纠正影像　　　原始影像

图 15-16

对框幅式摄影的构像方程式,按式(15-4)为：

$$X_p - X_s = (Z_p - Z_s)\frac{a_1 x_p + a_2 y_p - a_3 f}{c_1 x_p + c_2 y_p - c_3 f}$$
$$Y_p - Y_s = (Z_p - Z_s)\frac{b_1 x_p + b_2 y_p - b_3 f}{c_1 x_p + c_2 y_p - c_3 f}$$

(15-49)

对行扫描仪信息,按式(15-30)为：

$$X_p - X_s = (Z_p - Z_s)\frac{a_{2j}\sin\theta_j - a_{3j}\cos\theta_j}{a_{2j}\sin\theta_j - c_{3j}\cos\theta_j}$$
$$Y_p - Y_s = (Z_p - Z_s)\frac{b_{2j}\sin\theta_j - b_{3j}\cos\theta_j}{c_{2j}\sin\theta_j - c_{3j}\cos\theta_j}$$

(15-50)

$$t_j = \frac{x_p}{v} - t_0; \qquad \theta_j = \frac{y_p}{f}$$

简化的多项式数字纠正公式为：

$$X_p = a_0 + a_1 x_p + a_2 y_p + a_3 x_p y_p + a_4 x_p^2 + a_5 y_p^2$$
$$Y_p = b_0 + b_1 x_p + b_2 y_p + b_3 x_p y_p + b_4 x_p^2 + b_5 y_p^2$$

(15-51)

五、反解法(间接法)数字纠正

另一种为反解法纠正过程,如图 15-17 所示。此时从输出的某一个有规律的数字地面模型的节点(X,Y)出发,反算其相应的输入影像像点的点位(x,y)。此时数字地面模型上的节点高程是已知的，可以直接使用，但需首先估算其所需存储的能直接存取的影像部分。

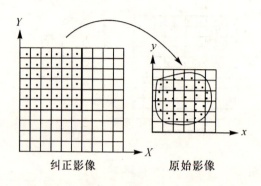

图 15-17

对框幅式摄影的构像方程式（见式(15-3)）为：

$$x_p = -f\frac{a_1(X_p-X_s)+b_1(Y_p-Y_s)+c_1(Z_p-Z_s)}{a_3(X_p-X_s)+b_3(Y_p-Y_s)+c_3(Z_p-Z_s)}$$
$$y_p = -f\frac{a_2(X_p-X_s)+b_2(Y_p-Y_s)+c_2(Z_p-Z_s)}{a_3(X_p-X_s)+b_3(Y_p-Y_s)+c_3(Z_p-Z_s)}$$
(15-52)

对行扫描仪那种随时间变化而获得的信息，使用反解法纠正有些困难。因为此时 x_p 为时间函数，就要使用逐渐趋近的办法。即首先仍用正解法的算式(式(15-50))由 x_p,y_p 和 x_{p+1},y_{p+1} 计算出相应的 X_p,Y_p 和 X_{p+1},Y_{p+1}。假设 $\Delta X_p,\Delta Y_p$ 是由 X_p,Y_p 到数字地面模型节点 X_R,Y_R 的差值，即：

$$\Delta X_p = Y_R - X_p$$
$$\Delta Y_p = Y_R - Y_p$$

则：
$$\Delta x_p = \Delta X_p \frac{x_{p+1}-x_p}{X_{p+1}-X_p}$$
$$\Delta y_p = \Delta Y_p \frac{y_{p+1}-y_p}{Y_{p+1}-Y_p}$$
(15-53)

则所要求的在原影像上的像点坐标值分别为 $x_p+\Delta x_p$ 和 $y_p+\Delta y_p$。

反解法中比较常用的是简化的多项式数字纠正公式，例如：

$$x_p = c_0 + c_1 X_p + c_2 Y_p + c_3 X_p Y_p + c_4 X_p^2 + c_5 Y_p^2$$
$$y_p = d_0 + d_1 X_p + d_2 Y_p + d_3 X_p Y_p + d_4 X_p^2 + d_5 Y_p^2$$
(15-54)

在反解法数字纠正中,由于反算而得的在原始影像上的像元素,一般不会正好落在其扫描采样的点子上。因此,这个点的灰度值不能直接读取,而需进行内插求得,这个过程叫做重采样(resampling)(见第十三章第二节)。

六、影像纠正处理的数学模型

上面式(15-51),(15-54)代表用多项式对影像纠正处理的数学模型的基本形式,此外还可以考虑下列不同的各种方案。

1. 一般多项式

利用一般多项式逼近的基本思想是认为影像变形规律可以看做为平移、缩放、旋转、仿射、偏扭、弯曲等基本形变的合成。这些多项式可以是例如式(15-54),或其扩充式如:

$$\Delta x_i = c_0 + (c_1 X_i + c_2 Y_i) + (c_3 X_i^2 + c_4 X_i Y_i + c_5 Y_i^2)$$
$$+ (c_6 X_i^3 + c_7 X_i^2 Y_i + c_8 X_i Y_i^2 + c_9 Y_i^3) + \cdots$$
$$\Delta y_i = d_0 + (d_1 X_i + d_2 Y_i) + (d_3 X_i^2 + d_4 X_i Y_i + d_5 Y_i^2)$$
$$+ (d_6 X_i^3 + d_7 X_i^2 Y_i + d_8 X_i Y_i^2 + d_9 Y_i^3) + \cdots$$
(15-55)

对每个控制点,已知其地面坐标 X_i, Y_i,可以列出上式两个,其中
$$\Delta x_i = x_i(\text{近似计算值}) - x_i'(\text{量测值})$$
$$\Delta y_i = y_i(\text{近似计算值}) - y_i'(\text{量测值})$$

对行扫描器图像而言,影像坐标 x_i, y_i 和沿航线方向的地面坐标 X_i, Y_i, Z_i (如系任意方向的地面坐标则应先经平移和旋转)之间的近似关系为:

$$x_i = \frac{f}{Z_s - Z_i} X_i$$
$$y_i = f \cdot \arctan \frac{Y_i}{Z_s - Z_i}$$
(15-56)

如果把多项式表达为图像坐标 x_i, y_i 的函数,则:

$$\begin{aligned}\Delta X_i &= a_0 + (a_1 x_i + a_2 y_i) + (a_3 x_i^2 + a_4 x_i y_i + a_5 y_i^2) \\ &\quad + (a_6 x_i^3 + a_7 x_i^2 y_i + a_8 x_i y_i^2 + a_9 y_i^3) \\ \Delta Y_i &= b_0 + (b_1 x_i + b_2 y_i) + (b_3 x_i^2 + b_4 x_i y_i + b_5 y_i^2) \\ &\quad + (b_6 x_i^3 + b_7 x_i^2 y_i + b_8 x_i y_i^2 + b_9 y_i^3)\end{aligned} \quad (15\text{-}57)$$

其中
$$\Delta X_i = X_i(\text{已知的}) - X_i(\text{近似计算的})$$
$$\Delta Y_i = Y_i(\text{已知的}) - Y_i(\text{近似计算的})$$

近似计算值仍可利用式(15-56)。

在选用时往往是根据可能提供的控制点数来自动判断其多项式的阶数。为了减少由于控制点选得不准确所产生的不良后果,往往要求有较多的多余控制点数。

为了减小由于控制点位分布不合理而造成在平差过程中法方程系数矩阵的不良状态,也可以考虑采用某种正交多项式代替上述一般形式的多项式。

多项式的阶数采用过高一般并不有利。因为极为复杂的影像变形并不一定能用多项式来描述。

2. 随机场内插法

如果影像(直接获取的或处理后的)和变换后的地面数值之间的坐标不符值能被看成为一个随机场时,可采用比较简单的办法。例如加权平均法,移动拟合法以及最小二乘配置法等,已列在《摄影测量原理》第二十二章第三节、第四节中。

3. 定向参数变化的多项式模型

对扫描传感器的影像,其传感器定向参数(外方位元素)随时间(或 x 坐标)变化。采用多项式描述扫描仪姿态的变化时可列为:

$$\begin{aligned} dX_s &= a_0 + a_1 x + a_2 x^2 + \cdots \\ dY_s &= b_0 + b_1 x + b_2 x^2 + \cdots \\ dZ_s &= c_0 + c_1 x + c_2 x^2 + \cdots \\ d\varphi &= d_0 + d_1 x + d_2 x^2 + \cdots \\ d\omega &= e_0 + e_1 x + e_2 x^2 + \cdots \\ d\kappa &= g_0 + g_1 x + g_2 x^2 + \cdots \end{aligned} \quad (15\text{-}58)$$

对 MSS 图像那种行扫描而言,一条扫描线上像点的微分公式列如式(15-45)。把式(15-58)关系代入式(15-45)(式中 $f \cdot \tan\theta = y$)的相应

参数中,经整理后即可得出:

$$dx = A_0 + A_1 x + A_2 x^2 + \cdots + B_0 y + B_1 xy + B_2 x^2 y + \cdots$$
$$dy = C_0 + C_1 x + C_2 x^2 + \cdots + D_0 y + D_1 xy + D_2 x^2 y + \cdots \quad (15\text{-}59)$$
$$+ E_0 y^2 + E_1 x^2 y + E_2 x^2 y^2 + \cdots$$

值得注意的是最广泛使用的方法是非参数内插方法。许多的试验报道都证明对当前测地卫星 MSS 的纠正,使用一种简单非参数的方法并不比那些使用更加严格的数学模型的精度低。一般当测地卫星 MSS 影像备有 20～30 个控制点时,可以获得纠正后的点位误差约为 3/4 像元素。航空遥感扫描比之航天扫描在几何方面是不太稳的,因此纵然使用了高密度的控制点,其剩余误差仍只是 3～4 个像元素。

严格的方法(参数的)仅只在有些少数情况中显得优越,例如当在较为稳定的航天影像中,仅只具备有极少量控制点的情况下,就是这样。

4. 线性阵列扫描影像的数字纠正

由若干条线性阵列扫描影像(本章第二节之三)可以构成像幅。例如对法国在 1986 年发射的 SPOT 卫星,每幅像片由 6000 条扫描线组成,图像坐标系的原点设在每幅的中央,即第 3000 条扫描线的第 3000 个像元上(SPOT 卫星传感器的每条线性阵列有 6000 个像元)。第 3000 条扫描线就是图像坐标系的 y 轴,而各扫描线上第 3000 个像元的连线就是 x 轴,示如图 15-18。

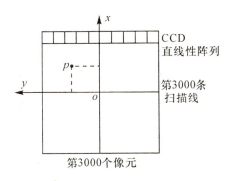

图 15-18

按式(15-7)其在时刻 t 的构像方程为:

$$\begin{bmatrix} 0 \\ y \\ -f \end{bmatrix} = \frac{1}{\lambda} \begin{bmatrix} a_1(t) & b_1(t) & c_1(t) \\ a_2(t) & b_2(t) & c_2(t) \\ a_3(t) & b_3(t) & c_3(t) \end{bmatrix} \begin{bmatrix} X - X_s \\ Y - Y_s \\ Z - Z_s \end{bmatrix} \quad (15\text{-}60)$$

附有括弧(t)的各参数代表在时刻 t 时的各相应值,因为这些数值都是随时间而变化的。

按式(15-60)的第一部分为:

$$0 = \frac{1}{\lambda}[(Xa_1(t) + Yb_1(t) + Zc_1(t) - (X_s a_1(t) + Y_s b_1(t) + Z_s c_1(t))]$$

即
$$Xa_1(t) + Yb_1(t) + Zc_1(t) = A(t) \quad (15\text{-}61)$$

其中: $A(t) = X_s a_1(t) + Y_s b_1(t) + Z_s c_1(t)$

对式(15-61)中各因子以 t 为变量,按泰勒级数展开为:

$$\begin{aligned} a_1(t) &= a_1^{(0)} + a_1^{(1)} t + a_1^{(2)} t^2 + \cdots \\ b_1(t) &= b_1^{(0)} + b_1^{(1)} t + b_1^{(2)} t^2 + \cdots \\ c_1(t) &= c_1^{(0)} + c_1^{(1)} t + c_1^{(2)} t^2 + \cdots \\ A(t) &= A^{(0)} + A^{(1)} t + A^{(2)} t^2 + \cdots \end{aligned} \quad (15\text{-}62)$$

代入式(15-61)为:

$$[Xa_1^{(0)} + Yb_1^{(0)} + Zc_1^{(0)} - A^{(0)}] + [Xa_1^{(1)} + Yb_1^{(1)} + Zc_1^{(1)} - A^{(1)}]t$$
$$+ [Xa_1^{(2)} + Yb_1^{(2)} + Zc_1^{(2)} - A^{(2)}]t^2 + \cdots = 0$$

取至二次项为止则得:

$$t = -\frac{[(Xa_1^{(0)} + Yb_1^{(0)} + Zc_1^{(0)} - A^{(0)}) + (Xa_1^{(2)} + Yb_1^{(2)} + Zc_1^{(2)} - A^{(2)})t^2]}{(Xa_1^{(1)} + Yb_1^{(1)} + Zc_1^{(1)} - A^{(1)})}$$

$$(15\text{-}63)$$

在上式中含有 t^2 项,所以对 t 必须进行迭代计算。第一次对 t^2 可假设近似值代入。t 值实即表达了图 15-18 坐标系中在 t 时刻构像点 p 的 x 坐标:

$$x = (l_p - l_o)\delta = \frac{t}{\mu}\delta \quad (15\text{-}64)$$

式中: l_p, l_o 分别代表在点 p 及原点 o 处的扫描线的条数;

δ 为 CCD 一个探测元素的宽度,在 SPOT 卫星中其值为 $13\mu m$;

μ 为扫描线的时间间隔,在 SPOT 卫星中其值为 1.5ms。

现在再求某像点 p 的 y 坐标关系式。按式(15-60)的第二、第三部分为：

$$y = \frac{1}{\lambda}[(X-X_s)a_2(t) + (Y-Y_s)b_2(t) + (Z-Z_s)c_2(t)]$$
$$-f = \frac{1}{\lambda}[(X-X_s)a_3(t) + (Y-Y_s)b_3(t) + (Z-Z_s)c_3(t)]$$

或写成

$$y = -f\frac{(X-X_s)a_2(t) + (Y-Y_s)b_2(t) + (Z-Z_s)c_2(t)}{(X-X_s)a_3(t) + (Y-Y_s)b_3(t) + (Z-Z_s)c_3(t)}$$

(15-65)

同理对 $a_2(t), b_2(t), \cdots$ 也有多项式表达为：

$$\begin{aligned}
a_2(t) &= a_2^{(0)} + a_2^{(1)}t + a_2^{(2)}t^2 + \cdots \\
b_2(t) &= b_2^{(0)} + b_2^{(1)}t + b_2^{(2)}t^2 + \cdots \\
c_2(t) &= c_2^{(0)} + c_2^{(1)}t + c_2^{(2)}t^2 + \cdots \\
a_3(t) &= a_3^{(0)} + a_3^{(1)}t + a_3^{(2)}t^2 + \cdots \\
b_3(t) &= b_3^{(0)} + b_3^{(1)}t + b_3^{(2)}t^2 + \cdots \\
c_3(t) &= c_3^{(0)} + c_3^{(1)}t + c_3^{(2)}t^2 + \cdots
\end{aligned}$$

(15-66)

式(15-65)与常规航摄共线公式相似，连同式(15-63)成为卫星飞行瞬间成像的图像坐标与地面坐标的关系式。在图像改正中首先要求出各元素值 $a_1(t), a_2(t), \cdots, c_3(t)$，然后才能求出该相应像点的 x 及 t，或 x 及 y。

第五节 地球曲面的关系公式

一、概述

在以前各节的讨论中，地面坐标 X, Y, Z 是平面上的物方坐标系统，应属于地球切面直角坐标系统。在纠正中，实际所使用的控制点地面坐标是地球参考椭圆体的大地坐标或某种地图投影中的坐标。对于航空遥感影像，由于其像幅覆盖地面的面积较小（边长仅几公里），这种地面坐标的不一致性可以忽略，因而其共线方程仍可用一个直接三维线性变换的形式表达。但在卫星遥感情况下，每像幅的地面覆盖面积很大（如美国陆地卫星 MSS 影像可达 $185 \times 185 \text{km}^2$），此时这两种地面坐标间的差异将比较明显,有时需要寻求其间的严格关系。

一般言之,在遥感图像的几何纠正问题中,地球椭圆体的偏心率可以忽略,而使用在摄影站点地底点处的一个紧贴的圆球所代替。在这圆球系统中,地面物体以及摄影站点的位置都可以用其在球上的经度、纬度和到球心间的距离所确定。或者为了简化物方的几何关系,也可使用以圆球中心为原点的直角坐标系(称为地心坐标系)。以下分别列出在不同情况下所需考虑的几种几何关系。

二、地心坐标与影像坐标

图 15-19 表示在人造卫星 S 处进行垂直于卫星航行方向的扫描。对某地面点 P 的构像设为 P'。现在欲求地面点 P 的地心坐标 X,Y,Z①与其扫描像点 P' 位置间的函数关系。

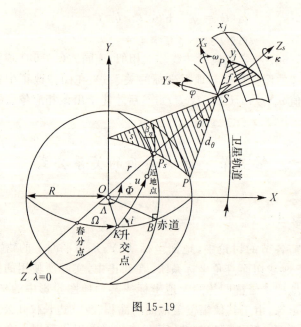

图 15-19

---

① 图 15-19 中地心坐标三个轴线 X,Y,Z 按一般习用应分别为 Y,Z,X。此处系为推导上方便暂用。

按图 15-19,可知经过地心坐标系的三个旋转即 Ω, i 及 u (u 为由升交点 K 到卫星脚点 P_s 的夹角) 或 Λ, Φ, β_n (Λ, Φ 分别为 P_s 的经度、纬度),可以把地面某点 P 的地心坐标值变换到卫星脚点 P_s 处的相应坐标系中。使用的矩阵为:

$$\boldsymbol{R}_{u,i,\Omega} = \boldsymbol{R}_u \boldsymbol{R}_i \boldsymbol{R}_\Omega = \boldsymbol{R}_{\beta_n} \boldsymbol{R}_\Phi \boldsymbol{R}_\Lambda \tag{15-67}$$

然后利用由地面点 P 至透视中心 S 间的距离 d_θ 和角 θ,可以用下式将地面坐标和影像坐标间的关系作进一步的变换。

$$\begin{bmatrix} X \\ Y \\ Z \end{bmatrix} = \boldsymbol{R}_{u,i,\Omega}^{\mathrm{T}} \left(\boldsymbol{R}_\theta \begin{bmatrix} 0 \\ 0 \\ -d_\theta \end{bmatrix} + \begin{bmatrix} 0 \\ 0 \\ r \end{bmatrix} \right) \tag{15-68}$$

其中: $\quad d_\theta = r\cos\theta - \sqrt{R^2 - r^2\sin^2\theta}$

$$\boldsymbol{R}_\theta = \begin{bmatrix} 1 & 0 & 0 \\ 0 & \cos\theta & -\sin\theta \\ 0 & \sin\theta & \cos\theta \end{bmatrix} \tag{15-69}$$

R 代表地球半径;r 代表卫星 S 到地心点 O 间的距离。影像的坐标 y_j 用以确定 θ,而坐标 x_j 用以计算角 u。

此外再加入以影像平台的定向角 φ, ω, κ 的影响时,则得:

$$\begin{bmatrix} X \\ Y \\ Z \end{bmatrix} = \boldsymbol{R}_{u,i,\Omega}^{\mathrm{T}} \left(\boldsymbol{R}_{\varphi\omega\kappa} \boldsymbol{R}_\theta^{\mathrm{T}} \begin{bmatrix} 0 \\ 0 \\ -\bar{d}_\theta \end{bmatrix} + \begin{bmatrix} 0 \\ 0 \\ r \end{bmatrix} \right) \tag{15-70}$$

其中: $\quad \bar{d}_\theta = d_\theta - \dfrac{d_\theta r \sin\theta}{r\cos\theta - d_\theta} \cdot \mathrm{d}\omega$

点 P 的地心坐标 X, Y, Z 与其点的地心经纬度 Λ_P, Φ_P 的关系易知为:

$$\tan\Lambda_P = \frac{X_P}{Z_P}$$

$$\sin\Phi_P = \frac{Y_P}{R_P} \tag{15-71}$$

其中: $\quad R_P = \sqrt{X_P^2 + Y_P^2 + Z_P^2}$

式中所有的参数都与时间有关。其中对 u, i, Ω 和 θ 与时间变化的函数是已知的,而对 φ, ω, κ 和 r 则取用一种函数。经过分析认为可以选用如下列方式的多项式：

$$\begin{aligned}
\varphi &= \varphi_t + a_0 + a_1 t + a_2 t^2 \\
\omega &= \omega_t + b_0 + b_1 t + b_2 t^2 + b_3 t^3 \\
\kappa &= \kappa_t + c_0 + c_1 t + c_2 t^2 \\
r &= r_t + d_0 + d_1 t + d_2 t^2
\end{aligned} \quad (15\text{-}72)$$

t 代表时间，在行扫描摄影时与影像的 x_j 坐标成比例。

三、地心经纬度与地理经纬度

地心经度 Λ 与其相应的地理经度 λ 是相等的。

以下分析人造卫星点 S 的地心纬度（Φ_s）与其相应的地理纬度（φ_s）间的理论关系（图 15-20）。由大地测量学理论可知，P_s 点的地心纬度 φ'_s 与其纬度 φ_s 间的关系为：

$$\tan\varphi'_s = (1 - e_1^2)\tan\varphi_s$$

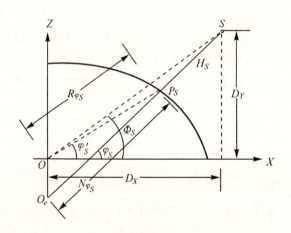

图 15-20

其中：

$$e_1^2 = \frac{a^2 - b^2}{a^2}$$

a, b 分别为地球参考椭圆体长短半轴的长度。

$$D_X = R_{\varphi_s}\cos\varphi'_s + H_s\cos\varphi_s$$
$$D_Y = R_{\varphi_s}\sin\varphi'_s + H_s\sin\varphi_s \qquad (15\text{-}73)$$

式中底点 P_s 的平均曲率半径 R_{φ_s} 为：

$$R_{\varphi_s} = N_{\varphi_s}\frac{\cos\varphi_s}{\cos\varphi'_s}$$

而 $N_{\varphi_s} = \dfrac{a}{\sqrt{1-e_1^2\sin^2\varphi_s}}$ 为 P_s 点的卯酉圈半径。

最后得人造卫星 S 点的地心纬度 Φ_s 为：

$$\Phi_s = \arctan\frac{D_Y}{D_X} \qquad (15\text{-}74)$$

四、地理经纬度(φ,λ)与高斯横轴圆柱正形投影系平面直角坐标 X,Y 间的转换

在高斯横轴圆柱正形投影系中由一点的经纬度 φ,λ 计算其平面坐标的转换公式为(以主子午线的投影为 X 轴)(图 15-21)：

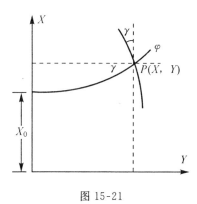

图 15-21

$$\begin{aligned}X = X_0 &+ \frac{N}{2}\cdot t\cdot\cos^2\varphi\cdot l^2 + \frac{N}{24}\cdot t\cdot(5-t^2\\&+9\eta^2+4\eta^4)\cos^4\varphi\cdot l^4\end{aligned} \qquad (15\text{-}75)$$

$$Y = N\cos\varphi\cdot l + \frac{N}{6}(1-t^2+\eta^2)\cos^3\varphi\cdot l^3 + D \qquad (15\text{-}76)$$

其中：$N = \dfrac{a}{\sqrt{1-e^2\sin^2\varphi}}$；

$t = \tan\varphi$；

$l = \lambda - \lambda_0$，相对于中央子午线 λ_0 的经度差；

$\eta = e'\cos^2\varphi, e'$ 为第二偏心率；

X_0 为该点纬度到赤道间的中央子午圈弧长，可以 φ 为引数查表而得；

D 为投影带号及加常数。

按式(15-75)所计算的坐标，系假定主子午线上长度比为 1。为要减低全部投影区的最大长度比而令主子午线上长度比为小于 1 的某值 m_0 时，则所有其他各点的 X,Y 坐标值亦均须乘以 m_0。

由平面坐标化算为经纬度时，按照式(15-76)可得 l 的第一次概值为：

$$l = \frac{Y}{N}\sec\varphi$$

利用此关系再代入式(15-76)，求第二次概值为：

$$\lambda = \frac{Y}{N}\sec\varphi - \frac{Y^3}{6N^3}\sec\varphi(1-t^2+\eta^2) \qquad (15\text{-}77)$$

将式(15-77)代入式(15-75)内亦可化 $X - X_0$ 式为 Y 的级数如下：

$$X = X_0 + \frac{Y^2}{2N}t + \frac{Y^4}{24N^3}t(1+3t^2+5\eta^2) \qquad (15\text{-}78)$$

式(15-77)与式(15-78)中均包含 φ 的函数，故尚不能直接利用，须经过改化。可参考有关大地测量学文献。

第十六章 影像灰度处理

第一节 概 述

在航天及航空遥感技术中，利用磁带或软片记录了大量的地面信息，取得内容丰富的影像。为了使影像清晰、醒目、目标物突出，提高判读或分类的效果，常常需要对影像灰度进行某些处理。主要可分为影像增强和影像复原两个方面。

影像增强处理的目的是改变原影像的灰度结构关系，使影像更适宜于目视判读或某些特殊的应用。例如医学上 X 光射线的像片经增强处理后，对比度变大，边缘更加清晰；又如在影像中经常存在有低反差或深阴影的区域，此时可以通过影像增强技术，使有助于目视观察。影像增强的方法可以通过代数运算、反差变换、滤波以及彩色等方式。

至于影像复原技术就是把在成像过程中由于各种因素干扰所构成的变质退化的扩散图像，利用退化的某种先验知识进行处理，使它恢复到更接近其真实的景物。这种技术往往需要复杂的数学方法，但却有惊人的实际效益。在摄影测量中由于其原始摄影底片的质量原是很高的，所以对影像复原技术的应用较少。但是在某些方面，例如对摄影曝光过程中影像位移的处理，却是有用的。

利用遥感影像对地物进行自动分类时（第十七章），当前主要的依据是地物的光谱特征，因此常常要利用多波段影像来进行。下一节介绍波谱特征空间的概念。

第二节　波谱特征空间

每一种地物在多光谱摄影中获得不同的影像灰度值,这是由于由某一物体反射回到传感装置的各种不同波长的能量大小不同。表达波长与反射能量关系的曲线称之为谱形。在理论上每一种物体都有其独特的谱形,可以借以作为区分物体类别的主要依据。

例如图 16-1 的横坐标表达陆地卫星 MSS 四个波段影像的光谱范围 ($B_4:0.5\sim0.6\mu m$; $B_5:0.6\sim0.7\mu m$; $B_6:0.7\sim0.8\mu m$; $B_7:0.8\sim1.1\mu m$), 纵坐标表达植被、土壤和水三种物体在各光谱带中构像的灰度值。分别用实线、虚线和点线连接起来的曲线就分别代表植被、土壤和水的谱形。

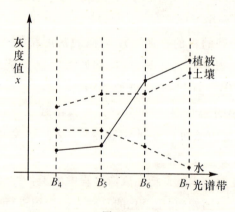

图 16-1

每一种物体例如植被,在这四个光谱带 B_4,B_5,B_6,B_7 中所获得的影像灰度 x_4,x_5,x_6,x_7 构成为一个波段矢量,称之为在四维波谱特征空间的波段矢量。

一般言之,设某影像在几个波段的灰度值分别为 $x_1,x_2,\cdots,x_n$,则称这些数据为在 n 维波谱特征空间的一个波段矢量 $\boldsymbol{X}$ 并表示为:

$$\boldsymbol{X} = \begin{bmatrix} x_1 & x_2 & \cdots & x_n \end{bmatrix} \tag{16-1}$$

x_n 表示 n 维矢量的第 n 个分量,即在第 n 个波段中的灰度观测值。

现为说明问题,取用两个波段 x_1, x_2(二维波谱特征空间)中对植被、土壤及水的灰度观测值,示如图 16-2。实际观测数据对每类地物来说都不是单值,而是一个随机变量,示如图中的局部化的点群(信息群)。这是因为同一类地物由于其本身的含水性、颗粒性、大气散射、观测系统噪音等干扰因素,使其在各段矢量上具有一定的变差范围,可取用其均值作为各该地物的波谱值。影像自动分类问题主要就是根据地物波谱在波谱空间中的聚集位置而判定其所属的类别的。

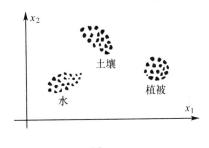

图 16-2

上述的点群分布形态的类概率函数一般都可以正态概率密度函数来逼近。这样只要知道几个参数就能决定整个的概率分布。

例如对于二维空间(两个波段)一个任意像点的灰度值矢量的概率,可用二维正态密度函数表达为(参考附录二式(2)):

$$p(x_1\ x_2) = \frac{1}{2\pi(\sigma_{11}\sigma_{22} - \sigma_{12}^2)^{\frac{1}{2}}} \exp\left\{-\frac{\sigma_{11}\sigma_{22}}{2(\sigma_{11}\sigma_{22} - \sigma_{12}^2)}\right.$$
$$\left. \cdot \left[\frac{(x_1 - \overline{x}_1)^2}{\sigma_{11}} - 2\sigma_{12}\frac{(x_1 - \overline{x}_1)(x_2 - \overline{x}_2)}{\sigma_{11}\sigma_{22}} + \frac{(x_2 - \overline{x}_2)^2}{\sigma_{22}}\right]\right\}$$
(16-2)

式中 $\overline{x}_1, \overline{x}_2$ 和 $\sigma_{11}, \sigma_{22}, \sigma_{12}$ 分别为波段1和波段2的均值和方差、协方差。

对 n 维空间一个任意像点的灰度值矢量 X 的概率为(参考附录二式(6)):

$$p(\boldsymbol{X}) = \frac{1}{(2\pi)^{\frac{n}{2}} |\boldsymbol{c}|^{\frac{1}{2}}} \exp\left[-\frac{1}{2}(\boldsymbol{X}-\overline{\boldsymbol{X}})^{\mathrm{T}} \boldsymbol{c}^{-1}(\boldsymbol{X}-\overline{\boldsymbol{X}})\right] \quad (16\text{-}3)$$

式中：$\boldsymbol{X}$ 代表 n 个波段的多维数据 $\boldsymbol{X} = (x_1\ x_2\ \cdots\ x_n)^{\mathrm{T}}$；

$\overline{\boldsymbol{X}}$ 代表 n 个波段的多维均值 $\overline{\boldsymbol{X}} = (\overline{x_1}\ \overline{x_2}\ \cdots\ \overline{x_n})^{\mathrm{T}}$；

$\boldsymbol{c}$ 代表方差 — 协方差矩阵；$|\boldsymbol{c}|$ 为其行列式；$\boldsymbol{c}^{-1}$ 为其逆阵。

第三节　影像变换

一、总述

影像变换在图像处理中起着很大的作用，其目的在于利用变换方法可以使其后的运算简便；或者适当地选择变换方法可以突出影像的某些特征；或者是使影像信息经变换后，可以更有效地从另一角度来研究问题。影像变换应用于图像增强、图像复原、数据压缩以及影像分类识别等多方面。

本节所介绍的几种变换，有的是在单幅图像中进行的，有的是在多光谱域中所形成的波谱特征空间进行的。

当需要在影像的频率域中进行滤波处理时（本章第六节）就要对影像进行傅里叶变换。这种变换的重要性质与算法见第十一章。

《摄影测量原理》第二十一章第六节之三所介绍的哈达马（Hadamard）变换也是影像变换的一种。在这里还有另外一种应用，那就是利用哈达马矩阵对多光谱图像进行的正交变换。这种用法有利于把影像的灰度因素与其他类别因素区分开来。设以四波段影像的变换为例，对原始波段影像中某像素的灰度值 I_1, I_2, I_3, I_4 进行二阶（四维）哈达马变换。变换后新的灰度值设为 I'_1, I'_2, I'_3, I'_4，则

$$\begin{pmatrix} I'_1 \\ I'_2 \\ I'_3 \\ I'_4 \end{pmatrix}_k = \begin{pmatrix} 1 & 1 & 1 & 1 \\ 1 & -1 & 1 & -1 \\ 1 & 1 & -1 & -1 \\ 1 & -1 & -1 & 1 \end{pmatrix} \begin{pmatrix} I_1 \\ I_2 \\ I_3 \\ I_4 \end{pmatrix}_k \quad (16\text{-}4)$$

$k = 1, 2, \cdots, n$ 是像素序号

由新的像素灰度值组成的四幅新图像称为哈达马分量图像,其变换的特点为:

(1) 它的第一分量 I'_1 代表了原四波段图像灰度值的总和,即

$$I'_1 = \sum_{i=1}^{4} I_i \tag{16-5}$$

相当于一幅在全波段范围内摄取的黑白影像。

(2) 其余各分量分别代表原始各波段影像的两两组合之差,即:

$$I'_2 = (I_1 + I_3) - (I_2 + I_4)$$
$$I'_3 = (I_1 + I_2) - (I_3 + I_4)$$
$$I'_4 = (I_1 + I_4) - (I_2 + I_3) \tag{16-6}$$

各新波段影像反映了各原始波段影像间的和、差混合运算结果,可按实际需要选择使用。

另一种叫做主分量变换,其目的是在尽可能不减少影像信息量的前提下,减少波谱特征空间的维数,以达到数据压缩的目的。

现以二维空间为例,示如图 16-3。设有某集群 A(参考图 16-2),其类别信息主要体现在集群的延伸方向 $I(y_1)$ 上;而其类别噪声则主要体现在集群的短轴方向 $I(y_2)$ 上。但在原始图像中,类别信息和噪声则被混合着分摊在两个波段 $I(x_1)$ 和 $I(x_2)$ 的图像中。此时,为了提取地物类别信息,将不得不同时对两个波段图像进行联合处理。现在如果将二维特征空间坐标系统由($I(x_1),I(x_2)$)旋转到($I(y_1),I(y_2)$),则由于 $I(y_1)$ 系平行于信息群 A 在特征空间的延伸方向,所以

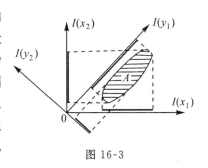

图 16-3

大部分信息投影在新波段 y_1(主分量)上。另一个分量上的信息极少,甚至可以完全略而不计。例如陆地卫星 MSS 四波段影像(四维)经过主分量变换后,可以使 75% 至 95% 的信息落在其主分量波段之上。

在多时相遥感图像分类处理时,常选用各时相的第 1,2 主分量图

像进行联合处理,从而减少了总的处理数据量。

寻找主分量问题是对影像灰度值在特征空间中,对其概率分布的协方差矩阵的逆矩阵求特征值和特征矢量的问题。其运算原理可参考附录二。

以下分述用于影像增强中的代数变换和灰度值变换。

二、代数变换

影像的代数变换就是使用两幅以上的输入影像,对应地逐个像元进行和、差、积或商等的代数变换运算,使产生某些增强效果的输出影像。

在陆地卫星影像处理中比较常用和有效的方法是影像间灰度值的相除,也称比值处理。比值影像可以补偿照明不均匀的影响,如云影及地形阴影中的影像。例如由美国陆地卫星 MSS 4 与 MSS 5 影像灰度 D_4 与 D_5 的比值根据表 16-1 所列的数据分析高山阴影中的问题。

表 16-1

地区 \ 灰度	D_4	D_5	D_4/D_5
光照区	28	42	0.66
阴影区	22	34	0.65

从表中比值 D_4/D_5 结果可见,无论是光照区或阴影区,其值相近,因而消除了阴影的影响。利用比值的变换有利于消除这些太阳入射角和地形起伏或经过大气所引起的辐射变化等非类别因素对影像的影响,使得图像数据更接近于物体本身的辐射的真实值。

影像相减可以加重反映多光谱影像间反射率的差异,使消去某些内容,而突出所需要的信息,常用来探测同一景物在二幅影像之间的变化情况。

第十六章　影像灰度处理

三、灰度值的扩展

卫星影像的灰度范围包含了整个地球表面从白到黑的全部数值。因此局部地区影像灰度值范围只占整个动态范围的小部分，影像显示的反差较低。另外由于大气散射作用，使影像反差比更加降低，影响对影像的判读效果。有时为了突出影像中某些地物的细微结构，要求扩大目标与背景的反差比。

最简单的增强反差办法是依照某些模式或经验改变影像灰度的分布，属于这类的变换有灰度线性扩展、指数变换或对数变换等多种。

灰度线性扩展是对单波段逐个像元处理，目的是把原影像灰度值动态范围按线性关系式扩展至指定范围或整个范围。假设影像的灰度值变量为 z，其动态范围为 $[a,b]$，即 $a \leqslant z \leqslant b$。现在欲将此动态范围扩展到 $[z_1,z_2]$，并且 $z_1 \leqslant a, z_2 \geqslant b$。于是灰度值 z 可按下列线性比例关系得出扩展后的影像灰度值 z' 为：

$$z' - z_1 = \frac{z_2 - z_1}{b - a}(z - a) \tag{16-7}$$

输出影像与待处理的输入影像灰度值间的关系除上述的线性关系外，也可以根据需要，使用某种指数形式、对数形式或其他任意的转换函数形式。对于后者在计算机中实际上是编出一个对照表，根据输入值查表输出。图 16-4 表示一种抛物线形式的输入输出函数关系，其作用是对暗区（0 灰度为最暗）作不均匀的扩展而对亮区则作不均匀的压缩变换。

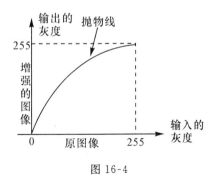

图 16-4

第四节　直方图修正法进行影像增强

一、原理

影像灰度值的直方图用以提供影像明暗分配概貌的总体描述,示如图 16-5。图中横坐标 r 表示灰度数值,纵坐标 $p(r)$ 表示该灰度值在影像中出现的频率。所谓影像直方图,实即影像灰度分布的概率密度函数的离散化图形。图 16-5 所示的情况表示灰度的分布过于集中在某一范围,说明影像灰度的动态范围很小,对比度很差。假如集中的范围是偏在灰度值的暗端,则整个影像必然看起来是暗的;假如

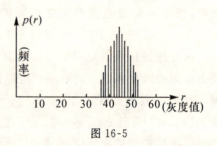

图 16-5

有两个集中的范围各在灰度值的一端,则影像将具有大的反差。本节讨论的方法是按照特定的方式,用修改给定影像直方图的办法,得到所需要的图像增强。

设在图 16-6 中变量 r 代表待增强影像中像素的灰度级,其出现

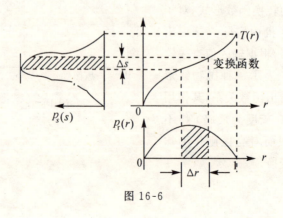

图 16-6

的频率为 $p_r(r)$。为了简化起见假定像素的灰度值已经归一化,即使

$$0 \leqslant r \leqslant 1$$

$r=0$ 代表黑,$r=1$ 代表白。

现对原始影像中 [0,1] 区间内任一个 r 值按下式变换

$$s = T(r) \tag{16-8}$$

可使变换到用灰度值 s 表示的变换影像,其出现的频率用 $p_s(s)$ 表示。仍使

$$0 \leqslant s \leqslant 1$$

那就是通过变换函数 $T(r)$ 控制影像灰度级的概率密度函数,从而改善影像的外貌,或者有意识地加强或减弱某一种灰度级,以达到有更好的目视信息的传递。在自动系统的应用中,直方图修正的主要目的之一,是把图像信息表达在系统的动态范围以内。

进行数字直方图修正可用查表的方法,把预先制好的表格存放在计算机的存储器中。这种办法十分灵活,关键的问题是制作这个表格,也就是确定其变换函数 $T(r)$。在使用人工方法时,使用者观察原来的直方图,估计其修正的函数。许多现代的数字影像处理系统具备有为目视地"绘出"所需函数的显示设备。在使用自动的方法时,可由影像处理计算机自动分析其原始的直方图,并且自动地绘出一种特定的修正函数。按照拟订的规定可使之构成为均衡化的直方图(即把灰度级均匀地分配到整个的灰度范围内)或使之构成为其他的分布,例如以灰度范围中央为中心的高斯分布等。常常是人工的和自动的方法联合使用,首先由计算机产生出最佳直方图的第一次近似,然后再由使用者根据其主观的判断,按需要加以改进。

直方图修正是数字影像增强中最有效和容易实现的一种方法。在摄影测量的应用中,当需要由像片的深的阴影中提取信息时,这种方法

是很有利的。

二、直方图均衡化

现取直方图均衡化为例,说明直方图修正的理论和过程。直方图均衡化本质上是使每个新的灰度级中包含有大致相等的像素个数。在增强的意义上,这意味着像素的动态范围增加,对图像外貌产生显著的效果。从基本概率理论或图16-6可知:

$$p_s(s)\mathrm{d}s = p_r(r)\mathrm{d}r \tag{16-9}$$

或写成:

$$\int_0^s p_s(\beta)\mathrm{d}\beta = \int_0^r p_r(\alpha)\mathrm{d}\alpha \tag{16-10}$$

式中,α,β是积分的伪变量。此时欲得的是均衡化的直方图,即

$$p_s(s) = 常数 = 1$$

所以由式(16-9)可得:

$$s = \int_0^r p_r(\alpha)\mathrm{d}\alpha \tag{16-11}$$

从以上原理可见,直方图均衡化增强过程实际上是利用累加直方图曲线作为变换曲线的非线性增强过程。

在灰度级取离散值的情况下,相应的式子为:

$$p_r(r_k) = \frac{n_k}{n}; \quad \begin{cases} 0 \leqslant r_k \leqslant 1 \\ k = 0,1,\cdots,L-1 \end{cases} \tag{16-12}$$

$$s_k = \sum_{j=0}^k \frac{n_j}{n} = \sum_{j=0}^k p_r(r_j); \quad \begin{cases} 0 \leqslant r_k \leqslant 1 \\ k = 0,1,\cdots,L-1 \end{cases} \tag{16-13}$$

式中 L 是灰度级的数目;$p_r(r_k),p_r(r_j)$ 分别是各该第 k,j 级灰度级的概率;n_k,n_j 分别为在图像中出现各该灰度级的次数;n 是图像中像素的总数。$p_r(r_k)$ 对 r_k 的图形是输入的直方图。

例:假定有一幅 $64 \times 64 = 4096$ 个像素八级灰度的影像,其灰度级的分布示如表16-2的前三栏,其直方图示如图16-7(a)。

第十六章 影像灰度处理

表 16-2

r_k	n_k	$p_r(r_k) = n_k/n$	$s_k = \sum_{j=0}^{k} \dfrac{n_j}{n}$	s_k'	n_k''	$p_s(s_k') = n_k'/n$
$r_0 = 0$	790	0.19	$s_0 = 0.19 \cong 1/7$	$s_0 = 1/7$	790	0.19
$r_1 = 1/7$	1023	0.25	$s_1 = 0.44 \cong 3/7$	$s_1 = 3/7$	1023	0.25
$r_2 = 2/7$	850	0.21	$s_2 = 0.65 \cong 5/7$	$s_2 = 5/7$	850	0.21
$r_3 = 3/7$	656	0.16	$s_3 = 0.81 \cong 6/7$	$s_3 = 6/7$	985	0.24
$r_4 = 4/7$	329	0.08	$s_4 = 0.89 \cong 6/7$			
$r_5 = 5/7$	245	0.06	$s_5 = 0.95 \cong 1$	$s = 1$	448	0.11
$r_6 = 6/7$	122	0.03	$s_6 = 0.98 \cong 1$			
$r_7 = 1$	81	0.02	$s_7 = 1.00 \cong 1$			

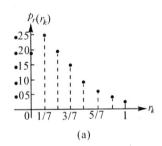
(a)

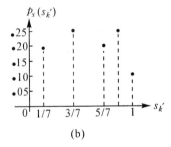
(b)

图 16-7

利用式(16-13)可以得到变换函数。例如:

$$s_1 = \sum_{j=0}^{1} p_r(r_j) = p_r(r_0) + p_r(r_1) = 0.19 + 0.25 = 0.44 \cong 3/7$$

因为在这种情况下只允许有八个等间隔的级,所以必须对每一个变换值给它一个最靠近的正确值。例如对 s_1 为 3/7 并总列于表 16-2 中。其频率 $p_s(s_{k'})$ 可以根据表内 $p_r(r_k)$ 中的相应数据转写。由表可知只有五个不同的直方图均衡化灰度级,重新定义符号后得出表 16-2 中 $s_{k'}$ 栏。其各新值的像素数目列于 n_k' 中。用 $s_{k'}$ 与 n_k' 可以构成为变换后的直方图(图 16-7(b))。例如对新的灰度级 6/7 为 $0.16 + 0.08 = 0.24$,相应的出现次数为 656+329 = 985。由于使用离散的灰度级作变换,新的直方图只能是接近于均衡的。新的灰度级此时是在灰度范围内分布不均匀的 1,3,5,6,7 五个等级,其出现的概率接近相等。灰度的动态范围扩展了,图像显示的效果将会改善。

三、直方图规定化

有时希望使直方图按照规定的某种概率密度函数变换,以便能够增强影像中某些灰度级的范围。设 $p_r(r)$ 和 $p_s(s)$ 分别表示原始的和要求按照某种规定变换过的概率密度函数,则根据式(16-10)可以获得灰度值 r 与 s 间的变换关系。例如已给规定的函数为下列的指数函数:

$$p_s(s) = \alpha \exp\{-\alpha(s-s_{\min})\}$$

在式(16-10)中等式右方为输入变量的累计分布函数,表示为:

$$\int_0^r p_r(\alpha)\mathrm{d}\alpha = p_r(r),$$

则得出:

$$\int_{s_{\min}}^s \alpha\exp\{-\alpha(s-s_{\min})\}\mathrm{d}s = p_r(r)$$

积分后,获得 s 与 r 的函数关系为:

$$s = s_{\min} - \frac{1}{\alpha}\ln[1-p_r(r)]$$

在灰度级取离散值的情况下,相应的式子为:

$$\sum_{j=0}^k p_r(r_j) = \sum_{j=0}^k p_s(s_j) \tag{16-14}$$

具体运算方法示例于表 16-3。例中原始图像仍为前例的 $64 \times 64 = 4096$ 个像素,八级灰度的图像(表 16-2 的前三栏),其直方图等有关数据用有 r 的符号表示在表 16-3(a) 中。规定变换的直方图数据用有 s 的符号表示在表 16-3(b) 的 s_h 及 $p_s(s_k)$ 中。两表(a),(b)系相互映射到其最接近的数值,用箭头表示。结果列于表 16-3(b) 的最后一栏。将结果与规定相比可知并不完全相符,这是因为在离散值处理的情况下,灰度级数愈少,则规定的和最后得到的直方图之间的差别愈会增加。

表16-3(a)

r_k	n_k	$p_r(r_k)$	$\sum_{j=0}^{k} p_r(r_j)$
0	790	0.19	0.19
1/7	1023	0.25	0.44
2/7	850	0.21	0.65
3/7	656	0.16	0.81
4/7	329	0.08	0.89
5/7	245	0.06	0.95
6/7	122	0.03	0.98
1	81	0.02	1.00

表16-3(b)

s_h	$p_s(s_h)$ (规定)	$\sum_{j=0}^{k} p_s(s_j)$	n_h	$p_s(s_h)$ (结果)
0	0	0	0	0
1/7	0	0	0	0
2/7	0	0	0	0
3/7	0.15	0.15	790	0.19
4/7	0.20	0.35	1023	0.25
5/7	0.30	0.65	850	0.21
6/7	0.20	0.85	985	0.24
1	0.15	1.00	448	0.11

第五节 空间域滤波

滤波处理是影像增强的方法之一。可以分为空间域滤波与频率域滤波两类。后一类列于第六节内。

空间域滤波的理论基础是空间卷积，其式为（第十二章式(12-32)）：

$$g(x,y) = f(x,y) * h(x,y) = \int_{-\infty}^{\infty}\int f(\alpha,\beta)h(x-\alpha,y-\beta)\mathrm{d}\alpha\mathrm{d}\beta$$

(16-15)

式中 $g(x,y)$ 代表输出影像；$f(x,y)$ 代表输入影像；$h(x,y)$ 为脉冲响应函数,亦即为卷积的权函数。

　　近似的空间滤波是对邻域各点进行线性(加权)计算,这是最常用的方法。此时把卷积的权函数表示成为一个矩阵算子,通常称为"模板"。模板(局部算子)用以变换一个有限的(局部的)影像,使其局部影像中心点处的灰度值获得一个新的数值。根据选择邻域的大小,模板可以为 3×3,5×5 或 7×7 个像元,一般取用奇数。偶数的模板没有中心点。

　　图16-8表示空间卷积的例子。任何一种"位不变"线性操作就是一种卷积操作。为了计算影像周边的点,可以将数据外推补齐,或者对周边数据不予计算。

此时卷积算子为: $h(k,l) = \begin{bmatrix} 0 & -1 & 0 \\ -1 & 4 & -1 \\ 0 & -1 & 0 \end{bmatrix}$,其中 $k,l \in \{-1,0,1\}$。

其卷积计算公式可按式(16-15)及图16-8代入 $\alpha = x-k, \beta = y-l$,则得为:

$$g(x,y) = \sum_{k=-1}^{1}\sum_{l=-1}^{1} f(x-k,y-l)h(k,l)$$

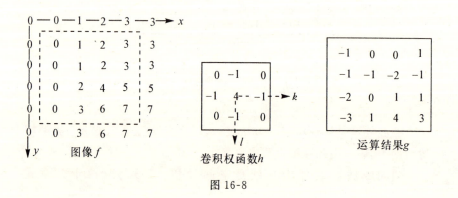

图 16-8

其中　　　　　　　$2 \leqslant x \leqslant 5, 2 \leqslant y \leqslant 5$

当选择不同的权函数 h 时可以实现不同的增强目的。

　　以下讨论一些常用的算子。

一、平滑算子

由传感器噪声或信道传输误差引起的影像噪声通常表现为孤立像素的灰度突变。去噪声作用的算子称为平滑算子。

以长度 $m=3$ 的一维算子为例,则平滑算子的作用在于取用某点灰度 $f(x)$ 与其相邻点灰度 $f(x-1),f(x+1)$ 的平均值。设 $f'_0(x)$ 为该点滤波后的灰度,则得:

$$f'_0(x)=\frac{1}{3}[f(x-1)+f(x)+f(x+1)]$$

$$=\frac{1}{3}[f(x-1)\ f(x)\ f(x+1)]\begin{bmatrix}1\\1\\1\end{bmatrix}$$

$$=f(x)*\frac{1}{3}\boxed{1\ 1\ 1}$$

此时平滑算子为:

$$\frac{1}{3}\boxed{1\ 1\ 1}$$

相应的二维算子为:

$$\frac{1}{9}\begin{bmatrix}1&1&1\\1&1&1\\1&1&1\end{bmatrix}$$

或也可以适当地采用

$$\frac{1}{10}\begin{bmatrix}1&1&1\\1&2&1\\1&1&1\end{bmatrix}\quad 或 \quad \frac{1}{16}\begin{bmatrix}1&2&1\\2&4&2\\1&2&1\end{bmatrix}$$

简单地取平均值会造成影像模糊,使细线或尖锐的边缘变坏。避免模糊的方法是选择一个门限 T。当该点灰度值与按上法计算得的平均值之差大于某门限 T 时,则采用平均值。而当差值小于门限时,则仍保留原来值。当然 T 值要合理选择。

平滑算子的作用与低通频域滤波相似(见本章第六节),因为噪声一般具有较影像更高的空间频谱,抑制高频有削弱噪音的作用。

二、二阶差分算子

与平滑算子的处理相反,可采用突出相邻像点灰度差别的办法以增强边界信息。对图像上点状或线状地物而言,其特点是该特征点上的灰度与其周围或两侧影像灰度平均值的差别较大,因此可以用二阶差分的原理来提取这些特征地物。即

$$f'_1(x) = f(x) - \frac{1}{2}[f(x-1) + f(x+1)]$$

$$= \frac{1}{2}[-f(x-1) + 2f(x) - f(x+1)]$$

$$= \frac{1}{2}[f(x-1)\ f(x)\ f(x+1)]\begin{bmatrix} -1 \\ 2 \\ -1 \end{bmatrix}$$

$$= f(x) * \frac{1}{2}\boxed{\begin{array}{ccc} -1 & 2 & -1 \end{array}}$$

此时二阶差分算子为:

$$\boxed{\begin{array}{ccc} -1 & 2 & -1 \end{array}}$$

对于点状地物,需要在纵横方向同时检测,因此相应的二维卷积算子应为:

$$D = \boxed{\begin{array}{ccc} -1 & 2 & -1 \end{array}} + \boxed{\begin{array}{c} -1 \\ 2 \\ -1 \end{array}} = \begin{bmatrix} 0 & -1 & 0 \\ -1 & 4 & -1 \\ 0 & -1 & 0 \end{bmatrix}$$

图 16-9

最好再加上两个对角方向同时检测,得出二维算子为:

$$D_1 = \begin{bmatrix} 0 & -1 & 0 \\ -1 & 4 & -1 \\ 0 & -1 & 0 \end{bmatrix} + \begin{bmatrix} & & -1 \\ & 2 & \\ -1 & & \end{bmatrix} + \begin{bmatrix} -1 & & \\ & 2 & \\ & & -1 \end{bmatrix} = \begin{bmatrix} -1 & -1 & -1 \\ -1 & 8 & -1 \\ -1 & -1 & -1 \end{bmatrix}$$

图 16-10

以上模板来源于拉普拉斯(Laplace)算子：

$$\nabla^2 f = \frac{\partial f^2}{\partial x^2} + \frac{\partial f^2}{\partial y^2} \qquad (16\text{-}16)$$

写成为差分方式时，$\nabla^2 f$ 等于在 x 方向及在 y 方向二阶差分之和为(图 16-11)：

$$\begin{aligned}\nabla^2 f(i,j) &= (f(i+1,j) - f(i,j)) - (f(i,j) - f(i-1,j)) \\ &\quad + (f(i,j+1) - f(i,j)) - (f(i,j) - f(i,j-1)) \\ &= [f(i+1,j) + f(i-1,j) + f(i,j+1) + f(i,j-1)] \\ &\quad - 4f(i,j) \end{aligned} \qquad (16\text{-}17)$$

这就等同于图 16-9 所示的模板。如使用图 16-10 所示的模板，可能会更好地实现线条和边沿的提取。其增强的影像 $g(i,j)$ 为：

$$g(i,j) = f(i,j) - \nabla^2 f(i,j) \qquad (16\text{-}18)$$

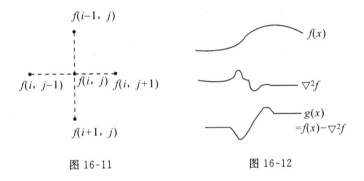

图 16-11　　　　　图 16-12

假设影像 $f(x)$ 为一维变量(图 16-12)，则其相应于式(16-17)的二阶差分为：

$$\nabla^2 f(i) = [f(i+1) + f(i-1)] - 2f(i) \qquad (16\text{-}19)$$

增强的图像 $g(i)$ 为：

$$g(i) = f(i) - \nabla^2 f(i) \qquad (16\text{-}20)$$

设取 $f(x)$ 的离散值如下：

$$\cdots, 0, 0, 0, 1, 2, 3, 4, 5, 5, 5, 5, 5,$$

$$5,6,6,6,6,6,6,3,3,3,3,\cdots$$

则在这些点处的 $\nabla^2 f$ 值按式(16-19)得为：

$$\cdots,0,0,1,0,0,0,0,-1,0,0,0,0,$$
$$1,-1,0,0,0,0,-3,3,0,0,0,\cdots$$

可以看出，在 $f(x)$ 灰度斜坡变化的地方，其 $\nabla^2 f$ 有非零值。当由 $f(x)$ 中再减去其 $\nabla^2 f$ 值时，则得出：

$$\cdots,0,0,-1,1,2,3,4,6,5,5,5,5,$$
$$4,7,6,6,6,9,0,3,3,3,\cdots$$

现在已经在斜坡底和在界线的低灰度级侧形成了灰度级"下冲"，并在斜坡顶部及在界线的高灰度级侧形成了灰度级"上冲"，示如图 16-12。这就具有增加斜坡平均陡度的作用，并正好具有增加界线对比度的作用。因此在这种情况下，从影像灰度减去 Laplace 运算的结果应有去模糊的作用。

Laplace 算子是各向同性的导数算子，它具有旋转不变性。现说明如下：

设将直角坐标旋转一个角度 φ（图 16-13），用 x,y 表示旋转前的坐标，用 x',y' 表示旋转后的坐标，则旋转前后的坐标间的关系列为下式：

$$x = x'\cos\varphi - y'\sin\varphi$$
$$y = x'\sin\varphi + y'\cos\varphi$$

现用 $f(x,y), f'(x',y')$ 分别表示坐标旋转前、后的图像，求其旋转后的 Laplace 算子：

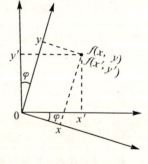

图 16-13

$$\nabla^2 f' = \frac{\partial f'^2}{\partial x'^2} + \frac{\partial f'^2}{\partial y'^2}$$

先求上式中的一阶导数为：

$$\frac{\partial f'}{\partial x'} = \frac{\partial f}{\partial x}\frac{\partial x}{\partial x'} + \frac{\partial f}{\partial y}\frac{\partial y}{\partial x'} = \frac{\partial f}{\partial x}\cos\varphi + \frac{\partial f}{\partial y}\sin\varphi$$

$$\frac{\partial f'}{\partial y'} = \frac{\partial f}{\partial x}\frac{\partial x}{\partial y'} + \frac{\partial f}{\partial y}\frac{\partial y}{\partial y'} = -\frac{\partial f}{\partial x}\sin\varphi + \frac{\partial f}{\partial y}\cos\varphi$$

再求其二阶导数为：

$$\frac{\partial f'}{\partial x'^2} = \frac{\partial}{\partial x'}\left[\frac{\partial f}{\partial x}\cos\varphi + \frac{\partial f}{\partial y}\sin\varphi\right]$$

$$= \frac{\partial}{\partial x}\left[\frac{\partial f}{\partial x}\cos\varphi + \frac{\partial f}{\partial y}\sin\varphi\right]\frac{\partial x}{\partial x'} + \frac{\partial}{\partial y}\left[\frac{\partial f}{\partial x}\cos\varphi + \frac{\partial f}{\partial y}\sin\varphi\right]\frac{\partial y}{\partial x'}$$

$$= \left[\frac{\partial^2 f}{\partial x^2}\cos\varphi + \frac{\partial^2 f}{\partial x \partial y}\sin\varphi\right]\cos\varphi + \left[\frac{\partial^2 f}{\partial x \partial y}\cos\varphi + \frac{\partial^2 f}{\partial y^2}\sin\varphi\right]\sin\varphi$$

$$= \frac{\partial^2 f}{\partial x^2}\cos^2\varphi + 2\frac{\partial^2 f}{\partial x \partial y}\sin\varphi\cos\varphi + \frac{\partial^2 f}{\partial y^2}\sin^2\varphi$$

同理求得：

$$\frac{\partial f'}{\partial y'^2} = \frac{\partial^2 f}{\partial x^2}\sin^2\varphi - 2\frac{\partial^2 f}{\partial x \partial y}\sin\varphi\cos\varphi + \frac{\partial^2 f}{\partial y^2}\cos^2\varphi$$

所以 f' 的 Laplace 算子为：

$$\nabla^2 f' = \frac{\partial^2 f}{\partial x^2}(\cos^2\varphi + \sin^2\varphi) + \frac{\partial^2 f}{\partial y^2}(\sin^2\varphi + \cos^2\varphi) = \nabla^2 f$$

即旋转后的 Laplace 算子与旋转前的 Laplace 算子相等，不因旋转而变，因而是各向同性的。但是对数字图像来说，这个算子只能用差分来近似。这时它已不能完全符合各向同性的性质，而是对某些不同走向的边缘的处理效果略有不同。为了获得对称的邻域，在形成 Laplace 差分算子时，混合使用了前向差分和后向差分，即 $\nabla^2 f$ 等于由式(16-17)所表达的在 x 方向及 y 方向二阶差分之和(图 16-11)。

三、梯度算子

利用影像函数的梯度也可以提取影像的边缘信息。因为不同地物交界线两侧的像素灰度值的差别比同类地物中邻近像素灰度值的差别要大。对横向梯度，可按下列关系求差值运算为(图 16-11)：

$$G(i,j) = f(i,j) - f(i,j+1) \tag{16-21}$$

相似地对纵向梯度为：

$$G(i,j) = f(i,j) - f(i+1,j) \tag{16-22}$$

在二维情况下检测不同方向的边缘，可以使用增强有方向性的边缘算法。图 16-14 列出了为此所使用的各种模板。一般可检测八个方向，可用于跟踪曲线，如搜寻 x 光照片的病灶轮廓等。所有这些算子中其和均为零，为的是避免灰度级总值受到影响。

北　　　　　东北　　　　　东　　　　　东南

$$\begin{bmatrix} 1 & 1 & 1 \\ 1 & 2 & 1 \\ 1 & -1 & -1 \end{bmatrix} \quad \begin{bmatrix} 1 & 1 & 1 \\ 1 & -2 & 1 \\ 1 & -1 & 1 \end{bmatrix} \quad \begin{bmatrix} -1 & 1 & 1 \\ -1 & -2 & 1 \\ 1 & 1 & 1 \end{bmatrix} \quad \begin{bmatrix} -1 & -1 & 1 \\ -1 & -2 & 1 \\ 1 & 1 & 1 \end{bmatrix}$$

南　　　　　西南　　　　　西　　　　　西北

$$\begin{bmatrix} -1 & 1 & 1 \\ 1 & 2 & 1 \\ 1 & 1 & 1 \end{bmatrix} \quad \begin{bmatrix} 1 & -1 & -1 \\ 1 & -2 & -1 \\ 1 & 1 & 1 \end{bmatrix} \quad \begin{bmatrix} 1 & 1 & 1 \\ 1 & -2 & -1 \\ 1 & 1 & -1 \end{bmatrix} \quad \begin{bmatrix} 1 & 1 & 1 \\ 1 & -2 & -1 \\ 1 & -1 & -1 \end{bmatrix}$$

图 16-14

式(16-21),(16-22) 表达了对离散图像的梯度计算。对于一个二维图像函数 $f(x,y)$，其相应的矢量梯度定义为：

$$\vec{G}[f(x,y)] = \begin{bmatrix} \dfrac{\partial f}{\partial x} \\ \dfrac{\partial f}{\partial y} \end{bmatrix} \tag{16-23}$$

为了使算子具有各向同性，可以使用下列方式：

$$|\vec{G}| = \sqrt{\left(\dfrac{\partial f}{\partial x}\right)^2 + \left(\dfrac{\partial f}{\partial y}\right)^2} \tag{16-24}$$

或

$$|G| = \left|\dfrac{\partial f}{\partial x}\right| + \left|\dfrac{\partial f}{\partial y}\right| \tag{16-25}$$

其相应的对离散图像的差分式子分别为：

$$\vec{G}(i,j) = \sqrt{[f(i,j)-f(i,j+1)]^2 + [f(i,j)-f(i+1,j)]^2} \tag{16-26}$$

及

$$|G| = |f(i,j)-f(i,j+1)| + |f(i,j)-f(i+1,j)| \tag{16-27}$$

第六节　频率域滤波

影像上的一些特点可以用频率特性来描述。例如山谷和山脊等地形特征,具有长距离(对陆地卫星像片而言指约数十公里)宽线条的形迹,则具有低频的特性;对于细小的边界、纹理、断裂等则具有高频的特性,其传递的短波约在几十到几百米;介于两者之中的具有中频特性。根据影像判读的需要,可以分别增强高频、中频或低频特性。这种频率增强技术又称为滤波,分别称为高通滤波,带通滤波及低通滤波。例如我们要研究影像中的水系,要求突出细微部分,则应将影像经高通滤波处理,若要突出水系的主干部分,则进行低通滤波处理。

设给定一影像 $f(x,y)$,对其进行傅里叶变换,得到变换式:

$$f(x,y) \Rightarrow F(u,v)$$

其中 x,y 为空间域变量,表示影像中像元位置,u,v 为频率域变量。

空间域滤波以卷积为基础,列于式(16-15)。其在频率域内的相应公式按卷积定理(第十二章式(12-33))为:

$$G(u,v) = H(u,v)F(u,v) \tag{16-28}$$

其中 G,H,F 相应地各为 g,h,f 的傅里叶变换,H 称为滤波因子。此即在频率域中的滤波基本公式。按式得出 $G(u,v)$ 后,可再经傅里叶反变换,产生空间域修改后的影像 $g(x,y)$。

一、低通滤波

低通滤波是使影像平滑的变换。当影像含有很多噪音时有此需要。噪音可以来自数字化或传输,或者是存在于原始的图像中如画痕、灰尘、手指印等。一个二维的理想低通滤波的传递函数示如图 16-15(a)。其剖面示如图 16-15(b) 的长方形实线。亦即:

$$H(u,v) = \begin{cases} 1, \text{若 } D(u,v) \leqslant D_0 \\ 0, \text{若 } D(u,v) > D_0 \end{cases} \tag{16-29}$$

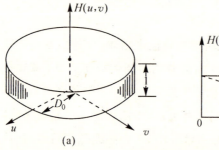
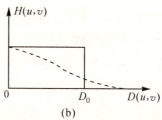

图 16-15

式中 D_0 是一个规定的非负的量;$D(u,v)$ 是从点 (u,v) 到频率平面的原点的距离,也就是:

$$D(u,v) = [u^2 + v^2]^{\frac{1}{2}} \qquad (16-30)$$

理想滤波器的名字来源于:以 D_0 为半径的圆内的所有频率分量无损地通过,而圆外所有频率分量则完全衰减。但这种理想的情况由于会产生所谓的"振铃"特征而使影像模糊,这是因为这种传递函数经傅里叶变换到空间域后具有显著的边瓣(side lobes)(参见第十二章图 12-1(b))。实际使用的传递函数其剖面示如图 16-15(b) 中的虚线,具有逐渐衰减,延续到高频的形状,可借以避免上述的缺点。

二、高通滤波

高通滤波用以抑制影像中的低频而保留甚至加强其高频部分,其结果影像显得"尖锐"。这是因为高频是与影像边缘处的灰度的陡变相联系。所以高通滤波的过程,会使其边缘更显著,因而显得尖锐。高通滤波传递函数的剖面示如图 16-16,具体过程与低通滤波类似。通常这样做会使影像的反差过低而需再用直方图处理技

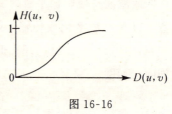

图 16-16

术(见本章第四节)加以改善。

三、带通滤波

带通滤波只允许保留其某一个频带范围中的信息。它一般并不常用于数字影像增强技术中,因为它不提供目视改善的优点。但带通滤波技术可供用于自动相关,使在相关过程中具有一种按频带逐步"拉入"的效果(参考第十四章第四节)。

第七节 彩色图像处理

人眼对颜色差别的分辨能力要比对灰度差异的分辨能力高,因而可以使用彩色或颜色深浅变化代替灰度的变化,这样可以增强影像判读的范围。彩色增强处理常用的有两种方式:彩色密度(灰度)分割及假彩色合成。假彩色此处指合成影像的彩色与实际景物的真实彩色并不相符,但它的颜色对目视判读区分地物是有利的。

一、彩色密度(灰度)分割

当研究地物单波段影像时,灰度的差异表示不同性质的地物。实际中由于人眼很难分辨灰度的微小差异,这就需要借助于彩色密度分割技术。那就是将地物按不同灰度值$(D_1, D_2, \cdots, D_i)$,对影像进行分割,每两分割面之间定义为某种颜色,结果使识别范围扩展。各种彩色是不同波长的光混合的结果。现已经确定了三个基色,即红色、绿色和蓝色的波长,用这三种颜色混合可以产生出比其他任何三种颜色混合而成的更宽范围的彩色。因此给灰度级赋色,就需要确定出所含有的各基色的含量。其具体进行过程大致如下:用一光导摄像管对单片黑白底片影像进行扫描,并将影像点灰度转换成模拟电压信号。这种信号经过模/数变换分为若干个不同的电压等级。每一种等级用一种色彩代表。这样就能在彩色电视监视屏幕上显示出彩色灰度分割图像,或者再通过光学装置制成图片。

二、假彩色合成

上述的彩色密度分割是对单波段的彩色增强处理,而地物的差异更多地表现在不同的光谱波段上。如果把差异综合反映出来,使地物间的差别扩大,则可以提高判读的效果。其方法是对每个波段图像指定某种颜色,建立每个波段的灰度与彩色的变换表,最后将变换的结果合成。

如果对测地卫星多光谱扫描 MSS-4,MSS-5,MSS-7 三个波段的正片分别用蓝、绿、红三个滤色片投影合成,就可以构成假彩色片。一般在彩色合成仪上进行,可以直接观察,也可制成假彩色片。在一般放大机上采用三次曝光,并分别更换底片和滤色镜也能达到同样的目的。如果适当改变三个波段的感光量,还可以使假彩色片的反差得到增强。

第八节 影像复原

一、原理

影像复原基本上是一种过滤的反转过程。扩散了的影像 $g(x,y)$ 是下列卷积的结果:

$$g(x,y) = h(x,y) * f(x,y)$$

其中 $h(x,y)$ 为导致模糊的点扩散函数。在频率域中为:

$$G(u,v) = H(u,v)F(u,v) \tag{16-31}$$

其中 G,H 和 F 分别为 g,h 和 f 的傅里叶变换。过滤的反转过程表达为:

$$F(u,v) = \frac{G(u,v)}{H(u,v)} \tag{16-32}$$

显然当 $H(u,v)$ 接近于零值时,那就会有运算的困难。但是一般 $H(u,v)$ 仅只在某些孤立的区域有零值点,可以忽略这些区域而不会产生严重的问题。比较严重的问题在于噪音的存在。变质了的谱 $\hat{F}(u,v)$ 此时为:

$$\hat{F}(u,v) = F(u,v) + \frac{N(u,v)}{H(u,v)} \tag{16-33}$$

其中 $N(u,v)$ 为噪音分量。当 $H(u,v)$ 很小时,噪音部分会变成为主导部分。

二、影像位移影响的消除

现在讨论在摄影构像时由于均匀线性运动所引起的像点模糊。消除这项影响是属于影像复原技术的一种应用。

首先确定影像位移的模糊函数。设景物 $f(x,y)$ 沿一平面运动,$x_0(t)$ 和 $y_0(t)$ 分别是沿 x 和 y 方向随时间变化的位置分量。假定系统是"时不变"的,则在曝光时间内,记录在软片上任一点处的总曝光量是快门开启时间内各点(沿运动方向上)瞬时曝光量的积分,取 T 为曝光持续时间,则产生的模糊影像为:

$$g(x,y) = \int_0^T f[x-x_0(t), y-y_0(t)]dt \tag{16-34}$$

对上式求傅里叶变换,得为:

$$\begin{aligned}G(u,v) &= \iint_{\infty}^{-\infty} g(x,y)\exp[-j2\pi(ux+vy)]dxdy \\ &= \iint_{-\infty}^{\infty}\left\{\int_0^T f[x-x_0(t), y-y_0(t)dt]\right\} \\ &\quad \exp[-j2\pi(ux+vy)]dxdy\end{aligned} \tag{16-35}$$

假定积分次序能颠倒,上式可写成:

$$\begin{aligned}G(u,v) = \int_0^T \Big\{ &\iint_{-\infty}^{\infty} f[x-x_0(t), y-y_0(t)]\exp \\ &[-j2\pi(ux+vy)dxdy]\Big\}dt\end{aligned} \tag{16-36}$$

大括号内的傅里叶变换可写成:

$$F(u,v)\exp\{-j2\pi[ux_0(t)+vy_0(t)]\} \tag{16-37}$$

由于 $F(u,v)$ 与 t 无关,则有:

$$G(u,v) = F(u,v)\int_0^T \exp\{-j2\pi[ux_0(t)+vy_0(t)]\}dt \tag{16-38}$$

按式(16-31)及式(16-38)可知：

$$H(u,v) = \int_0^T \exp\{-j2\pi[ux_0(t) + vy_0(t)]\}dt \quad (16\text{-}39)$$

如果运动变量 $x_0(t)$ 和 $y_0(t)$ 的性质已知，则由上式可以求出传递函数。现假设景物 $f(x,y)$ 只沿 x 方向以 $x_0(t) = \dfrac{at}{T}$ 的速度作均匀直线运动，而 $y_0(t) = 0$，得出：

$$H(u,v) = \int_0^T \exp[-j2\pi uat/T]dt = \frac{T}{\pi ua}\sin(\pi ua)e^{-j\pi ua}$$

$$(16\text{-}40)$$

显然当 $u = n/a$ 时 H 为零，其中 n 是整数，示如图 16-17。按式(16-40)只要已知 a 值就可以得出 $H(u,v)$。避开 $H(u,v) = 0$ 的点求出 $H(u,v)^{-1}$，就可以对模糊影像的频谱 $G(u,v)$ 作逆滤波计算，求得恢复影像的频谱。

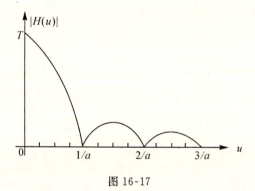

图 16-17

第十七章　影像的分类识别简介

本章第一、第二两节简单介绍利用遥感影像的光谱特征，对影像上所记录的各种地物类别，借助于电子计算机自动进行识别和区分的几种主要方法。分为监督分类法和非监督分类法两种基本方案。这些是当前进行影像分类识别的主要方法。

在各种原始的影像信息中，可能包含有大量的对分类识别不但没有帮助，甚至还有妨碍的"信息"。为了从中分离出有用的信息以及为了减少原始数据的维数（第十六章第二节），以简化分类识别处理的数据量，有时在进行分类识别之前，首先对影像使用某种变换（例如第十六章第三节），进行一种"特征提取"的过程。

由于当前遥感传感系统分辨率的提高，人们逐渐认为这些以影像单个像元的光谱特征为基础的分类识别方法尚存不足，而必须再考虑单个像元四周的信息，例如对纹理的分析和对邻景的利用等。除此而外还应利用其他所有可能掌握的有关资料，例如数字地面模型或专题地图等类的附加信息。根据条件也可以采用综合使用多光谱和侧视雷达信息等措施，以提高分类的功效。这些方面作为遥感影像分类方法的发展，概述于本章第三节内。

第一节　监督分类法

监督分类法需要在分类前对所拟进行识别的地物的类别情况已有一些先验知识。然后，根据这些已有的知识作指导，对全部影像进行分类运算。一般认为这对计算机而言是事先有个学习（或称"训练"）过程，称之为先学习、后辨认。所谓"学习"就是把影像显示出来，并在各预先已知类别的有代表性部分勾画出"训练区"。计算机便自动把训练区内的像素灰度作为抽样值,按类别进行必要的统计计算,如类别的灰度均值、方差、协方差等数值。下面介绍监督分类法中最大或然分类法和判断分析法两种方法。

一、最大或然分类法 —— 贝叶斯(Bayes)法则

最大或然分类法的基本原理是对每个像元素计算其落于各先验类别的概率。概率最大的相应类别,即为某像素的所属类。

现以图 17-1 所示的观测为例。设欲根据这些数据和有关的某些先验知识求其地物类 A 和 C 的交界。如用 X 代表某像点的灰度观测值矢量(仍取二维为例),则观测值矢量 X 属于地物类 A 的概率为:

$$p(X,A) = p(X/A) \cdot p(A) \qquad (17\text{-}1)$$

$$p(X,A) = p(A/X) \cdot p(X) \qquad (17\text{-}2)$$

其中:$p(X/A)$ 为先验已知值,系在已知地物类 A 内获得观测值矢量 X 的条件概率;

$p(A)$ 为先验已知值,系在那个地区内,A 地物类出现的先验概率;

$p(A/X)$ 为相应于观测值矢量 X 的地物类 A 的条件概率;

$p(X)$ 为量测值矢量 X 的先验概率。

对地物类 B 而言,也会有与式(17-1)和(17-2)相对应的公式。

按贝叶斯判别规律,当

$$p(A/X) > p(B/X) \qquad (17\text{-}3)$$

时,则观测值矢量 X 应属于地类 A 而非属于地类 B。再由式(17-1)、(17-2)可得:

$$p(X/A) \cdot p(A)/p(X) > p(X/B) \cdot p(B)/p(X)$$

或即:

$$p(X/A) \cdot p(A) > p(X/B) \cdot p(B) \qquad (17\text{-}4)$$

当方程式(17-4)有一个等号时,则其观测值 X 给出了地类 A 和 B 间的分界点。

当分类地物多于两个时,则需多次进行式(17-4)的比较,亦即对式(17-4)的右方改用所有关于其他类别的概率数据。

对图 17-1 所表示的两个波段观测值的二维空间而言,其在式 (17-4) 中所需要的先验的类概率函数 $p(X/A)$,即在已知地物类 A 内获得观测值矢量 X 的条件概率,可直接使用第十六章中的式(16-2)求出所需要的各参数值(在多维空间中则用式(16-3))。

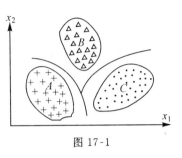

图 17-1

例如在地类 A 内在两个波段 1,2 中各观测了 k 个训练样本分别为:

$$[(x_1)_1, (x_1)_2, \cdots, (x_1)_k]$$
$$[(x_2)_1, (x_2)_2, \cdots, (x_2)_k]$$

则可以估求式(16-2)中各参数值为:

$$\bar{x}_1 = \frac{1}{k}\sum_{j=1}^{k} x_{1j}, \qquad \bar{x}_2 = \frac{1}{k}\sum_{j=1}^{k} x_{2j}$$

$$\sigma_{11} = \frac{1}{k-1}\sum_{j=1}^{k}(x_{1j}-\bar{x}_1)^2, \quad \sigma_{22} = \frac{1}{k-1}\sum_{j=1}^{k}(x_{2j}-\bar{x}_2)^2$$

$$\sigma_{12} = \frac{1}{k-1}\sum_{j=1}^{k}(x_{1j}-\bar{x}_1)(x_{2j}-\bar{x}_2)$$

至于式(17-4)中所需的 A(或 B) 类别的先验概率 $p(A)$(或 $p(B)$) 可简单地按该类地物影像在整幅影像(或某个影像窗)中所占的百分比来确定。必要的话,可在首次分类后,按类别面积的百分数对其初始值进行修改。

二、线性判别分析 —— 费歇(Fisher) 分析法

判别分析法也是监督分类中的一种方法。在进行判别分析时,要事先知道一些需要分类的地物类别,对它们进行变量的量测工作。然后根据量测的变量进行分析和计算,建立起判别函数。再对其他未知的类别加以判别。

费歇判别的基本思想是:根据来自不同母体的子样(每个子样的每个样品都有若干个变量的观测值),建立以若干变量为自变量的函数,

称为判别函数。它应当使得在同一母体中的观测点的判别函数值比较接近,而在不同母体中的观测点的判别函数值则相差较大。在这个基础上,对于一个新的观测点,可以根据其判别函数值最接近于哪一个已知类别的观测点的判别函数值,来判定该点属于哪一个母体。费歇就是利用一种判别函数来进行最小距离分类的。当选用一次函数为判别函数时是线性判别。现举二维变量的例子说明如下:

设有已知来自两个母体(A,B)的子样(图 17-2),每个样品(个体)有两个(二维)观测值x_1, x_2。母体 A 的子样大小为n_A,母体 B 的子样大小为n_B。我们希望找到一个线性判别函数:

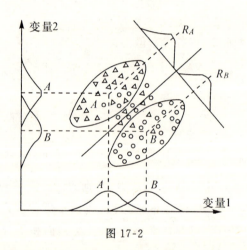

图 17-2

$$R = \lambda_1 x_1 + \lambda_2 x_2 \tag{17-5}$$

使得母体 A 中个体的 R 值与母体 B 中个体的 R 值有明显的差别。

每个个体的 R 值,

对母体 A 为:$R_j^{(A)} = \lambda_1 x_{1j}^{(A)} + \lambda_2 x_{2j}^{(A)}$,其中 $j = 1, 2, \cdots, n_A$

对母体 B 为:$R_j^{(B)} = \lambda_1 x_{1j}^{(B)} + \lambda_2 x_{2j}^{(B)}$,其中 $j = 1, 2, \cdots, n_B$

判别函数 R 的选择,即系数 λ_1, λ_2 的选择,应当满足下列两个要求:

第一,两类 R 的均值间隔越大越好,即使

$$Q = (R_A - R_B)^2$$

为最大。其中均值：
$$R_A = \frac{1}{n_A}\sum_{j=1}^{n_A} R_j^{(A)} \tag{17-6}$$

$$R_B = \frac{1}{n_B}\sum_{j=1}^{n_B} R_j^{(B)}$$

第二，同类间隔越小越好，即使

$$G = \sum_{j=1}^{n_A}(R_j^{(A)} - R_A)^2 + \sum_{j=1}^{n_B}(R_j^{(B)} - R_B)^2$$

为最小。

把两个要求合在一起，就是要求使：

$$P = \frac{Q}{G} = \frac{(R_A - R_B)^2}{\sum_{j=1}^{n_A}(R_j^{(A)} - R_A)^2 + \sum_{j=1}^{n_B}(R_j^{(B)} - R_B)^2}$$

为最大。因此 λ_1,λ_2 应满足下列方程组：

$$\frac{\partial P}{\partial \lambda_1} = 0, \qquad \frac{\partial P}{\partial \lambda_2} = 0$$

从而可以得到方程组：

$$\begin{aligned} s_{11}\lambda_1 + s_{12}\lambda_2 &= d_1 \\ s_{21}\lambda_1 + s_{22}\lambda_2 &= d_2 \end{aligned} \tag{17-7}$$

其中：

$$d_1 = \bar{x}_1^{(A)} - \bar{x}_1^{(B)} = \frac{\sum_{j=1}^{n_A} x_{1j}^{(A)}}{n_A} - \frac{\sum_{j=1}^{n_B} x_{1j}^{(B)}}{n_B}$$

$$d_2 = \bar{x}_2^{(A)} - \bar{x}_2^{(B)} = \frac{\sum_{j=1}^{n_A} x_{2j}^{(A)}}{n_A} - \frac{\sum_{j=1}^{n_B} x_{2j}^{(B)}}{n_B}$$

$$s_{11} = \frac{\sum_{j=1}^{n_A}(x_{1j}^{(A)} - x_1^{(A)})^2 + \sum_{j=1}^{n_B}(x_{1j}^{(B)} - x_1^{(B)})^2}{n_A + n_B - 2}$$

$$s_{22} = \frac{\sum_{j=1}^{n_A}(x_{2j}^{(A)} - x_2^{(A)})^2 + \sum_{j=1}^{n_B}(x_{2j}^{(B)} - x_2^{(B)})^2}{n_A + n_B - 2}$$

$$s_{12} = s_{21}$$
$$= \frac{\sum_{j=1}^{n_A}(x_{1j}^{(A)} - \bar{x}_1^{(A)})(x_{2j}^{(A)} - \bar{x}_2^{(A)}) + \sum_{j=1}^{n_B}(x_{1j}^{(B)} - \bar{x}_1^{(B)})(x_{2j}^{(B)} - \bar{x}_2^{(B)})}{n_A + n_B - 2}$$

由上式可知 d_1 是两个母体中第一个变量的中心值之差,d_2 是两个母体中第二个变量的中心值之差。s_{11} 反映两个母体构成的总体中第一个变量的取值偏差(方差),s_{22} 反映同一总体中第二个变量取值的偏差(方差),$s_{12} = s_{21}$ 反映同一总体中两个变量之间的交错关系(协方差)。

由方程组(17-7)可以解出 λ_1, λ_2,从而得到判别函数式(17-5)。然后由两个子样求出各类的判别指标 R_A 和 R_B,以及其中心点为:

$$R_0 = \frac{n_A R_A + n_B R_B}{n_A + n_B} \quad (\text{或 } R_0 = \frac{R_A + R_B}{2})$$

则对于某个个体,若其 R 值和 R_A 同在 R_0 一侧,则该点属于母体 A;反之则该点属于母体 B。

当每个样品(个体)有多个观测值 $x_1, x_2, \cdots, x_m$ 时(m 维),上述方程组(17-7)可以推广而得到。此时解算 $\lambda_1, \lambda_2, \cdots, \lambda_m$ 的过程较繁,但其中 d 和 s 的计算公式和它的意义则都类似于二维的情况。

对于判别方程的可靠性,可以通过 F 检验来评价。

在两类的判别问题中,对于已解出的判别函数:

$$R = \lambda_1 x_1 + \lambda_2 x_2 + \cdots + \lambda_m x_m \tag{17-8}$$

可以取

$$D^2 = |\lambda_1 d_1| + |\lambda_2 d_2| + \cdots + |\lambda_m d_m| \tag{17-9}$$

其中 $d_k(k=1,2,\cdots,m)$ 反映了两个类别中的子样的第 k 个变量的平均值之差,即两类事物总的差别在第 k 个变量上的体现,而 D^2 则反映了两类事物的总的差别。如果 D^2 较大,说明所求的判别函数能够充分体现出两类事物的差别,因而用来对于未知个体进行判别就比较有把握。D^2 是一个反映不同母体之间的差异的统计量,称为马氏距离(Mahalanobis)。由 D^2 得到的统计量:

$$F = \frac{n_A n_B (n_A + n_B - m - 1)}{m(n_A + n_B)(n_A + n_B - 2)} D^2 \tag{17-10}$$

服从数理统计中的 F 分布,其第一自由度为 m,第二自由度为 $n_A + n_B -$

$m-1$,因而可以进行 F 检验。对于某给定的显著水平 α,可查表求出其临界值 F_α。则当 $F_\alpha < F$,说明 D^2 足够大,可以反映两个母体的差异,因而可以认为用来计算 D^2 的判别方程 $R = \lambda_1 x_1 + \lambda_2 x_2 + \cdots + \lambda_m x_m$ 是可靠的。

第二节 非监督分类法

非监督分类法在分类前对地物的类别情况无所了解,仅只根据波谱自身相似性比较的数学方法及人们提供的简单阈值控制分类。这对计算机而言,属于边学习、边辨认的一类。本节介绍非监督分类法中的集群分类法。

第十六章图 16-2 表示不同地物在波谱空间中具有一特定的区域,其观测值矢量分别倾向于聚集在各自的均值附近。探测这种倾向的观测值矢量集合的分析就叫做集群分析。下面通过一个具体的例子,说明这种分类过程的基本思想和方法。

设有陆地卫星 MSS 影像中 10 个像元,包含有四个波段的灰度值,列于表 17-1。

表 17-1

像元	波段 4	波段 5	波段 6	波段 7
1	20	30	20	3
2	25	33	19	4
3	22	31	21	4
4	21	29	22	3
5	19	27	18	2
6	20	40	63	70
7	19	39	60	72
8	21	42	65	74
9	18	45	62	71
10	19	41	61	75

现在对这 10 个像元进行分类。首先我们主观地认为待分类的物质是两类物体 A, B,因而总平均值 $\bar{X}$ 是这两类物质的中心位置连线的中

点。这样 A,B 物质各自中心到 $\overline{X}$ 的距离是相等的,并且正好等于所求得的总偏差值 s_i,见图 17-3。图中 x_i 代表某波段 i 的灰度值,表示 A,B 两组中心及其数据的分布。

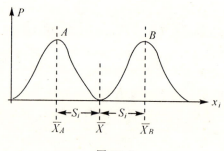

图 17-3

由此可对表 17-1 中的数据作如下的分类运算。

第一步:计算各波段中观测数据的均值及其标准偏差为:

$\overline{X}_4 = 20.4,$ $s_4 = 2.01$

$\overline{X}_5 = 35.7,$ $s_5 = 6.38$

$\overline{X}_6 = 41.1,$ $s_6 = 22.3$

$\overline{X}_7 = 37.8,$ $s_7 = 36.5$

第二步:计算两组(g_A 及 g_B)的分组中心:

波段	$g_A = \overline{X} - s$	$g_B = \overline{X} + s$
4	18.39	22.41
5	29.32	40.08
6	18.8	63.4
7	1.3	74.3

然后把所有待分类的像元,根据其距离两个中心 $\overline{X}_A,\overline{X}_B$ 的远近归入到最近一类中去,因此:

第三步:计算各像元灰度值到各组中心值的距离,以确定哪些像元属于 g_A 组,哪些属于 g_B 组。例如对像元 1 的灰度值 x 而言,到中心值 g_A 的距离绝对值总和为:

$$d_A = \sum |x - g_A|$$
$$= |20 - 18.39| + |30 - 29.32| + |20 - 18.8| + |3 - 1.3|$$
$$= 5.19$$

同理可以算得像元 1 灰度值到中心点 g_B 的距离为 $d_B = 127.19$。由于 $d_B > d_A$，所以像元 1 应属于 g_A 组。

以上所计算的 d 值称为相似性距离。反映相似性距离的办法有多种，例如使用欧几里德距离，或取各不同波段中距离的最大值等。这里使用了较为简化的办法。

照此方法把十个像元点分配到相应的组中心去。计算结果有五个点属于中心 g_A，另外五个点属于中心 g_B（列于表 17-2）。

以上这样的分类是否符合实际的情况需要加以检验。此时可再计算出实际所分的 A, B 类中心 $\overline{X}_A, \overline{X}_B$ 以及其相应的标准偏差 s_A，s_B。如果以上的分类是正确的，也就是说待分类物体确是两类，那么此时所算出的偏差 s_A, s_B 将会小于某一事先估计的阈值。如果超过估计的阈值，则说明待分类的物质不仅是两类，需要再分。这时可以在原已分类的基础上把 A 类及（或）B 类再各分成两组。每分裂一次重新计算中心位置及偏差，检验是否在阈值内，否则要继续分裂，直至合适时为止。

表 17-2

		波段 4	波段 5	波段 6	波段 7
g_A 组	{	20	30	20	3
		25	33	19	4
		22	31	21	4
		21	29	22	3
		19	27	18	2
g_B 组	{	20	40	63	70
		19	39	60	72
		21	42	65	74
		18	45	62	71
		19	41	61	75

第四步：计算实际组中心的均值和标准偏差：

g_A 组：$\overline{X}_4 = 21.4 \quad \overline{X}_5 = 30.0 \quad \overline{X}_6 = 20.0 \quad \overline{X}_7 = 3.2$
$\qquad\quad s_4 = 2.30 \quad s_5 = 2.24 \quad s_6 = 1.58 \quad s_7 = 0.84$

g_B 组：$\overline{X}_4 = 19.4 \quad \overline{X}_5 = 41.4 \quad \overline{X}_6 = 62.2 \quad \overline{X}_7 = 72.4$
$\qquad\quad s_4 = 1.14 \quad s_5 = 2.30 \quad s_6 = 1.92 \quad s_7 = 2.07$

分组结果表明，如果认为标准偏差的阈值在 3 以内即满足要求，则分类已经完成；如果要求的阈值小于 2，则在 g_A 和 g_B 内均有大于 2 的 s 值，应继续分裂新组，方法与前面所讲的相同。

第三节 影像分类方法的发展

上述各种影像识别分类技术实际上仅使用了存在于遥感数据中有限的一些信息，那就是单个像元的光谱信息。从一般目视图像判读的经验可知，影像的纹理、形状、大小、位置和阴影等是可以提供影像中能够提取的大量信息的。为了使用这些信息，单纯孤立地评估每单个像元素是不够的，而必须考虑到每个像素的近邻关系。当在使用陆地卫星数据时，其多光谱扫描仪 MSS 的地面分辨率很低，每个像元素的大小约为地面上的 80m，这种需要还不太显著。但当前新的遥感信息获取手段，如专题测图传感器 TM（第十九章表 19-2），其像元素的大小约为地面上的 30m，SPOT 卫星上传感器的相应值约为 20m 及 10m，这对许多应用来说就必须综合考虑到邻近的像素，才能够提高其分类的功能。这些技术包括有对纹理的分析以及对邻景的利用等。

一、纹理分析

纹理实质上就是图像中在比较小的区域内的色调（光谱的响应）简单重复。

纹理分析分为统计纹理分析和结构纹理分析两类。统计纹理分析系对包括在一定范围内（小区）的所有像元素计算其统计的特征。小区大小的划分应使之有足够的像元以便适当地描述其纹理分类，并且也不能太大，使其在一个小区内只包含有一种纹理。纹理特征的表达有多种方案,例如灰度平均值、标准偏差,中央像元素相对其邻近像元素的平均反差,以及基于小区内每一对像元素间灰度绝对值差的直方图等。

结构纹理分析是研究影像结构单元(原始型)的空间分布。首先应确定出由颜色、大小和形式等特征所表达的结构单元。然后再确定出这些单元间的空间位置关系,例如其间的典型距离等。

二、邻景的利用

为了识别物体,对其邻景的利用可能是一个很有效的办法。例如船与汽车纵然都具有相同的光谱特性,但可能利用其邻景关系加以区分。很自然地,当该物体是由被分类为"水"的像元素所包围时就是船;而由被分类为"路"的像元素所包围时就是汽车。这种对邻景利用的基本思想可以在进行分类时同时考虑,也可以用在分类以后的处理中。

三、辅助信息

为了改善数据的分类,还可以进一步利用不包括在遥感影像信息中的辅助信息;诸如一种数字地面模型(DTM)或各种专题地图之类。例如 Strahler(1981) 等人曾在实地采样,确定出树类的分布,并带回有地面高程、坡度和坡度的走向等信息。他们利用这些信息连同陆地卫星数据和一种数字地面模型生产出了一个详细的森林覆盖图。对此曾经有过两种归算方案。一种方案是对每一个像元素计算其各种树类的验前或是率,这是根据其点处由数字地面模型所提取的地面高程、坡度和走向,以及其统计的树类分布获得。这种随像元素位置而改变的验前或是率可直接用于典型的最大或然分类法中(本章第一节之一)。另一种方案是使用分层的分类法。利用这种方法对上述多光谱陆地卫星数据的分类处理是:第一步单独利用光谱数据以区分出针叶树林、落叶树林、水、草地和裸石等大类。然后再把每一种植被类细分,此时则根据在各该像元素处相应高程的树类组的统计或是率进行。

辅助信息是多种多样的。任何一种模拟的或数字的信息,只要能直接或间接地反应出有关分类的某种影响,就可以有助于改善类别的区分性。例如联邦德国汉诺威（Hannover）大学曾利用陆地卫星 MSS 影像数据对海滩进行沉积型的分类，共分为沙、轻度泥沙、泥沙、泥性泥沙和泥等五类。这时考虑到海滩泥沙的反射率与其该处泥沙当时的湿度有关，而湿度又与该处低水的时刻有关（该地带每天两次由水淹没。）因此引用了每一个像元素所对应那点的"低水时刻"作为一种辅助数据纳入到分类过程之中，曾经获得了分类功效的提高。

当具备有该地带的地理信息系统时，用地理信息系统支持遥感影像处理系统乃是改善遥感数据分类精度的一个有效途径。地理信息系统是一种在计算机软、硬件支持之下，空间数据输入、存贮、检索、运算、显示和综合分析应用的技术系统。这种发展多种来源数据的综合分析方法将是遥感数据分析领域中一个十分重要的方向。

四、城市地区的遥感分类识别

城市地区地物类别的位置往往是相互交错，极不均匀，而且各类地物相互延续，界限不清。使用卫星遥感数据对城市地区进行分类识别时，如果用典型的以集群法（本章第二章节）为基础的图像识别技术将会有很大的局限性。此时各集群间将会有相当大的重叠，或者是构成一些延伸的线性集群，使得待定的一种响应值不能确定是属于哪一个类别。另外，传感器点扩散函数的影响使输入的信号轮廓不清，也在限制着城市地区图像分类识别的效果。在这种情况之下，信息获取所记录下来的响应将是所观测的目标像元素和其周围像元素综合的响应，使得一个像元素内包含有不同地物类别不同程度的响应。这种情况对一个大面积均匀性的农业地区不会产生什么问题，但这将很显著地影响那些位于不同地物类别包围之中的一个孤立的地物类别的影像灰度，而后一种情况在城市地区是极常见的。

在城市地区遥感影像分类识别的条件下，使用上面所介绍的辅助信息的办法可以有助于克服上述的一些困难。在城市地区，辅助信息的来源比较丰富，它可以是物理的、文化的、管理方面的或逻辑的等。

物理的信息是辅助信息的最大来源之一。在城市中，各种土地利用的地物类别与其空间位置和地势变化的关系很大。特别有用的辅助信息包括有：地面高程、坡度、地势变化、距市中心的距离，距水道的距离和在某一特殊地区内蔬菜覆盖面积与建筑覆盖面积的相对数值等。其中地面坡度一项在很大程度上足以确定能够位于其上的地物类别。一般言之，大规模的工业、商业和机关的发展往往是局限于小于5%坡度的地带，而在大于30%的坡度上是不宜进行城市发展的变动的。

一个城市的区划政策可以构成一种属于管理方面的辅助信息。当然，由城市区划政策所指出的土地利用蓝图不一定与其实际发展的情况相同，但可借以指出对某些特殊土地利用类别出现的或是率。交通线的位置也可以作为管理方面的辅助信息，特别是道路的分布将会确定出城市土地利用发生变化的一个轮廓。

逻辑的辅助信息关系到各种土地利用之间，在时间和空间方面可能发展的逻辑的关系。例如农业或森林地带将经历首先是一个清除的阶段，然后是一个建设的阶段，而最后是一个重新绿化的阶段。通过在不同时期获取影像的时相顺序对各转变阶段的认识，就有可能预估其最后的类别。有些土地利用的变化可能是双向的，那就是说也可能有向相反方向转变；而另一些则是单向的，那就是说不会反转。在发展中的城市变化总是倾向于对土地有更高级和更集中的利用，从而可以构成某些类别间（如工业区、商业区、居民地、空地等）相互转变的相对或是率。

对上述各辅助信息在土地利用分类识别中的应用，可以是在进行分类的过程之前、在过程进行之中或是在过程之后。把辅助信息用在光谱特征分类之前时，可以根据先验的辅助信息知识，用分层分类法首先对所研究的区域进行粗略的分类，然后再分别在各大类内利用光谱特征进行细分，此时可以认为在大的分类内光谱的变化减少，而且再进行分别细分时，各大类内光谱特征相似的景物不会混淆。把辅助信息用在光谱特征分类的过程之中时，可以把辅助信息构成另一个所谓的"逻辑通道"，使之并列于其他几个影像波段之中（如对MSS影像原用四个通道构成四维的波段矢量，见第十六章第二节）一起进行分析；或者也可以根据辅助信息引入一些先验的或是率,用于最大或然分类法中(本章第一节之一)。先验或是率可以根据覆盖的物类与辅助信息之间已知的关系得出。至于在分类过程之后应用辅助信息,则系在根据影像光谱特征分类之后,用辅助信息检查其每一个像元素的类别而作出必要的修正。

第十八章 影像编码

第一节 概 述

影像的数字表示通常要求很大的数字资料。在许多应用中，研究用较少的比特(bit)数表示影像中所包含的信息的技术是很重要的。这种技术称之为影像编码。

影像编码的最终目的是数据压缩，其效率用每个像素的比特数衡量。但具体选择某种编码方法取决于问题的目的和要求。例如使用数据压缩有的是为了减少计算机的内存，有的是应用于图像传输，有的是应用于特征抽取。在这些应用中，有的要求在编码过程中能够完整地保持原有的信息(保真)；有的只要求保持合理的保真度；有的则要求对某些有兴趣的内容，作有选择的保真。在摄影测量的应用中，必须审慎选取编码方法，以防止损失其重要的信息。

第二节 熵

一般说来，影像编码都有相当数量的多余信息量。这就使得编码的效率有可能提高。有效的编码技术应使多余信息量减至最小。每个像素可达到的最小比特数的极限可由熵的理论确定。

假设有一组 n 个随机变量 $a_1, a_2, \cdots, a_n$，其概率分别为 $p_1, p_2, \cdots, p_n$；并且 $\sum_{i=1}^{n} p_i = 1$，则用比特表示的熵被定义为：

$$H(\alpha) = -\sum_{k=1}^{n} p_k \log_2 p_k = -3.32 \sum_{k=1}^{n} p_k \log_{10} p_k \qquad (18\text{-}1)$$

这个数值表达了这个集合的不肯定性程度的量度。

设有 $n = 8$ 个随机变量,并且它们具有相等的可能性,即 $p_1 = p_2 = \cdots = p_8 = \frac{1}{8}$,则其熵为:

$$H(\alpha) = -\sum_{k=1}^{8} \frac{1}{8} \log_2 \frac{1}{8} = 3$$

另一方面,如果 $p_1 = 1, p_2 = p_3 = \cdots = p_n = 0$,则熵为:

$$H(\alpha) = 0$$

对于前一种情况,八个随机取值出现的概率相同,不肯定度为最大;对后一种情况,随机变量只有一个取值,实际上是个常数,所以不肯定度为零。一般对于 n 个随机变量的熵可以处于 0 到 $\log_2 n$ 的范围之中。

人们所以选取式(18-1)所表达的熵 H 来衡量某一试验的先验不肯定性,是因为它具备了下列直观常识中应有的特征:

1. 若某一个 $p_k, k = 1, 2, \cdots, n$ 等于 1,则:

$$H(\alpha) = 0$$

2. 当试验 α 的所有可能结果的出现概率是相等时,即 $p_i = \frac{1}{n}, i = 1, 2, \cdots, n$,则试验 α 的不肯定性最大。

证:在微积分学中有不等式的关系如下:设 $\mu > 0$ 则:

$$\ln \mu \geqslant 1 - \frac{1}{\mu} \qquad (a)$$

其中的等号仅当 $\mu = 1$ 时成立。

由式(a)得出:

$$\log_2 \mu = \frac{\ln \mu}{\ln 2} \geqslant \frac{1}{\ln 2}\left(1 - \frac{1}{\mu}\right) \qquad (b)$$

设有 $q_i \geqslant 0, \sum_{i=1}^{n} q_i = 1$。又有 $p_i = \frac{1}{n}; (i = 1, 2, \cdots, n)$ 取 $\mu = \frac{q_i}{p_i}$,于是由式(b)有:

第十八章　影像编码

$$\sum_{i=1}^{n} q_i \log_2 \frac{q_i}{p_i} \geqslant \frac{1}{\ln 2} \sum_{i=1}^{n} q_i \left(1 - \frac{p_i}{q_i}\right) = 0 \qquad (c)$$

因此：

$$-\sum_{i=1}^{n} q_i \log_2 q_i \leqslant -\sum_{i=1}^{n} q_i \log_2 p_i = \log_2 n = -\sum_{i=1}^{n} \frac{1}{n} \log_2 \frac{1}{n}$$

$$(18\text{-}2)$$

式(18-2)中等号成立的充要条件为 $\mu = 1$，因此式(c)中等号成立的充要条件为：$p_i = q_i; (i=1,2,\cdots,n)$，亦即式(18-2)中等号成立的条件为：

$$q_i = \cdots = q_n = \frac{1}{n}$$

这就证明了，仅当 $p_1 = \cdots = p_n = \frac{1}{n}$ 时，$H(\alpha)$ 有最大值 $\log_2 n$。

3. 当两个试验 α 与 β 相互独立时，则复合试验 $\alpha\beta$ 的不肯定性等于试验 α 与试验 β 的不肯定性的自然相加，即

$$H(\alpha\beta) = H(\alpha) + H(\beta) \qquad (18\text{-}3)$$

这是式(18-1)选用了对数函数的结果。至于对数的底的选取乃是无关紧要的，因为由公式：

$$\log_b n = \log_b a \cdot \log_a n$$

可知，只要用常数因子相乘，即可从一种底的对数转换为另一种底的对数。

在应用中常采用以 2 为底的对数，这意味着在这里取用了有两个等概率结果的实验的不肯定性作为不肯定性程度的量度单位，即比特单位。亦即按式(18-1)，此时为：

$$H\left(\frac{1}{2}, \frac{1}{2}\right) = -\left[\frac{1}{2} \log_2 \frac{1}{2} + \frac{1}{2} \log_2 \frac{1}{2}\right] = \log_2 2 = 1$$

在我们的影像编码应用中，熵用以表示相应于编码时输入值集合的信息量。这是因为信息量是随着不肯定性的增大而增加的。那也就是说不肯定性越大，则需要消除其不肯定性的信息量亦越大，设有八个信息码其出现的概率如表(18-1)中Ⅰ及Ⅱ两种。现根据式(18-1)算求其信息熵：

表 18-1

信息码		w_1	w_2	w_3	w_4	w_5	w_6	w_7	w_8	熵
概率	I	1/8	1/8	1/8	1/8	1/8	1/8	1/8	1/8	3
	II	0.4	0.3	0.1	0.1	0.05	0.03	0.01	0.01	2.21

$$H(\alpha_\mathrm{I}) = \log_2 8 = 3$$

$$H(\alpha_\mathrm{II}) = -\sum_{k=1}^{n} p_k \log_2 p_k = -3.32(0.4\log 0.4 + 0.3\log 0.3$$
$$+ 0.1\log 0.1 + 0.1\log 0.1 + 0.05\log 0.05 + 0.03\log 0.03$$
$$+ 0.01\log 0.01 + 0.01\log 0.01) = 2.21$$

熵值的计算可以给出其输入值编码所需的平均比特数的下限。如果编码输入的集合为 $w_1, w_2, \cdots, w_m$，并且有概率分别为 $p_1, p_2, \cdots, p_m$，则对其编码所需的平均比特数少于由式(18-1)所算得的数值 H 是不可能做到的。这就是：如果我们设计一个具有字长为 $\beta_1, \beta_2, \cdots, \beta_m$ 的码字，则编码所需的比特平均数为：

$$R = \sum_{k=1}^{m} \beta_k p_k \tag{18-4}$$

其中 p_k 是各种长码字在信息中出现的概率。如果 R 接近 H，则编码接近于最佳。如果 R 小于 H 则是不可能的，或者是信息有丢失了。当 R 大于 H 时，则称这组码字所传送的信息多于信号所需代表的信息。这就是说编码中有多余的信息，有可能选择另一组编码使多余的信息减少。

第三节 编码过程

编码处理过程可以分为三步操作，示如图 18-1。输入的影像表示为一系列的像元素 $x_1, x_2, \cdots, x_n$，此时可以直接对影像灰度值进行编码。但也可以使影像灰度值首先进行某种变化，称之为映射。映射操作是将输入数据从像素域变换到另一个域中，例如用 $y_1, y_2, \cdots, y_n$ 表示，使其后的量化和编码可以更加有效，所需的比特数较少。

映射是一种变换 $y = T(x)$。在影像处理中典型的变换有霍特林

(Hotteling)变换、傅里叶(Fourier)变换、哈达马(Hadamard)变换等，各有特点。线性变换的一般表示如下：

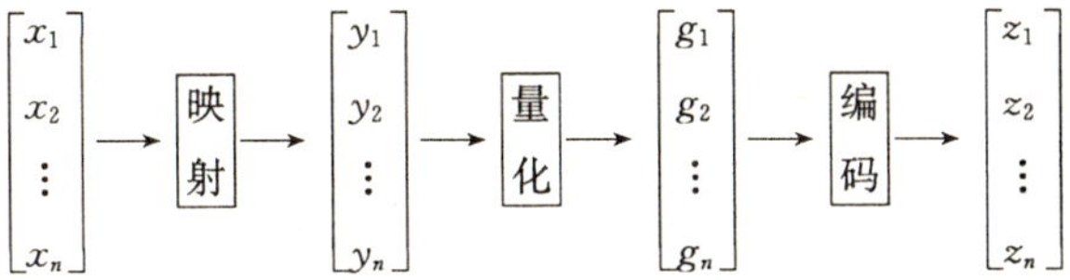

$$\begin{bmatrix} x_1 \\ x_2 \\ \vdots \\ x_n \end{bmatrix} \rightarrow \boxed{\text{映射}} \rightarrow \begin{bmatrix} y_1 \\ y_2 \\ \vdots \\ y_n \end{bmatrix} \rightarrow \boxed{\text{量化}} \rightarrow \begin{bmatrix} g_1 \\ g_2 \\ \vdots \\ g_n \end{bmatrix} \rightarrow \boxed{\text{编码}} \rightarrow \begin{bmatrix} z_1 \\ z_2 \\ \vdots \\ z_n \end{bmatrix}$$

图 18-1

$$\begin{pmatrix} y_1 \\ y_2 \\ \vdots \\ y_n \end{pmatrix} = \begin{pmatrix} a_{11} & a_{12} & \cdots & a_{1n} \\ a_{21} & a_{22} & \cdots & a_{2n} \\ \vdots & \vdots & & \vdots \\ a_{n1} & a_{n2} & \cdots & a_{nn} \end{pmatrix} \begin{pmatrix} x_1 \\ x_2 \\ \vdots \\ x_n \end{pmatrix} \tag{18-5}$$

或

$$\boldsymbol{y} = \boldsymbol{Ax}$$

这个变换可以是可逆的，也可以是不可逆的，这取决于矩阵 $\boldsymbol{A}$ 的选择。对于矢量 $\boldsymbol{x}$ 的某些集合和某些变换 $\boldsymbol{A}$，可以使对矢量 $\boldsymbol{y}$ 进行编码所需的比特数要比将 $\boldsymbol{x}$ 的 n 个像素进行编码所需的比特数少。特别是，如果像素 $x_1, x_2, \cdots, x_n$ 是强相关时而选择变换矩阵 $\boldsymbol{A}$ 使变换后的 $y_1, y_2, \cdots, y_n$ 不太相关，那么用 y_i 编码可以比用 x_i 更为有效。

如果我们在式(18-5)中使用下列矩阵：

$$\boldsymbol{A} = \begin{pmatrix} 1 & 0 & 0 & 0 & 0 & 0 \\ 1 & -1 & 0 & 0 & 0 & 0 \\ 0 & 1 & -1 & 0 & 0 & 0 \\ 0 & 0 & 1 & -1 & 0 & 0 \\ 0 & 0 & 0 & 1 & -1 & 0 \\ 0 & 0 & 0 & 0 & 1 & -1 \end{pmatrix} \tag{18-6}$$

就得到差分映射。$\boldsymbol{y}$ 的第一个元素是 $y_1 = x_1$。然而，所有其后的各值则由 $y_i = x_{i-1} - x_i$ 给出，亦即沿扫描线方向相邻像元的灰度差值。如果相邻像元的灰度级是相似的，那么，平均言之，差值 $y_i = x_{i-1} - x_i$ 将会比灰度级小。因此对它们进行编码，只需用较少的比特数。这种映射是可逆的。

行程编码是另一种可逆的映射。其方法是把扫描行的像素序列 $x_1, x_2, \cdots, x_n$ 映射为成对序列 $(g_1; l_1)$,(g_2, l_2),$\cdots$,$(g_k; l_k)$,如表 18-2 所列。

表 18-2

i	g_i;	l_i
1	4;	3
2	6;	2
3	3;	4
4	5;	5

这里 g_i 表示灰度级而 l_i 表示第 i 次运行的行程,即将影像数据沿扫描线(行)作等灰度长度的映射,如图 18-2 所示。一般 $i \ll 2n$,(n 为像素的数目),所以按行程序列进行编码时与像素序列相比,所需要的比特数要少得多。

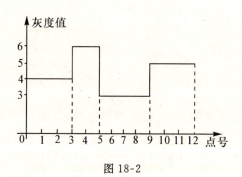

图 18-2

映射前像点的灰度已量化为 2^m 级中的正整数,m 为每个像素用灰度值表示的比特数。映射后得到的 $y_i = a_{i1}x_1 + a_{i2}x_2 + \cdots + a_{in}x_n$ 值可能不只取 2^m 个整数值,其动态范围将扩大。所以要对此再进行一次量化,仍使取值为 2^m 个。根据需要可以作均匀量化或不均匀量化。

对再量化后的各值 g(图 18-1)选择一种能得到压缩的编码,输入新的码字 z。

第四节 几种典型的编码形式

编码形式应考虑的条件有:
1.灰度值可能出现的每一个量级与一种代码唯一地相对应。

2.概率大的数据以短码出现,概率小的数据以长码出现,这样可以使总平均码长为最小。

3.各种代码互不混淆,即任何一个代码不会是其他代码的延长。这样,若干个代码之间就不需要任何分割符号。连成一串时也不会产生混淆。使译码器能唯一地恢复原数据。

表 18-3 列出一些典型的编码方法。其中在等长编码中的格雷码具有这样的一种性质,即此集合中任意两相邻的码字只在一个比特位置上不同。

表 18-3

输入	概率	自然码	格雷码	B_1 码	B_2 码	S_2 码	Huffman 码
w_1	0.4	000	111	C_0	C_{00}	00	1
w_2	0.3	001	110	C_1	C_{01}	01	00
w_3	0.1	010	100	$C_0 C_0$	C_{10}	10	011
w_4	0.1	011	101	$C_0 C_1$	C_{11}	1100	0100
w_5	0.05	100	001	$C_1 C_0$	$C_{00} C_{00}$	1101	01011
w_6	0.03	101	000	$C_1 C_1$	$C_{00} C_{01}$	1110	010100
w_7	0.01	110	010	$C_0 C_0 C_0$	$C_{00} C_{10}$	111100	0101011
w_8	0.01	111	011	$C_0 C_0 C_1$	$C_{00} C_{11}$	111101	0101010
熵平均码长	2.21	3	3	2.64	3.30	2.44	2.27

对不等长的编码要特别注意互不混淆的问题。编码应该是唯一可译的,那就是一个码字的序列只能按唯一的方法译码。例如码 $C_1=0$, $C_2=1, C_3=01, C_4=10$,不是唯一的,因为 0011 的比特序列可以译为 $C_1 C_1 C_2 C_2$ 或 $C_1 C_3 C_2$。表 18-2 中所给出的所有编码都是唯一可译的。以下介绍几种不等长的编码。

(1) B 码　在 B 码中每个码以 C 开始是"继续"位,其后是"信息"位,按自然码编。"继续"位 C 用比特 0 或是 1 并用下横线标志出来。C 位的改变表示换了一个新的码字,在认码时可以区分出码串中的各个字码。例如 $w_1 w_8 w_5$(表 18-3)组成的序列(码串)可以按 B_1 码编为 001010 110100 或 100000011110。这种编码在认码时必须先往下看一位以确定这个码字是否已经结束。B_n 码是每一继续位有 n 位信息位,其他是一样的。表中列出的为 B_2 码,即 $n = 2$ 的情况。

(2)移位码 S_2 码称为移位码,而 S_n 称为 n 位移位码。对于 $n=2$,则有四种码 0,01,10 及 11。表 18-3 中只将 00,01,10 用作输入量的编码,而将 11 作为移码字。对于输入量中概率大的三个量用短码。然后用 11 把码字移一下,又得到三个新的码字 1100,1101,1110,分配给剩下的输入量中概率最大的三个。依此类推。

(3)霍夫曼(Huffman)码 霍夫曼码是紧凑码中最知名的一种。其编码过程是将所有输入量根据各自出现的概率进行合并分类。先将概率最小的两个概率值合并,然后继续合并概率最小的两个值,直到最后合并成两个概率大致相等的两组,列于表 18-4。编码时将上面合并的过程倒过来重新分开。在分开的过程中,每两个值一个给予 0,一个给予 1,由后向前,如表 18-5 所示。

表 18-4

输入级	输入概率	第一步	第二步	第三步	第四步
ω_1	0.4	0.4	0.4	0.4	0.6
ω_2	0.3	0.3	0.3	0.3	0.4
ω_3	0.1	0.1	0.2	0.3	
ω_4	0.1	0.1	0.1		
ω_5	0.06	0.1			
ω_6	0.04				

表 18-5

级别	编	码	第一步	第二步	第三步	第四步
ω_1	1	0.4 ← 1	0.4 ← 1	0.4 ← 1	0.4 ← 0	0.6
ω_2	00	0.3 ← 00	0.3 ← 00	0.3 ← 00	0.3 ← 1	0.4
ω_3	011	0.1 ← 011	0.1 ← 010	0.2 ← 01	0.3	
ω_4	0100	0.1 ← 0100	0.1 ← 011	0.1		
ω_5	01010	0.06 ← 0101	0.1			
ω_6	01011	0.04				

在表 18-4 中首先将输入级按其概率大小顺序排列。第一步系将两个最低的概率相加,形成"第一步"中的新的概率组,仍依其大小顺序排列。以后重复这相同的步骤,直到最后只剩两个概率时为止,即完成第一部分操作。

表 18-5 表示反向编码过程。此时给予最后的概率中的一个以 0 而另一个以 1,如表 18-5"第四步"中,给予 0.6 的左方以 0,而 0.4 的左方以 1。然后反向进行到"第三步",同时分解概率(把 0.6 分解为原来合成时的两个 0.3)并产生编码。对分解的概率编码时保留 0 字为其第一个数值,而分别用 0 及 1 作为其第二个数值,结果构成编码分别为 00 及 01。由于概率 0.4 并非由两个部分组成,所以在第三步中概率 0.4 的编码保留其字 1。这相同的步骤继续向前,如表 18-4 所示。显然较低概率值 w_k 会得到较长编码。可以用数学说明 Huffman 算法能产生一种紧凑的编码。在这个例子中其熵 $H = 2.14$ 比特,而 Huffman 码的平均字长为 2.20 比特。

第十九章　航天遥感影像测图

第一节　概　　述

自从有了航天计划的早期，测绘工作者就盼望着利用航天摄取影像测图，这样可以提高测图的生产功效，类似于当年使用航空摄影代替地面测量那样。最初的载人航天飞行器水星号(Mercury)、双子星号(Gemini)和阿波罗号(Apollo)提供了对地球宏壮的景观。而通过实验认为可用以编制比例尺为 1∶250000 或更小一些的影像地图。但是其分辨率不足以编绘在正常情况下地图上所需要的道路、铁路、城郊和其他的人工建筑物。其后陆地卫星(LANDSAT)的发射，但那并不是为了地形测图，而主要的目的在于满足大面积内土地利用的分类、地质结构和农业生产估计等方面的需要。本章讨论航天遥感影像测图问题，除第七节外大部分内容是限于二维平面坐标的测定方面。

第二节　地形图的精度要求

一张地形图包括有三种信息，即平面位置、高程和内容。后者指天然和人工地物特征在图上的表达，取决于影像的分辨能力。供用于测图的人造卫星影像，必须能提供所有上述的三种数据。

表 19-1 列出了地形图精度的一般要求。具体指标随各国规范的具体规定而异。至于平面精度系指相对于控制点而言。当不具备地面控制点时，也可以根据传感器在获取影像时其在运行轨道上的位置和姿态推求，但精度很低。数年以后，将可取用全球定位系统(GPS—Global

Positioning System)作为获取轨道上卫星位置的主要手段,估计其定位精度为 10～15m。

表 19-1

地图比例尺分母	平面中误差（米）	等高距（米）	高程中误差（米）	地面分辨率	
				米/线对	米/像元素
1 000 000	500	250	75	160	57
250 000	125	50	15	39	14
100 000	50	20	6	17	6
50 000	25	10	3	8	3
25 000	12.5	5	1.5	4	1.5

表 19-1 内所列的等高距是比较典型的,选用时应随不同地形类别而异。

摄影测量地图的基本内容是由影像的地面分辨率提供。地面分辨率用其摄影系统的影像中每一个尚可分辨的黑白"线对"在地面上覆盖的相应宽度(单位为 m) 表示(m/线对);对光学机械扫描系统而言,则使用其每个像元素在地面上所覆盖的直径(单位为 m) 表示(m/像元素)。为了把这两者的关系相互联系起来,Kell 使用因子 $2\times\sqrt{2}$,亦即

$$b = 2 \times \sqrt{2} \times a \tag{19-1}$$

其中 a 代表米/像元素;b 代表米/线对。其关系表示于图 19-1 中。

在图 19-1 中,n 个线对可由 $2n$ 个像元素分解。但由图可知,这样做对图 19-1(a) 是成功的,而对图 19-1(b) 是失败的。显然我们需要多于 $2n$ 个像元素的数目以分辨其 n 个线对。Kell 为此引入了系数 $2\sqrt{2}$,但习惯上常采用 2.5 代替 $2\sqrt{2}$。

人眼正常的分辨能力在视距为 25 厘米时约为每毫米 7 个线对。因此可以分辨的最小尺寸应为 1/7 毫米。对某一摄影系统,设其地面分辨率为 R(米/线对),则与其影像比例尺分母 S 间的关系为:

$$R = \frac{1(\text{mm})}{7(\text{线对})} \times \frac{1(\text{m})}{1\,000(\text{mm})} \times S$$

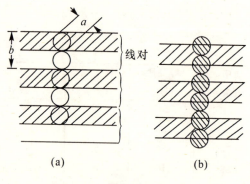

图 19-1

即：
$$S = 7000 \times R \tag{19-2}$$

对光学机械式扫描器而言，它按式(19-1)的规律需要约 2.8 个像元素代表一个摄影影像上一个线对内相同的信息，因此
$$S = 19600 \times P \tag{19-3}$$
其中，P 是以米/像元素表示的地面分辨率。

当把式(19-3)用于陆地卫星 MSS 扫描器时，其垂直于轨道方向的像元素大小为 56m（见第十五章第三节），则其适宜的影像比例尺分母约为 1 000 000，这个数值与 MSS 实际所选用的标准图像产品的比例尺是相符的。陆地卫星图像又往往被放大成比例尺分母为 250 000，但对此后者用眼观察时，一般系在 1m 的距离处而不是在 25cm 处。

应该注意的是式(19-2)，式(19-3)所表达的对地面分辨率的要求只适用于影像地图。对于各种比例尺线画地图而言，如果要根据所需要表示的地物碎部来建立地图比例尺与地面分辨率间的线性关系那是很难的。因为像公路、铁路等地物，不论在何种成图比例尺中都必须能显示在地图上，而对这些地物影像的分辨需要地面分辨率为每像素 1.2～2m。当所使用传感器的影像不能提供这样程度的分辨水平时，那么这些地物信息就必须由其他资料来提供，如现有的地形图或更高分辨率的图像等。

第三节 影像的分辨率

一、行扫描系统的分辨率

扫描系统的空间分辨率常常是使用其瞬时的视场角(IFOV)大小来描述,示如图19-2的角α。在当前的航空扫描系统中,一般α=1.0～2.0毫弧度单位(milliradian),而航天扫描系统为α=0.086。分辨率还取决于其扫描光学的焦距,因此变化的范围是很大的。

瞬时的视场角产生一个影像单元(像元素),用以确定获取数据模/数转换的采样间隔。像元素在垂直于航行方向上的直径为(图19-2):

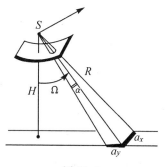

图 19-2

$$a_y = \alpha \cdot R/\cos\Omega = \alpha \cdot H/\cos^2\Omega \qquad (19\text{-}4)$$

其中 R 为物体和传感器间斜距;H 为航高;Ω 为扫描角(与竖直方向间的夹角)。

在飞航方向上像元素大小 a_x 为:

$$a_x = \alpha \cdot H/\cos\Omega \qquad (19\text{-}5)$$

二、真实孔径雷达(SLR)的分辨率

脉冲的形状确定了真实孔径雷达的几何分辨率。图19-3说明在航行方向上两个反射点能够分辨出来的最小距离,其值为:

$$a_e = \gamma \cdot R \qquad (19\text{-}6)$$

式中 R 为雷达天线与物体间的斜距;脉冲宽度角 γ 是波长 λ 与天线长度 D 的函数:

$$\gamma \approx \lambda/D$$

为要提高在航行方向上的雷达分辨率,往往需要安设特长的天线,这是一个很大的缺点,为了避免这种情况,当前主要使用"合成孔径

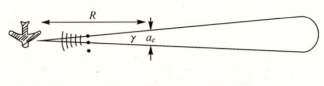

图 19-3

雷达。"

在与航行方向相垂直方向上两点的分辨能力说明如图 19-4 所示。设每个脉冲的长度为 l。当两个反射的物体 A,B 相距很近时,则其反射波必将有一部分长度相互重叠,因而两个点反射波所构成的影像无法区分。这个距离的极限值为 $\dfrac{l}{2}$。其原理示如图 19-4。在图 19-4(a) 中,设 A,B 两点相距为 $\dfrac{l}{2}$。图 19-4(b) 表示当一个脉冲到达点 A 后,并且其反射波已达到全长 l 时,这个脉冲必已经过 B 点,并且其由 B 点的反射回波长为 $\dfrac{l}{2}$(用虚线表示)。由此以及图(c),(d) 可见,两个回波反回天线时系首尾相接,其构像已无法分辨。当 A,B 两点的距离短于 $\dfrac{l}{2}$ 时,则两个回波将有一部分重叠。由于地面分辨率是指地面上两点能分辨的最小距离 a_g,而雷达脉冲所量测的是空间的斜距,因此:

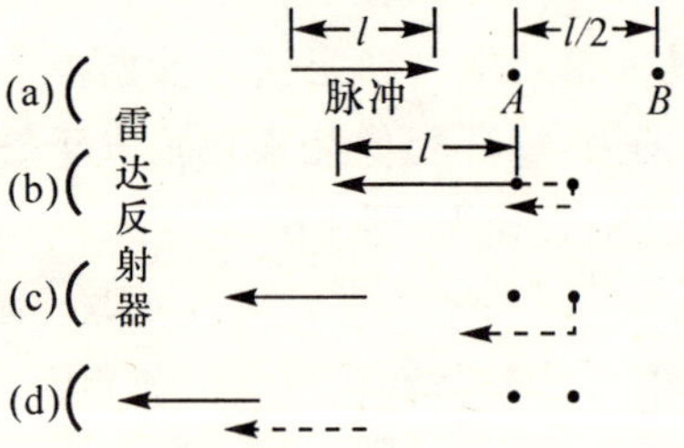

图 19-4

$$a_g = \frac{l}{2\sin\Omega} \tag{19-7}$$

其中 Ω 为空间斜距与竖直线方向间的夹角。

三、合成孔径雷达(SAR)的分辨率

合成孔径雷达首先是产生一个"信号软片",记载了一系列的"一维全息图"(第十五章第二节之七(2)),对相干光起光学透镜的作用,可以转换成最后使用的"图像软片"。由"一维全息图"与球面透镜相对照可以解释一件重要的事实。那就是一个合成孔径雷达的地面分辨率与物体的远近无关。其解释为:当一个摄影机对一个远处的物体构像时,其分辨率随其透镜焦距的增长而提高。与此相仿,一维全息图当其焦距增加时将能使相干光聚焦更加清晰。一维全息图的线条愈长则其相应的焦距亦愈增加。对一个摄影机或一个真实孔径雷达而言,其焦距(或天线长)是固定的,因此,物体离传感器愈远则其影像的分辨率愈差;而对合成孔径雷达而言,每一个物点有其本身的透镜,其焦距随其距天线的距离而增长。这就是说对一个合成孔径,其雷达在航行方向上的分辨率 a_e 对所有的距离是相同的,其理论值为:

$$a_e \approx \frac{D}{2}$$

式中 D 为其物理天线的长度。实际上由于各种噪音以及天线姿态及位置的偏差等原因,使上述的分辨率不能达到。目前民用的合成孔径雷达影像的分辨率约为 $3 \times 3m^2$。

第四节 当前的航天影像测图

表 19-2 及表 19-3 分别表示当前可以考虑测图用的一些光学机械扫描传感卫星和装有摄影机的空间飞行器的有关数据。

利用地面控制点把经过系统校正的陆地卫星 1,2(地球资源卫星)MSS 像片(粗处理的)与常规地图投影配准时,其误差为 200～450m,这对于比例尺为 1∶1 000 000 地图来说,勉强符合要求。经图像校正(精处理)的多光谱扫描图像,其误差在 100～200m 的范围之内,只适用于比例尺不大于 1∶500 000 的测图。参照表 19-1 所列的要求,

则在地面分辨率方面更是远远达不到的。像这种属于光学机械式扫描的传感系统，今后逐渐将不再为测图的目的加以考虑。

陆地卫星4号(LANDSAT-4)载有新的专题测图传感器(TM)，是一个分为七个光谱的多光谱扫描仪。

表 19-2　　　　　　　　　　扫描传感卫星

卫星	国家	年份	扫描仪	高度(km)	像元素(m)	地面分辨率(m)
LANDSAT1,2（陆地卫星）	美国	1972	多光谱扫描仪(MSS)	920	79	220
LANDSAT3（陆地卫星）	美国	1978	多光谱扫描仪(MSS)	920	40	110
LANDSAT4（陆地卫星）LANDSAT5	美国	1983 1984	专题测图传感器 *(TM)	705	30	84
SKYLAB（天空实验室）	美国	1973	S-192	435	79	220
SEASAT-1（海洋卫星）	美国	1978	微波传感器	790	25	
航天飞机 STS-2	美国	1981	图像雷达 SIR-A	275		40
航天飞机 STS-16	美国	1984	图像雷达 SIR-B	255		
航天飞机 STS-7 STS-11 STS-17	西德(MBB)	1983 1984 1984	MOMS-01 线性阵列 CCD扫描	291 289—330 —	20	

＊LANDSAT4 及 LANDSAT5 卫星内除载有专题测图传感器(TM)外，同时还载有一台多光谱扫描仪(MSS)。

表 19-3　　　　　　　　装有摄影机的空间飞行器

卫星	国家	年份	摄影机	摄影机焦距(mm)	高度(km)	地面分辨率(m)
SKYLAB（天空实验室）	美国	1973	S-190A	152.451	435	99
SKYLAB（天空实验室）	美国	1973	S-190B	457.411	435	35
SOYUZ 22（联盟号）	苏联	1976	MKF-6	125	250	25
SPACELAB-1（空间实验室）	欧洲空间局(ESA)	1983	RMK 30/23	305	250	20—30
SALYUT-7（礼炮-7）	苏联	1982	KATE-140	140	219	50
大像幅摄影机	美国	1984	LFC(22.5×45cm)	305	296	15

专题测图传感器(TM)是在 MSS 仪器技术工艺基础上发展起来的,它具有更好的辐射准确度和几何保真度,更高的空间分辨率和更细的波段划分。TM 仪器共设有七个波段:四个可见光波段和三个红外波段,它们主要是根据对植被进行监视分类的需要而选定的。第七波段则是为地质应用的需要而增设的。其第一至第五和第七波段的地面分辨率为 30m,第六波段是热红外波段,地面分辨率则为 120m。TM 的辐射灵敏度较高,其量化等级从 MSS 的 64 级增至 256 级。

陆地卫星 4 号上载有全球定位系统(GPS)的转发机,可借以较为精确地(约为 10m 的等级)确定其卫星的空间坐标。陆地卫星的影像不提供有用的立体覆盖,因此地形起伏是不能获取的。

陆地卫星 4 号系统在技术上另一个突出的改进,表现在它利用跟踪和数据中继卫星系统,作为讯号传输的主要渠道。卫星上不用高密度磁带机作为获取美国以外地区遥感数据的记录回收手段,而是采用中继卫星近于实时地向美国新墨西哥州的白沙接收站发送。这样,陆地卫星 4 号废弃了较经常发生故障、成为限制卫星工作寿命的高密度磁带机。

联邦德国利用电荷耦合(CCD)光敏器件作探测器 MOMS-01 进行

推扫方式(Push-Broom)的扫描,使用6912(4×1728)个单元构成CCD杆,借以产生一条影像线。像元素大小为16μm×16μm。光谱频道包括两个,即600nm及900nm。其科学的目的在于对各种不同反差地面目标物的测绘以及对干旱地区、自然植被地区、海岸地带、山区和海岛地区可见光及红外光谱反射率的确定。

利用摄影机(表19-3)所获取的资料可以取得接近于中小比例尺测图的精度。美国、西欧和苏联都曾有过在载人的航天运载工具中装入以框幅式摄影机的试验。此时在技术方面和操作过程方面,都是属于经典的摄影测量学。1973年美国天空实验室(SKYLAB)摄取的航天像片曾经被广泛地进行分析,其基线/航高比很差,为1∶7到1∶9。但天空实验室的摄影取得了良好的高程数据,其误差仅为航高的0.3%或0.4%,亦即±150～±180m。这些成果曾用以测制等高距为250m的等高线。

苏联联盟号(Soyuz22)宇宙飞船的摄影系统MKF-6型及其改进型MKF-6M是东德蔡司厂与苏联莫斯科空间研究所共同合作研制的一种六个波道的多光谱摄影机,专门用于航天摄影。1976年在联盟22号宇宙飞船上成功地拍摄了不同波段组成的高质量像片2400张。摄影机的机械装置非常精密,同组的每张底片都能精确地根据景物的不同颜色和不同辐射特性,以不同曝光量拍摄同一区域的影像。采用苏联的专用软片试验证明,影像分辨率可达160线对/毫米。原底片可放大近50倍。在航天像片上能分辨六米宽的线状目标以及十米大小的块状目标。运用测微密度法可以分辨约二百级灰度值。六个波段所摄的光谱像片都能用于摄影测量。

1983年12月欧洲空间局利用美国的航天飞机送入轨道的"空间实验室"第一号(SPACELAB-1),所使用的摄影机为改装的Zeiss RMK30/23,摄影比例尺为1∶820000,每幅像片的地面覆盖区域为190km×190km。其试验的基本目的在于利用这种影像测制比例尺为1∶50000地形图和正射影像地图。

这次飞航原定在1980年7月进行,以后两次推迟,导致摄影时间不够理想。所有摄取的地区的太阳光照在飞航的起始阶段都不大于30°,而在最后阶段只达到10°。这就意味着预期的曝光时间1/1000秒不得不延长至1/500秒或1/250秒,使影像在底片上的位移达到相应于地面上的14m或28m之多。此外,低太阳角还减低了影像的反差。负责飞航的美国宇航局(NASA)同意于1985年在其EOM-1飞航计划中重新摄影。

由于这次飞航摄影的光照条件不佳,很可能在用以测制比例尺为1∶50000影像地图时显示出颗粒。初步检验表明,将影像放大成比例尺为1∶100000可产生良好的质量。估计在下次重新摄影时将可允许测制比例尺为1∶50000的地形图。空间实验室第一号的发射已充分显示出用这种航天飞机摄影测图的功效。仅此一次飞航,即能提供测绘3500幅比例尺为1∶100000或14000幅比例尺为1∶50000地形图的可能性。

美国宇航局设计的大像幅摄影机(LFC)系利用航天飞机运载,发射于1984年10月。其像框大小为$23\times46cm^2$,可以获取各种航向重叠,从而能以0.3～1.2不同的基线/高度比,根据立体数据测求地形的高程。每幅像片的地面覆盖区域为$466\times223km^2$。摄影机具备有影像位移补偿装置,可允许使用低感光度的高分辨率软片,并带有提供摄影姿态参考系统 ARS(Attitude Reference System)用的恒星摄影机,获取各姿态角的精度约为$5''$。

第五节 计划中的航天测图传感系统

表 19-4 及表 19-5 分别列出近期计划中主要的摄影机系统和扫描传感器系统。

表 19-4 **摄影机系统**

名称	发射机构	年份	摄影机型号	摄影焦距(mm)	高度(km)	地面分辨率(m)
SPACELAB (空间实验室)	欧洲空间局 (ESA)	1985	RMK30/23	305	250	20
		1987		305.610	200.500	

表 19-5　　　　　　　　　扫描传感器系统

卫星	发射机构	年份	传感器	主距(mm)	高度(km)	像元素(m)
SPOT	法国空间局	1986	线性阵列(CCD)扫描仪	1082	822	10-全色 20-多光谱
STEREOSAT（立体卫星）	美国喷气推进实验室(JPL)	1985（以后）	线性阵列(CCD)扫描仪	705（竖直）775（倾斜）	713	15
MAPSAT（测图卫星）	美国地质调查局(USGS)	1986（以后）	线性阵列(CCD)扫描仪	1190	920	10 30
LASS（陆地应用卫星）	欧洲空间局(ESA)	1988	线性阵列(CCD)扫描仪		567	30
COMSS（近海监视卫星）	欧洲空间局(ESA)	1986	微波传感器		583	

当前许多测绘科学家们考虑利用摄影机或电荷耦合(CCD)传感器进行航天摄取信息的途径,而不再用光学机械扫描。欧洲空间局利用摄影机试验的"空间实验室"今后计划继续发射第二号、第三号。

法国 SPOT 卫星上的传感器是由 CCD 光敏器件作探测器所构成的扫描仪,简称为 HRV(Haute Resolution Visible)。CCD 每个单元尺寸是 $13 \times 13\mu m^2$、探测器由一排 6000 个单元构成。探测杆共有四根,分别接收黄、红、红外及全色波谱。传感器设有可供旁向倾斜用的反光镜,能作 ±27° 范围内旋转安置,与垂直传感相比,其主点在横向约跨出 400km(图 19-5)。

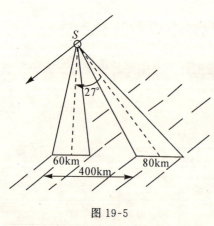

图 19-5

像幅的划分由地面处理中心在高密度数据磁带 HDDT 上进行。每幅像片由 6000 条扫描线组成,图像坐标系的原点取在第 3000 条扫描线第 3000 个像元上。

根据法国地理院对 SPOT 卫星的模拟影像,使用地面控制点作测绘地形图的研究得出:对一个 $28\times20km^2$ 面积,使用基线/高度比为 0.6,则其获得的平面点位精度为 10m,高程为 15m,其影像质量适宜于 1:10 万的测图。为保证大约在 10 年内供应数据的连续性,法国将于 1986 年、1989 年和 1992 年发射另外几颗 SPOT 卫星。

美国测图卫星(MAPSAT)(见表 19-5)的目的在于获取用于 1:50000 测图,等高距为 20m 的多光谱数据。飞行器航高为 920km,载有三台多光谱线性阵列扫描器,其中一个竖直向下,另两个分别向前向后倾斜 23°,借以构成立体系统,其基线/航高比为 0.5 或 1.0。空间飞行器装有全球定位系统 GPS 的定位设备以及一台恒星影像系统,用以确定传感器的姿态角。根据计算,MAPSAT 可以在不需要地面控制的条件下满足比例尺为 1:50000 的测图,但在高程方面只能达到等高距为 50m 的要求。

第六节 各种传感器综述

一、框幅式摄影机

几十年来框幅式摄影机成功地用于航空摄影,自然在航天遥感中也应可以测制中小比例尺地图。在航天遥感中使用框幅式摄影机的优点在于:

(1) 特高的分辨率 在欧洲空间局 ATLAS 计划中包括有一种摄影机的设计,使地面分辨率能够达到 5m,相当于像元素大小为 2m,这就可以满足 1:25000 到 1:50000 测图的要求。达到这种精度必须要使用高分辨率且感光快的底片;长焦距、小畸变差的尽可能高分辨率的摄影物镜;以及有办法抵偿在曝光时间内的像点位移等措施。

(2) 大的覆盖面积 当航行高度为 300km 时,使用焦距 $f=12m$,像幅为 $23\times23cm^2$ 的摄影机,则一张像片在地面上的覆盖面积

约为 $57\times57 km^2$，像比例尺为 1：250000。如果使用摄影机焦距为 30cm，则像比例尺为 1：1000000，而地面上的覆盖面积为 $230\times230 km^2$。

（3）测图过程简单　可以用现有的技术直接使用现有的摄影测量测图仪器。

（4）几何可靠性强　由于摄影机易于进行严格的检定，并且在全像幅内同时作二维构像，所以它的几何可靠性极强。

使用框幅式摄影机的缺点是需要在太空中携带大量的软片卷并且还要回收。不过这在当前使用航天飞机条件下比较易于实现。

航天飞机的发射为航天遥感提供了一种灵活、经济和有效的工作平台，到目前为止已进行了十多次飞行，其中一部分内容是为遥感服务的。由于它具有重复使用和能返回地面等优点，在各种遥感试验中（如新传感器的试验等）将取代轨道卫星的作用，并加速有关新技术研制的步伐。但是对于长时间、频繁、大范围的地球资源和环境遥感任务而言，航天飞机只是长寿命轨道卫星的一种补充手段，而无法取代它们的作用。这是由于航天飞机在轨道上停留的时间较短，发射频率还不能满足这种任务的需要所致。

二、光学机械扫描仪

光学机械扫描仪的优点是可以作为一种数字的系统而无需携带软片，所获取的数据可以即时传递。因此这种扫描系统更适宜于长寿命的卫星对无云地区的多时相构像，以提供探测变化的可能性。获取的信息可易于分为多个光谱带，且可远远扩展到可见光的范围之外。数据的数字形式适应于自动化处理。

其缺点是数据传输、接收和处理的技术复杂和昂贵，扫描系统的几何分辨率是有限的。

地面分辨率为 30m 的专题测图传感器（TM）是一台复杂的光学机械扫描器，其主件的制造公差要求至 $0.1\mu m$ 级，扫描镜的机械控制要求到秒级。

三、电荷耦合(CCD)传感器系统

由电荷耦合元件构成的线性阵列传感器其元件很稳固轻巧,消耗功率低,有较宽的光谱带响应,今后可能是航天测图所宜于采用的一种传感器。

把电荷耦合传感器依矩阵形式排满摄影机框幅,构成为矩阵摄影机(Matrix Camera)或称为CCD摄影机或数字摄影机,示如图19-6。这种摄影机当前在发展中。其缺点是像幅太小,目前尚只做到800×800个单元的等级。

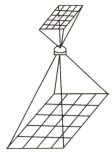

图 19-6

四、侧视雷达

由微波传感器构成的雷达系统的主要优点是能穿透云层,且白天黑夜都能使用"全天候"特性。波长较长的雷达波能获得植被和薄土掩盖下的地理和地质信息。在干旱地区,还能穿透到地下一定深度,这对找地下水、找矿等都是十分重要的。

在航空遥感中使用侧视雷达测图就很早了。早在1968年在巴拿马第一次用机载雷达测制1:100万图,很引人注意。因为在这个地区常年云层遮盖,任何其他摄影都没有办法,因此当时把侧视雷达对测图的作用曾经估计得很高。特别是其后在南美洲各国应用到了很大的地区,取得了很大的测图成就。但根据航空遥感的研究,认为侧视雷达的判读性能较差,其精度的理论值与实际所得的可能相差很大,尚不能认为是用于严格测图的一种资料来源。当前用侧视雷达生产比例尺为1:250000的特种雷达地图系列已成为较为普遍的实践,可以作为特种目的的中小比例尺地图的补充。

1978年美国宇航局发射海洋卫星(SEASAT)(见表19-2),主要携带各种微波传感器,实现了合成孔径雷达的星载化。该卫星发射于6月,但同年10月失灵。在运行的三个月中已经被接收记录了相当数量的雷达影像数据。影像中包含丰富的地物波谱特性,能充分反映地表的

纹理结构。目前大量的用法是把海洋卫星影像和陆地卫星的影像合并在一起使用。

1981年美国航天飞机"哥伦比亚"号运载图像雷达(SIR-A)，摄取了地球表面1000km²的雷达影像，比例尺为1：50万，地面分辨率为40m。影像上的中国北方可以观察到新疆地区的山脉地质结构、岩性组成，尤其是断裂构造显示得很明显。几个大型沙漠的结构组成看得很清楚，这对疆域辽阔的地图修测十分有利。美国利用这次航天飞机的雷达影像对南美热带雨林地区的原地图进行修测时，曾经纠正了原图中许多错绘和漏绘的地方。

1984年发射的航天飞机运载图像雷达SIR-B型，用以研究雷达不同参数的效果以及勘测地球的资源和环境。按美国地质调查所的研究，其方位分辨率约为25m，距离的分辨率为15～58m。根据单纯的摄影测量分析，用以测量点位和高程的误差分别预估为12m到30m和15m到75m，与其重叠影像不同立体组合的基线／航高比有关，可用于比例尺为1：125000至1：50000测图。测图仪宜于用类似于AS11-AM型那种解析测图仪。所需的测图控制点可来自同时摄取的大像幅摄影机(见表19-3)影像的解析空中三角测量的成果。

第七节　三维卫星摄影测量

一、概述

1971年美国曾利用阿波罗号(Apollo)宇宙飞船成功地对月球表面进行摄影测图，其时飞船对月的高度为111km，获得了月球表面的分辨率为30m。那次试验同时使用了以下几种摄影机：

地形摄影机 $f=75mm$，　　像幅 $115\times115mm^2$

恒星摄影机 $f=75mm$，　　像幅 $25\times32mm^2$

全景摄影机 $f=610mm$，　　像幅 $114\times1148mm^2$

此外还使用了测高仪测求卫星到月球表面的距离。从而人们较为完善地体现了卫星摄影测量(Satellite Photogrammetry)这个术语。

这种技术用以对月球或其他天体进行测绘,其作用是十分独特的。在有些情况下也可用以获取地球表面上的三维地形信息。

卫星摄影测量是利用卫星轨道的运行规律,以卫星作为空间流动摄影站,用一套由"对地"摄影机、"对星空"摄影机和时钟所组成的星载测量摄影系统,按地面指令和星上程序控制,对星空和地面进行同步摄影,获取目标区的像片覆盖和有关测量数据。将星上时钟与地面站时间系统进行对比,提取每张像片的摄影时刻,再按卫星轨道数据计算出每张像片摄站的空间坐标;按对星空像片所拍摄的恒星确定对地像片的摄影方向或姿态角,并通过摄影测量的方法,可以确定地面点的大地坐标和编制或测绘像片图、地形图、数字化地图、影像地图及进行地图修测更新。

在卫星摄影测量中,摄取影像的透视中心假定是位于卫星的轨道上。卫星轨道由六个尤拉元素所确定(见第十五章图 15-11)。对卫星摄影测量而言,其六项尤拉元素一般是代以另外一组参数,即:在某一时刻用天文直角坐标系表达的卫星的位置(X_0,Y_0,Z_0)和速度$(\dot{X}_0,\dot{Y}_0,\dot{Z}_0)$,称之为状态矢量(State Vector)。天文直角坐标系的原点为地球的质心,其Z轴垂直于赤道平面,X坐标轴通过春分点,而Y坐标轴则垂直于Z和X轴。在天文直角坐标系中的卫星位置坐标与六项尤拉元素间的换算关系可用数学公式表达,列于特制的星历表内。

用以确定摄影姿态角的恒星摄影机与地形摄影机相固连并同时曝光。在归化恒星摄影机的数据时,首先必须能在恒星底片上辨认出若干个恒星,根据摄影时刻可以获得恒星的赤经、赤纬,并换算成方向余弦。恒星在底片上的影像坐标x,y,要在精密坐标仪上量测,从而算得在恒星摄影机坐标系中的相应射线的方向余弦。恒星摄影机坐标系与地形摄影机坐标系间的关系得自仪器检定,可简单用一个三维正交旋转矩阵来表达。

按上述方案设计的摄影测量系统目前可以达到下列的精度指标:

1. 在卫星轨道上的坐标X_0,Y_0,Z_0是时间的函数。假如用全球定位系统(GPS)确定卫星轨道时,其精度可估计为± 10m。

2.摄影曝光的时刻精度,在 Apollo 15,16 和 17 号内曾达到 0.001s。

3.由卫星摄影所获取的摄影姿态角(φ,ω,κ)的精度曾达到 5″ 至 10″。

4.雷达和激光测高仪获得由宇宙飞船到地面的距离的误差可在 1m 以内。

二、卫星解析空中三角测量的基本公式

仍由解析摄影测量中共线方程式的基本关系式出发为(参考式(15-3)):

$$x = -f \frac{a_1(X-X^s)+b_1(Y-Y^s)+c_1(Z-Z^s)}{a_3(X-X^s)+b_3(Y-Y^s)+c_3(Z-Z^s)}$$

$$y = -f \frac{a_2(X-X^s)+b_2(Y-Y^s)+c_2(Z-Z^s)}{a_3(X-X^s)+b_3(Y-Y^s)+c_3(Z-Z^s)} \quad (19\text{-}8)$$

式中摄影站点坐标改用 X^s, Y^s, Z^s 表示。

可以列出对某第 k 条轨道上第 i 个摄影站点第 j 个像点的线性化后的误差方程式为:

$$\underset{2\times1}{v} = \underset{2\times3}{A_1}\underset{3\times1}{T_1} + \underset{2\times3}{A_2}\underset{3\times1}{T_2} + \underset{2\times3}{B}\underset{3\times1}{X} - \underset{2\times1}{l} \quad (19\text{-}9)$$

其中:

$$\underset{2\times3}{A_1} = \frac{\partial \binom{x}{y}_{ikj}}{\partial(\varphi,\omega,\kappa)_{ik}}, \quad \underset{3\times1}{T_1} = (\delta\varphi,\delta\omega,\delta\kappa)^T_{ik}$$

$$\underset{2\times3}{A_2} = \frac{\partial \binom{x}{y}_{ikj}}{\partial(X^s,Y^s,Z^s)_{ik}}, \quad \underset{3\times1}{T_2} = (\delta X^s,\delta Y^s,\delta Z^s)^T_{ik}$$

$$\underset{2\times3}{B} = \frac{\partial \binom{x}{y}_{ikj}}{\partial(X,Y,Z)_j}, \quad \underset{3\times1}{X} = (\delta X,\delta Y,\delta Z)^T_j$$

$$l = \begin{bmatrix} x_{观测} - x_{近似} \\ y_{观测} - y_{近似} \end{bmatrix}_{ikj}$$

在式(19-9)中把定向参数分为 T_1 和 T_2 两部分,是考虑到对后者应再加入以卫星轨道的制约条件。此时在第 k 条轨道上某 t_i 时刻摄影中心

站点的坐标 X^s, Y^s, Z^s 可以用下列方程式表达:

$$\begin{bmatrix} X^s \\ Y^s \\ Z^s \end{bmatrix}_{ik} = \begin{Bmatrix} g_1(X_0, Y_0, Z_0, \dot{X}_0, \dot{Y}_0, \dot{Z}_0(t_i - t_0)) \\ g_2(X_0, Y_0, Z_0, \dot{X}_0, \dot{Y}_0, \dot{Z}_0(t_i - t_0)) \\ g_3(X_0, Y_0, Z_0, \dot{X}_0, \dot{Y}_0, \dot{Z}_0(t_i - t_0)) \end{Bmatrix}_k \tag{19-10}$$

其中 t_0 代表在第 k 条轨道上某一个任意时刻,而 $X_0, Y_0, Z_0, \dot{X}_0, \dot{Y}_0, \dot{Z}_0$ 都是指在 t_0 时刻的已确定的状态矢量的六个元素。在这阶段摄影曝光时间 t_i 以及其时的状态矢量的六个元素认为是未知的。按近似值展开式(19-10),仍用式(19-9)的统一符号,则得:

$$\boldsymbol{T}_2 = \begin{bmatrix} \delta X^s \\ \delta Y^s \\ \delta Z^s \end{bmatrix}_{ik} = \boldsymbol{A}_{21}\boldsymbol{T}_{21} + \boldsymbol{A}_{22}\boldsymbol{T}_{22} \tag{19-11}$$

其中:

$$\boldsymbol{A}_{21} = \frac{\partial \begin{bmatrix} X^s \\ Y^s \\ Z^s \end{bmatrix}_{ik}}{\partial(t_i)}, \qquad \boldsymbol{T}_{21} = \delta(t_i)_k$$

$$\boldsymbol{A}_{22} = \frac{\partial \begin{bmatrix} X^s \\ Y^s \\ Z^s \end{bmatrix}_{ik}}{\partial(X_0, Y_0, Z_0, \dot{X}_0, \dot{Y}_0, \dot{Z}_0)}, \qquad \boldsymbol{T}_{22} = (\delta X_0, \delta Y_0, \delta Z_0, \delta \dot{X}_0, \delta \dot{Y}_0, \delta \dot{Z}_0)_k$$

把式(19-11)代入式(19-9)后得出:

$$\underset{2\times 1}{\boldsymbol{v}} = \underset{2\times 3}{\boldsymbol{A}_1}\underset{3\times 1}{\boldsymbol{T}_1} + \underset{2\times 3}{\boldsymbol{A}_2}\underset{3\times 1}{\boldsymbol{A}_{21}}\underset{1\times 1}{\boldsymbol{T}_{21}} + \underset{2\times 3}{\boldsymbol{A}_2}\underset{3\times 6}{\boldsymbol{A}_{22}}\underset{6\times 1}{\boldsymbol{T}_{22}} + \underset{2\times 3}{\boldsymbol{B}}\underset{3\times 1}{\boldsymbol{X}} = \underset{2\times 1}{\boldsymbol{l}}$$

$$\underset{2\times 1}{\boldsymbol{v}} = [\underset{2\times 3}{\boldsymbol{A}_1} \vdots (\underset{2\times 4}{\boldsymbol{A}_2\boldsymbol{A}_{21}})]\begin{bmatrix} \boldsymbol{T}_1 \\ \cdots \\ \boldsymbol{T}_{21} \end{bmatrix}_{4\times 1} + \underset{2\times 6}{\boldsymbol{A}_2\boldsymbol{A}_{22}}\underset{6\times 1}{\boldsymbol{T}_{22}} + \underset{2\times 3}{\boldsymbol{B}}\underset{3\times 1}{\boldsymbol{X}} = \underset{2\times 1}{\boldsymbol{l}} \tag{19-12}$$

在式(19-12)中把代表 φ, ω, κ 的 $\boldsymbol{T}_1$ 与代表时间 t_i 和 $\boldsymbol{T}_{21}$ 的改正数合并到一起,而用代表卫星轨道状态矢量的改正数 $\boldsymbol{T}_{22} = (\delta X_0, \delta Y_0, \delta Z_0, \delta \dot{X}_0, \delta \dot{Y}_0, \delta \dot{Z}_0)_k$ 代替了代表卫星坐标改正数 $\boldsymbol{T}_2 = (\delta X^s, \delta Y^s, \delta Z^s)_{ik}$。假如一条航带有 m_k 个摄影时,则将有相应于这些摄影的 $3m_k$ 个坐标参数。另一方面由于引入了轨道的制约,则此 $3m_k$ 个参数可代之以

一个固定的总共六个参数,用以描述各摄影站点所位在的那段轨道弧线。这就会加强摄影测量的平差,同时大大减少对地面控制的要求。

　　误差方程式(19-9)中观测值为像点坐标 x,y,而式中其他数值都作为未知数看待。实际上有些数据也可以是直接的或间接的观测值,可以列出若干附加的观测方程式纳入到整体平差运算,其形式可参考第二章的式(2-1)。

　　上述的归算方法涉及到按照卫星运动规律的轨道计算,须要考虑到地球引力场、大气阻力和月球、太阳引力场等一系列因素的影响,关系比较复杂。另一种进行三组卫星摄影测量的方法是在每一曝光时刻,根据已知位置的一些地面点测量其至卫星的有足够数量的距离或方向。卫星的位置则用几何确定。但这种办法迄今只在个别情况下使用。当今全球卫星定位系统(GPS)将投入作业,此时可采用卫星对卫星的跟踪而不是地面对卫星的跟踪,以测定每个摄影站点的空间坐标。属于这类利用外部观测资料的办法很可能被广泛使用。

附录一 几种重要的概率分布函数

一、正态分布

如果随机变量 X 的概率密度函数为

$$f(x) = (b\sqrt{2\pi})^{-1}\exp\left[-\frac{(x-a)^2}{2b^2}\right] \tag{1}$$

则称 X 是服从高斯(正态)分布的。这里 a 为任意实常数,b 为任意正常数。可以证明,a 和 b 分别是随机变量 X 的均值 $E(X)=\mu$ 和标准差 $D(X)=\sigma^2$。简记为 $X\sim N(\mu,\sigma^2)$。

式(1)应表示为:

$$f(x) = \frac{1}{\sqrt{2\pi}\sigma}\exp\left[-\frac{(x-\mu)^2}{2\sigma^2}\right] \tag{2}$$

因为有一个中心极限定理,因此正态分布在应用中是很重要的。中心极限定理表明,大量独立随机变量之和十分近似于正态分布。

式(2)中如均值 μ 为零,方差 σ 为1,则得出标准化正态密度函数 $N(0,1)$ 为(图附-1):

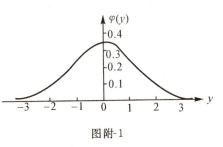

图附-1

$$\varphi(y) = \frac{1}{\sqrt{2\pi}}e^{-\frac{y^2}{2}} \tag{3}$$

此时变量 Y 是标准化正态随机变量,即

$$Y = \frac{X-\mu}{\sigma} \tag{4}$$

二、χ^2（卡埃平方）分布

设 $X_1, X_2, \cdots, X_n$ 为独立的 $N(0,1)$ 变量。它们的联合分布密度函数等于它们各自密度函数的乘积,亦即等于：

$$f(x_1, x_2, \cdots, x_n) = \frac{1}{(2\pi)^{\frac{n}{2}}} e^{-\frac{1}{2}(x_1^2 + x_2^2 + \cdots + x_n^2)}$$

各 X 平方和这个变量称之为 χ^2 变量。

$$\chi^2 = X_1^2 + X_2^2 + \cdots + X_n^2 \tag{5}$$

其分布的概率密度示如式(6)及图附-2。

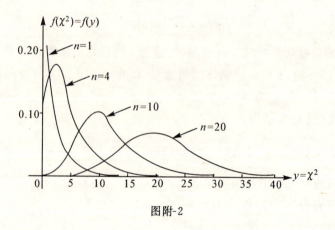

图附-2

$$f(\chi^2) = f(y) = \begin{cases} \dfrac{1}{2^{\frac{n}{2}} \Gamma(\frac{n}{2})} y^{\frac{n}{2}-1} e^{-\frac{y}{2}} & (y \geqslant 0) \\ 0 & (y < 0) \end{cases} \tag{6}$$

式中 Γ 是伽马函数的符号,n 是 $f(y)$ 中唯一的一个参数,称为自由度,表示式(5)中平方的项数或独立变量的个数。通常把服从以 n 为参数的 χ^2 分布记为 $\chi^2(n)$。

变量 χ^2 的均值和方差分别为 n 和 $2n$。当自由度 n 逐渐增大时,曲线的形状(图附-2)愈来愈接近于正态分布的形状。当 $n \to \infty$ 时,则与以均值为 n、方差为 $2n$ 的正态分布密度曲线相一致,即此时 χ^2 变量服从

$N(n,2n)$ 分布。

三、t 分布

设 X 是 $N(0,1)$ 变量，Y 是 $\chi^2(n)$ 变量(指自由度为 n 的 χ^2 变量)，并且 X 与 Y 相互独立，则

$$t = \frac{X}{\sqrt{\dfrac{Y}{n}}} \tag{7}$$

也是一个随机变量，称为自由度为 n 的 t (student t) 变量。其分布的概率密度示如式(8)及图附-3。

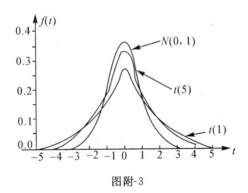

图附-3

$$f(t) = \frac{\Gamma\left(\dfrac{n+1}{2}\right)}{\sqrt{n\pi}\,\Gamma\left(\dfrac{n}{2}\right)}\left(1+\frac{t^2}{n}\right)^{-\frac{n+1}{2}} \quad (-\infty < t < +\infty) \tag{8}$$

式中 n 称为 t 的自由度，它是 $f(t)$ 中唯一的一个参数。当 n 较大时，t 分布接近于 $N(0,1)$ 分布。服从以 n 为参数的 t 分布记为 $t(n)$。当 $n \geqslant 30$ 时就可用标准正态分布近似地代替 t 分布。

四、F 分布

设随机变量 U 服从 $\chi^2(n_1)$ 分布，V 服从 $\chi^2(n_2)$ 分布，并且 U 和 V

相互独立，则

$$F = \frac{U/n_1}{V/n_2} \tag{9}$$

也是一个随机变量，服从 F 分布。其分布的概率密度为：

$$f(y) = \begin{cases} \dfrac{\Gamma[(n_1+n_2)/2]}{\Gamma(n_1/2)\Gamma(n_2/2)}\left(\dfrac{n_1}{n_2}\right)\left(\dfrac{n_1}{n_2}y\right)^{\frac{n_1}{2}-1} - \left(1+\dfrac{n_1}{n_2}y\right)^{-\frac{n_1+n_2}{2}} & (y \geqslant 0) \\ 0 & (y < 0) \end{cases} \tag{10}$$

式中 n_1 和 n_2 分别是式(9)中分子和分母 χ^2 变量的自由度，它们是 $f(y)$ 中的两个参数。服从以 n_1 和 n_2 为参数的 F 分布记为 $F(n_1, n_2)$。$f(y)$ 的图形示如图附-4。

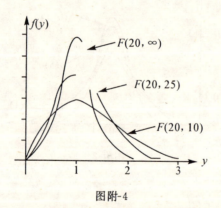

图附-4

式(7)所定义的变量的平方，即统计量 t_n^2 服从自由度为 $n_1 = 1$，$n_2 = n$ 的 F 分布。

附录二 多维正态分布

一、二维正态分布

设矢量 $\mathbf{Z} = \begin{bmatrix} X \\ Y \end{bmatrix}$，若 $\mathbf{Z}$ 服从正态分布，则称 $\mathbf{Z}$ 为二维正态矢量。

当随机变量 X 和 Y 互不相关时，则二维正态分布的联合密度函数 $f(x,y)$ 等于其边缘概率密度 $f_X(x)$ 与 $f_Y(y)$ 的乘积。参考附录一式 (2) 为：

$$f(x,y) = f_X(x)f_Y(y) = \frac{1}{2\pi\sigma_x\sigma_y}\exp\left\{-\frac{1}{2}\left(\frac{(x-\mu_x)^2}{\sigma_x^2} + \frac{(y-\mu_y)^2}{\sigma_y^2}\right)\right\} \tag{1}$$

式中 $\mu_x, \mu_y, \sigma_x, \sigma_y$ 分别是 X 和 Y 的数学期望和标准差。

当随机变量 X 和 Y 相关，表达其相关程度的相关系数为 ρ 时，则可推导出：

$$f(x,y) = \frac{1}{2\pi\sigma_x\sigma_y\sqrt{1-\rho^2}}\exp\left\{-\frac{1}{2(1-\rho^2)}\left[\frac{(x-\mu_x)^2}{\sigma_x^2}\right.\right.$$
$$\left.\left. -2\rho\frac{(x-\mu_x)(y-\mu_y)}{\sigma_x\sigma_y} + \frac{(y-\mu_y)^2}{\sigma_y^2}\right]\right\} \tag{2}$$

其中：

$$\rho = \frac{\sigma_{xy}}{\sigma_x\sigma_y} \tag{3}$$

而 σ_{xy} 为变量 X, Y 的协方差。

现在把二维分布中的变量、数学期望、方差和协方差组成如下矩阵：

$$Z = \begin{bmatrix} X \\ Y \end{bmatrix}, \boldsymbol{\mu}_z = \begin{bmatrix} \mu_x \\ \mu_y \end{bmatrix},$$

$$\boldsymbol{D}_{zz} = \begin{bmatrix} \sigma_x^2 & \sigma_{xy} \\ \sigma_{yx} & \sigma_y^2 \end{bmatrix} = \begin{bmatrix} \sigma_x^2 & \rho\,\sigma_x\sigma_y \\ \rho\,\sigma_x\sigma_y & \sigma_y^2 \end{bmatrix} \quad (4)$$

由此可得 $\boldsymbol{D}_{zz}$ 的逆阵为：

$$\boldsymbol{D}_{zz}^{-1} = \frac{1}{\sigma_x^2 \sigma_y^2 (1-\rho^2)} \begin{bmatrix} \sigma_y^2 & -\rho\,\sigma_x\sigma_y \\ -\rho\,\sigma_x\sigma_y & \sigma_x^2 \end{bmatrix} \quad (5)$$

把式(4)和(5)的关系代入式(2)，可写成：

$$f(x,y) = \frac{1}{2\pi \mid \boldsymbol{D}_{zz} \mid^{\frac{1}{2}}} \exp\left\{-\frac{1}{2}(\boldsymbol{Z}-\boldsymbol{\mu}_z)^{\mathrm{T}} \boldsymbol{D}_{zz}^{-1}(\boldsymbol{Z}-\boldsymbol{\mu}_x)\right\} \quad (6)$$

式(2)或式(6)中 $z = f(x,y)$，在空间直角坐标系中代表一个曲面（图附-5）。当 x 或 y 为常数时，得出平行于平面 (y,z) 或 (x,z) 的平面，其与曲面的交线方程为一个正态曲线。

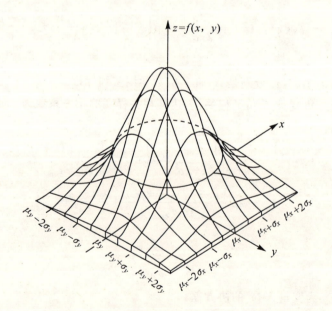

图附-5

此外，当
$$z = f(x,y) = 常数 \tag{7}$$
时，代表一个平行于平面(x,y)的平面。由式(2)知此平面与曲面的交线为一个椭圆，其式为（k为某一常数）：

$$\frac{(x-\mu_x)^2}{\sigma_x^2} - 2\rho\frac{(x-\mu_x)(y-\mu_y)}{\sigma_x\sigma_y} + \frac{(y-\mu_y)^2}{\sigma_y^2} = k^2 \tag{8}$$

称为等密度椭圆。因为在同一椭圆上的所有点，其分布密度$f(x,y)$是相同的。椭圆中心位在点(μ_x,μ_y)处。当式(7)的z取不同数值时，则得若干个同心椭圆。

现在欲求图1等密度椭圆的主分量方向（参考第十六章第二节）。将式(8)的坐标原点移到椭圆中心(μ_x,μ_y)上，则式(8)简化为：

$$\frac{x^2}{\sigma_x^2} - 2\rho\frac{xy}{\sigma_x\sigma_y} + \frac{y^2}{\sigma_y^2} = k^2$$

或改写成
$$\sigma_y^2 x^2 - 2\rho\sigma_x\sigma_y xy + \sigma_x^2 y^2 = k^2\sigma_x^2\sigma_2 \tag{9}$$

由解析几何可知，当有方程$Ax^2+Bxy+Cy^2=R^2$时，为了消去方程中的Bxy项，使其变成标准化形式，则需将坐标系旋转一θ角，其值为：

$$\tan 2\theta = \frac{B}{A-C}$$

与式(9)比较则找到其主分量方向为：

$$\tan 2\theta = \frac{-2\rho\sigma_x\sigma_y}{\sigma_y^2-\sigma_x^2} \tag{10}$$

二、多维正态分布

现由二维正态分布推广到n维随机矢量的情况。设有

$$\underset{n\times 1}{\boldsymbol{X}} = \begin{pmatrix} X_1 \\ X_2 \\ \vdots \\ X_n \end{pmatrix}, \quad \underset{n\times 1}{\boldsymbol{\mu}_X} = \begin{pmatrix} \mu_1 \\ \mu_2 \\ \vdots \\ \mu_n \end{pmatrix} = \begin{pmatrix} E(X_1) \\ E(X_2) \\ \vdots \\ E(X_n) \end{pmatrix},$$

$$D_{XX} \atop n \times n = \begin{pmatrix} \sigma_{x_1}^2 & \sigma_{x_1 x_2} & \cdots & \sigma_{x_1 x_n} \\ \sigma_{x_2 x_1} & \sigma_{x_2}^2 & \cdots & \sigma_{x_2 x_n} \\ \vdots & \vdots & & \vdots \\ \sigma_{x_n x_1} & \sigma_{x_n x_2} & \cdots & \sigma_{x_n}^2 \end{pmatrix} \qquad (11)$$

则参照式(6)得出：

$$f(x_1, x_2, \cdots, x_n) = \frac{1}{(2\pi)^{\frac{n}{2}} |D_{XX}|^{\frac{1}{2}}} \exp\left\{-\frac{1}{2}(X-\mu_X)^T D_{XX}^{-1}(X-\mu_X)\right\}$$

(12)

此时信息群椭球体表面方程可表达为：

$$(X-\mu_X)^T D_{XX}^{-1}(X-\mu_X) = k^2 \qquad (13)$$

或写成：

$$\Delta X^T D_{XX}^{-1} \Delta X = k^2 \qquad (14)$$

现拟寻找这个椭球体表面的主分量主轴方向，这是对一个随机变量概率分布的协方差矩阵的逆阵 D_{XX}^{-1}，求其特征值和特征矢量的问题。

由于 D_{XX} 及 D_{XX}^{-1} 是实对称，总有正交变换 V 使

$$\Delta Y = V \Delta X \qquad (15)$$

化 D_{XX} 为对角线阵 Λ，同时化 D_{XX}^{-1} 为 Λ^{-1} 阵，即：

$$V D_{XX} V^T = \Lambda = D_{YY} \qquad (16)$$

$$V D_{XX}^{-1} V^T = \Lambda^{-1} \qquad (17)$$

Λ 阵的主元素 $\lambda_1, \lambda_2, \cdots, \lambda_n$ 即 Y 的分量 $y_1, y_2, \cdots, y_n$ 的方差。

按式(14),(17)可得：

$$(\Delta Y)^T V D_{XX}^{-1} V^T \Delta Y = k^2$$

$$(\Delta Y)^T \Lambda^{-1} \Delta Y = k^2 \qquad (18)$$

此即坐标轴转到随机变量的分布主轴后的曲面方程式，或写成：

$$\frac{\Delta y_1^2}{\sigma_{y_1}^2} + \frac{\Delta y_2^2}{\sigma_{y_2}^2} + \cdots + \frac{\Delta y_n^2}{\sigma_{y_n}^2} = k^2 \qquad (19)$$

这是一个误差椭球，$\sigma_{y_i}^2 (i = 1, 2, \cdots, n)$ 是它的半径。

式(15)中正交变换矩阵 V 系由矩阵 D_{xx} 标准化的特征矢量组成。特征值与特征矢量的关系式为：

$$A V_i = \lambda_i V_i \qquad (20)$$

$$(A - E\lambda_i)V_i = O \tag{21}$$

在二维情况下，按式(4)，由 D_{xx} 出发，则求其特征值 λ 为：

$$\begin{bmatrix} \sigma_{xx} - \lambda & \sigma_{xy} \\ \sigma_{xy} & \sigma_{yy} - \lambda \end{bmatrix} = 0 \tag{22}$$

由此得出：

$$\lambda = \frac{\sigma_{yy} + \sigma_{xx} \pm \sqrt{(\sigma_{yy} - \sigma_{xx})^2 + 4\sigma_{xy}^2}}{2} \tag{23}$$

有了特征值，可以求出相应的主轴矢量 $\begin{bmatrix} \cos\varphi \\ \sin\varphi \end{bmatrix}$，另一主轴与之正交。

由

$$\begin{bmatrix} \sigma_{xx} - \lambda & \sigma_{xy} \\ \sigma_{xy} & \sigma_{yy} - \lambda \end{bmatrix} \begin{bmatrix} \cos\varphi \\ \sin\varphi \end{bmatrix} = 0 \tag{24}$$

得出

$$\tan\varphi = \frac{\lambda - \sigma_{xx}}{\sigma_{xy}} = \frac{\sigma_{xy}}{\lambda - \sigma_{yy}}$$

或

$$\tan 2\varphi = \frac{2\sigma_{xy}}{\sigma_{xx} - \sigma_{yy}}$$

与式(10)结果相同。

附录三　　直积运算规律

直积(Kronecker product) 定义：

$$\underset{m_x \times n_x}{X} \otimes \underset{m_y \times n_y}{Y} = \left[\underset{(m_x m_y)(n_x n_y)}{x_{ij} Y}\right] = \begin{bmatrix} x_{11}Y & x_{12}Y & \cdots & x_{1n_x}Y \\ x_{21}Y & x_{22}Y & \cdots & x_{2n_x}Y \\ \vdots & \vdots & & \vdots \\ x_{m_x 1}Y & x_{m_x 2}Y & \cdots & x_{m_x n_x}Y \end{bmatrix} \quad (1)$$

其中　　$X = [x_{ij}]; i = 1, 2, \cdots, m_x; j = 1, 2, \cdots, n_x$
　　　　$Y = [y_{ij}]; i = 1, 2, \cdots, m_y; j = 1, 2, \cdots, n_y$

$x_{ij}Y$ 代表 Y 矩阵与 X 矩阵中一个元素值 x_{ij} 相乘而得的矩阵。

运算规律：

单位矩阵：$E \otimes E = E$ 　　　　　　　　　　　　　　　　(2)

转　　置：$[X \otimes Y]^T = X^T \otimes Y^T$ 　　　　　　　　　(3)

分 配 律：$[X_1 + X_2] \otimes [Y_1 + Y_2]$
　　　　　$= X_1 \otimes Y_1 + X_2 \otimes Y_1 + X_1 \otimes Y_2 + X_2 \otimes Y_2$ 　(4)

结 合 律：$[aX] \otimes [bY] = (ab)[X \otimes Y]$ 　　　　　　　(5)

　　　　　$[X_1 X_2] \otimes [Y_1 Y_2] = [X_1 \otimes Y_1][X_2 \otimes Y_2]$ 　　(6)

逆　　阵：$[X \otimes Y]^{-1} = X^{-1} \otimes Y^{-1}$ 　　　　　　　(7)

左 逆 阵：$[X \otimes Y]_L^{-1} = X_L^{-1} \otimes Y_L^{-1}$ 　　　　　　　(8)

　　　　左逆阵的定义为

　　　　　　$F_L^{-1} = [F^T F]^{-1} F^T$

当 $F = X \otimes Y$，则 $F^T F = [X^T X] \otimes [Y^T Y]$ 　　　　(9)

主要参考文献

[1] 张祖勋. 数字相关及其精度评定. 测绘学报, 1984, 13(1)

[2] 李德仁. 利用选择权迭代法进行粗差定位. 武汉测绘学院学报, 1984(1)

[3] 杨凯等. 遥感影像的几何纠正及计算方法. 载于《资源遥感的方法与实践》第六章, 1986 年

[4] 苏民生, 李铁芳. 陆地卫星图像数字处理原理. 1980

[5] Ackermann F. Grundlagen und Verfahren zur Erkennung grober Datenfehler, Numerische Photogrammetrie an der Universität Stuttgart 1981 Heft, 7.

[6] Ackermann F. High Precision Digital Image Correlation, 39th. Photogammetric week. Stuttgart, 1983.

[7] Ackermann F. Performance and Development of Aerial Triangulation for Mapping, 5th. United Nations Regional Cartographic Conference for Africa, Cairo 1983.

[8] Amer FAAF. Theoretical Reliability of Elementary Photogrammetric Proceedures, ITC. Journal 1981/3, 4.

[9] Bender U. Analytical Photogrammetry: A Collinear Theory, Dissertation 1971, The Ohio-State University.

[10] Doyle F. J. Satellite System for Cartography, ISPRS Commission 1 Symposium 1982.

[11] Ebner H., Hofmann-Wellenhof B., Reiss P., Steidler F. HIFI-A Minicomputer Program Package for Height Interpolation by Finite Elements, International Archives of Photogrammetry

1980, Vol. XXIII Part B 4.

[12] Ebner H. Zusätzgliche Parameter in Ausgleichungen, Zeitshrift für Vermessungswesen 1973/9.

[13] Ebner H. Self Calibrating Block Adjustment, Bildmessung und Luftbildwesen 1976. P. 128.

[14] El-Hakim: A Step-by-Step Strategy for Gross-Error Detection, Photogrammetric Engineering and Remote Sensing 1984 No. 6.

[15] Elphingstone G. M. Simultaneous Adjustment of Photogrammetric and Geodetic Observations, Thesis 1975, University of Illinois.

[16] Forster B. C. Combining Ancillary and Spectral Data for Urban Applications, International Archives of Photogrammetry and Remote Sensing, 1984 Part A7.

[17] Förstner W. On Internal and External Reliability of Photogrammetric Coordinates, ASP Proceedings 1979/Mar.

[18] Förstner W. On the Geometric Precision of Digital Correlation, ISP Commission III 1982 Helsinki.

[19] Förstner, W. Reliability and Discernability of Extended Gauss-Markov-Models, DGK, Reihe A, Heft 98 München 1983.

[20] Gonazalez R. C. , Wintz P. Digital Image Processing 1977.

[21] Grün A. Progress in Photogrammetric Point Determination by Compensation of Systematic Errors and Detection of Gross Errors. Nachrichten aus dem Karten-und Vermessungswesen Reihe II Heft Nr. 36. 1978.

[22] Grün A, Accuracy, Reliability and Statistics in Close-Range Photogrammetry ISP Symposium 1978 Commission V.

[23] Heleva U. V. The China Lectures 1981.

[24] Jacobsen K. Programmgesteuerte Auswahl Zusätglicher Parameter, Bildmessung und Luftbildwesen 1982/6.

[25] Konecny G. Lectures at the Wuhan College of Geodesy, Photogrammetry and Cartography 1980.

[26] Konecny G. Methods and Possibilities for Digital Differential Rectification, Photogrammetric Engineering and Remote Sensing 1976/6.

[27] Konecny G, Schuhr W. , Wu J. Investigations of Interpretability of Images by Different Sensors and Platforms for small Scale Mapping, ISPRS Commission 1 Symposium 1982.

[28] Kratky V. Recent Status of On-Line Analytical Triangulation, XIV Congress of ISP, 1980, Hamburg B 3.

[29] Krauss H. Das Bild-n-Tupel. Ein Verfahren für photogrammetrische Ingenieurver messungen hohen Präzision im Nahbereich, DGK C/276 1983.

[30] Kubik K. An Error Theory for Danish Method, ISP Commission III 1982 Helsinki.

[31] Kreiling W. Automatische Herstellung von Höhenmodellen und Orthophotos aus Stereobildern durch digitale Korrelation, Dissertation 1976 Universität Karlsruhe.

[32] Leberl F. On Model Formation with Remote Sensing Imagery Österr. ZfV 1972.

[33] Leberl F. Radargrammetry for Image Interpretation, ITC Technical Report 1978.

[34] Leberl F. Remote Sensing—A Review for Photogrammetrists Advanced Course in Photogrammetry at ITC 1980.

[35] Light D. L. Satellite Photogrammetry: Manual of Photogrammetry ASP 4th. Edition 1980, Chapter XVII.

[36] Moritz H. , Sünkel H. , Approximation Methods in Geodesy, 1978 Sammlung Wichmann, Buchreihe Band 10.

[37] Panton D. J. A Flexible Approach to Digital Stereomapping, Photogrammetric Engineering and Remote Sensing 1978/12.

[38] Panton D. J. , Murphy M. E. , Hanson D. S. Digital Cartographic Study and Benchmark, Final Report 1978 USAETL.

[39] Quiel F. Trends and developments in the classification of multi-spectral data, International Archives of Photogrammetry and Remote Sensing, 1984, vol. XXV Part A7.

[40] Rauhala U. A Review of Array Algebra, XIII Congress of ISP 1976 Commission III/2.

[41] Rampal K. K. Filtering, Prediction and Interpolation in Photogrammetry, Dissertation 1975, The Ohio State University.

[42] Tempfli K. Notes on Interpolation, ITC. Nov. 1977.

[43] Wu S. C. Mapping from Shuttle Imaging Radar SIR-B Experiment, International Archives of Photogrammetry and Remote Sensing, 1984, vol. XXV Part A7.

[44] Yassa G. F. Adjustment of Aerial Triangulation using Orthogonal Transformations, Thesis 1973 Cornell University.